高等学校文科类专业“十一五”计算机规划教材

根据《高等学校文科类专业大学计算机教学基本要求》组织编写

丛书主编　卢湘鸿

Access 2010数据库应用习题与实验指导教程

李湛 主编

清華大学出版社
北京

内容简介

本书是《Access 2010 数据库应用教程》(李湛主编,清华大学出版社,2013年)的配套实验教材。全书以"图书借阅管理"数据库为操作背景,以分析、设计和创建"图书借阅管理"数据库系统为主体,从"图书借阅管理"数据库的概念设计、逻辑结构设计开始,以 Access 2010 为主要操作平台,循序渐进地引导读者学习创建"图书借阅管理"数据库及其数据表,进行数据表的基本操作,实现查询对象、窗体对象和报表对象的功能,并介绍了宏和模块的创建与应用;另外,还介绍了数据库安全的一些基本操作。

本书既可以作为高等院校师生的教学用书和实验指导书,也可以作为各类技术人员自学数据库技术的参考工具书,还可以作为参加全国计算机等级二级 Access 考试的复习参考书。

图书在版编目(CIP)数据

Access 2010 数据库应用习题与实验指导教程/李湛主编. --北京:清华大学出版社,2013(2023.12重印)

高等学校文科类专业"十一五"计算机规划教材

ISBN 978-7-302-31808-8

Ⅰ. ①A… Ⅱ. ①李… Ⅲ. ①关系数据库系统一高等学校一教材 Ⅳ. ①TP311.138

中国版本图书馆 CIP 数据核字(2013)第 062980 号

责任编辑: 谢 琛 李 晔
封面设计: 常雪影
责任校对: 李建庄
责任印制: 沈 露

出版发行: 清华大学出版社
网 址: https://www.tup.com.cn,https://www.wqxuetang.com
地 址: 北京清华大学学研大厦A座　　**邮 编:** 100084
社 总 机: 010-83470000　　**邮 购:** 010-62786544
投稿与读者服务: 010-62776969, c-service@tup. tsinghua. edu. cn
质量反馈: 010-62772015, zhiliang@tup. tsinghua. edu. cn
印 装 者: 三河市龙大印装有限公司
经 销: 全国新华书店
开 本: 185mm×260mm　　**印 张:** 13.25　　**字 数:** 332千字
版 次: 2013年7月第1版　　**印 次:** 2023年12月第10次印刷
定 价: 39.00元

产品编号:047836-03

前　言

数据库技术是计算机科学中一个非常重要的组成部分，正在日新月异地迅速发展。当代大学生学习数据库技术知识，了解和掌握数据库应用非常必要。

本书是为非计算机专业学生学习数据库知识而编写的一本习题与实验指导教材，是按照《Access 2010 数据库应用教程》的内容、章节顺序和每章要求编写的。本书分为两大部分：第一部分为习题与答案，主要是对所学理论知识进行温习和巩固，并在其后附有答案，供读者参考；第二部分为实验指导，每章安排了若干个实验，每个实验以该实验的要求与内容为引导，在实验指导中用详细的操作步骤，帮助读者一步一步完成实验过程，并在每个实验后给出具体的实验作业，引导读者根据所学知识，自己动手实践。

全书共分 18 章，以一个图书借阅管理数据库为例，以 Access 2010 为主要操作平台，介绍数据库的基本操作、数据库及其对象的创建以及数据库的管理与维护。

各章主要内容如下：

第一部分(第 1～9 章)为习题与答案。

第二部分(第 10～18 章)为实验指导，具体内容如下：

- 第 10 章主要对图书借阅管理系统中的数据和功能进行分析。
- 第 11 章主要介绍 Access 2010 中数据库和表的创建方法、数据表的常用操作、各个表之间关系的建立。
- 第 12 章主要介绍选择查询(包括简单查询、条件查询、统计查询、查找重复项查询和查找不匹配项查询)、参数查询、添加计算列查询、交叉表查询、操作查询的创建与应用。
- 第 13 章主要介绍关系数据库标准语言 SQL 中查询语句的使用、数据定义和数据操作语言的使用。
- 第 14 章主要介绍窗体的创建和数据处理、窗体设计(控件的使用)、主-子窗体和导航窗体的设计。
- 第 15 章主要介绍报表的创建、高级报表设计、主-子报表的设计。
- 第 16 章主要介绍基本宏的创建、条件宏的创建以及宏组的创建。
- 第 17 章主要介绍模块的创建和模块的应用。
- 第 18 章主要介绍数据安全的基本操作，包括创建数据库访问密码、压缩和恢复数据库、创建签名包、提取和使用签名包、更改注册表项和在 Access 2010 中数字签名的使用等操作功能。

本教材获得北京联合大学“十二五”规划教材建设项目资助，由北京联合大学的李湛、祝铭钰、魏威、魏绍谦、王成尧、付钪、李玉霞等老师和北京市大兴区第一职业学校的杨凤娟、王海振、余猛等老师共同编写完成。在本书的编写和出版过程中，得到了各级领导和清华大学出版社的大力支持，在此表示衷心的感谢。

为了便于教学，我们将为选用本教材的任课教师提供实验素材。

由于编者水平有限，教材中难免有疏漏和欠缺之处，敬请广大读者提出宝贵意见。

编　者
2013 年 5 月

目　录

第一部分　习题与答案

第二部分 实验指导

第一部分

习题与答案

第1章　数据库基础知识

1.1　习题分析

1.1.1　选择题习题解析

1. 数据库DB、数据库系统DBS和数据库管理系统DBMS，这三者之间的关系是（　　）。

A）DBS包括DB和DBMS　　B）DBMS包括DB和DBS

C）DB包括DBS和DBMS　　D）DBS就是DB，也就是DBMS

【解析】 数据库系统是数据库和数据库管理系统软件的合称。数据库管理系统是一个帮助用户创建和管理数据库的应用程序的集合。数据库是指存储在计算机内有结构的数据集合。因此正确选项是A。

2. 关系数据库的数据及更新操作必须遵循的完整性规则是（　　）。

A）实体完整性和参照完整性

B）参照完整性和用户定义的完整性

C）实体完整性和用户定义的完整性

D）实体完整性、参照完整性和用户定义的完整性

【解析】 关系模型允许定义3类数据的完整性约束，分别是实体完整性约束、参照完整性约束以及用户自定义完整性约束。因此正确选项是D。

3. 在关系数据库中，用来表示实体之间联系的是（　　）。

A）树结构　　B）网结构　　C）线性表　　D）二维表

【解析】 数据库中的关系模型是采用二维表来表示实体与实体之间的联系。因此正确选项是D。

4. 所谓关系是指（　　）。

A）各条记录中的数据彼此有一定的关系

B）一个数据库文件与另一个数据库文件之间有一定的关系

C）数据模型符合一定条件的二维表格式

D）数据库中各个字段之间彼此有一定关系

【解析】 每个关系都类似于一张表。因此正确选项是C。

5. 关系数据库管理系统能实现的专门关系运算包括（　　）。

A）排序、索引、统计　　B）选择、投影、连接

C）关联、更新、排序　　D）显示、打印、制表

【解析】 选项A、C和D都不属于关系运算。因此正确选项是B。

6. 下列有关数据库的描述，正确的是（　　）。

A) 数据库是一个 DBF 文件　　B) 数据库是一个关系

C) 数据库是一个结构化的数据集合　　D) 数据库是一组文件

【解析】 数据库是一个结构化的数据集合。因此正确选项是 C。

7. 下列有关数据库的描述,正确的是(　　)。

A) 数据处理是将信息转化为数据的过程

B) 数据的物理独立性是指当数据的逻辑结构改变时,数据的存储结构不变

C) 关系中的每一列称为元组,一个元组就是一个字段

D) 如果一个关系中的属性或属性组合并非该关系的关键字,但它是另一个关系的关键字,则称其为本关系的外关键字

【解析】 如果一个关系中的属性或属性组合并非该关系的关键字,但它是另一个关系的关键字,则称其为本关系的外关键字。因此正确选项是 D。

8. 以下不属于数据库系统(DBS)的组成部分的是(　　)。

A) 数据库集合　　B) 用户

C) 数据库管理系统及相关软件　　D) 操作系统

【解析】 数据库系统(DBS)由数据库管理系统及相关软件、数据库集合和用户等组成。因此正确选项是 D。

9. 数据库设计有两种方法,它们是(　　)。

A) 概念设计和逻辑设计　　B) 模式设计和内模式设计

C) 面向数据的方法和面向过程的方法　　D) 结构特性设计和行为特性设计

【解析】 概念设计和逻辑设计是数据库设计中包括的两个设计内容。模式设计和内模式设计是概念设计的两种方法。从系统开发的角度来看,结构特性设计和行为特性设计是数据库应用系统所具有的两个特性。结构特性的设计:设计各级数据库模式(静态特性);行为特性的设计:改变实体及其特性,决定数据库系统的功能(动态特性)。因此正确选项是 C。

10. 用树形结构来表示实体之间联系的模型称为(　　)。

A) 关系模型　　B) 层次模型　　C) 网状模型　　D) 数据模型

【解析】 关系模型采用二维表来表示,简称表;层次模型用树形结构来表示;网状模型是一个不加任何限制的无向图。因此正确选项是 B。

1.1.2　填空题习题解析

1. 数据库管理系统是位于________之间的软件系统。

【解析】 本题考查数据库管理系统的基本概念。因此正确填空是"用户与操作系统"。

2. Access 数据库内包含了 3 种关系方式,即一对一、一对多、________。

【解析】 Access 数据库内包含了 3 种关系方式,即一对一、一对多、多对多。因此正确填空是"多对多"。

3. 二维表中的一行称为关系的________。

【解析】 二维表中的一行称为关系的记录元组。因此正确填空是"记录"。

4. 关系中的属性或属性组合，其值能够唯一地标识一个元组，该属性或属性组合可选作为________。

【解析】 主键是在二维表中能唯一地标识一个元组的属性，它保证表中的每一条记录都是唯一的。因此正确填空是“主键(主关键字)”。

5. 一个学生关系模式为(学号，姓名，班级号，……)，其中学号为关键字；一个班级关系模式为(班级号，专业，教室，……)，其中“班级号”为关键字；则学生关系模式中的外关键字为________。

【解析】 如果一个关系中的属性或属性组，它不是本关系的关键字，而是另一个关系的关键字则称之为本关系的外关键字。外关键字是在表之间建立联系的方法。因此正确填空是“班级号”。

1.2 习题作业

1.2.1 选择题习题作业

1. 一个关系数据库文件中的各条记录(　　)。

A) 前后顺序不能任意颠倒，一定要按照输入的顺序排列

B) 前后顺序可以任意颠倒，不影响库中数据的数据关系

C) 前后顺序可以任意颠倒，但排列顺序不同，统计处理的结果就可能不同

D) 前后顺序不能任意颠倒，一定要按照关键字段值的顺序排列

2. 关系型数据库中所谓的“关系”是指(　　)。

A) 各个记录中的数据彼此间有一定的关联关系

B) 是指数据模型符合满足一定条件的二维表格式

C) 某两个数据库文件之间有一定的关系

D) 表中的两个字段有一定的关系

3. 下列有关系数据库的描述，正确的是(　　)。

A) 数据库是一个 DBF 文件　　B) 数据库是一个关系

C) 数据库是一个结构化的数据集合　　D) 数据库是一组文件

4. 下列说法中，不属于数据模型所描述的内容的是(　　)。

A) 数据结构　　B) 数据操作　　C) 数据查询　　D) 数据约束

5. 在数据管理技术的发展过程中，经历了人工管理阶段、文件系统阶段和数据库系统阶段。其中数据独立性最高的阶段是(　　)。

A) 数据库系统　　B) 文件系统　　C) 人工管理　　D) 数据项管理

6. 现实世界中的事物个体在信息世界中称为(　　)。

A) 实体　　B) 实体集　　C) 字段　　D) 纪录

7. 下列实体的联系中，属于多对多联系的是(　　)。

A) 住院的病人与病床　　B) 学校与校长

C) 职工与工资　　D) 学生与课程

8. 下列关系运算中，能使经运算后得到的新关系中属性个数多于原来关系中属性个数的是(　　)。

A) 选择　　B) 连接　　C) 投影　　D) 差

9. 下列数据模型是(　　)。

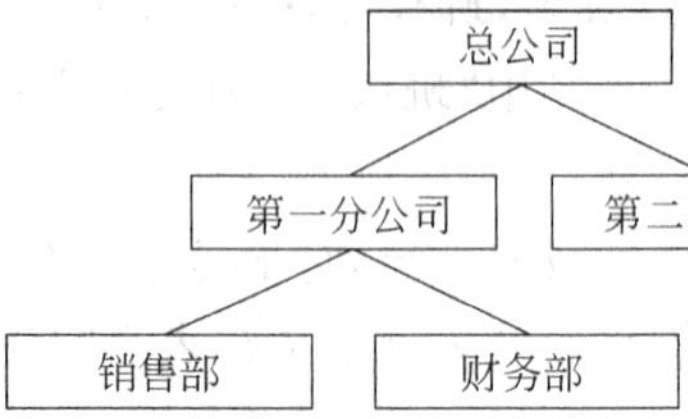

A) 层次模型　　B) 网状模型　　C) 关系模型　　D) 以上 3 个都是

10. 关系模型允许定义 3 类数据约束，下列不属于数据约束的是(　　)。

A) 实体完整性约束　　B) 参照完整性约束

C) 域完整性约束　　D) 用户自定义的完整性约束

11. 如果表 A 中的一条记录与表 B 中的多条记录相匹配，且表 B 中的一条记录与表 A 中的多条记录相匹配，则表 A 与表 B 存在的关系是(　　)。

A) 一对一　　B) 一对多　　C) 多对一　　D) 多对多

12. 在关系运算中，投影运算的含义是(　　)。

A) 在基本表中选择满足条件的记录组成一个新的关系

B) 在基本表中选择需要的字段(属性)组成一个新的关系

C) 在基本表中选择满足条件的记录和所需属性组成一个新的关系

D) 上述说法均是正确的

13. DBMS(数据库管理系统)是(　　)。

A) OS 的一部分　　B) OS 支持下的系统文件

C) 一种编译程序　　D) 混合型

14. 构成关系模型中的一组相互联系的“关系”一般是指(　　)。

A) 满足一定规范化要求的二维表　　B) 二维表中的一行

C) 二维表中的一列　　D) 二维表中的一个数字项

15. 在数据管理技术发展过程中，文件系统与数据库系统的主要区别是数据库系统具有(　　)。

A) 特定的数据模型　　B) 数据无冗余

C) 数据可共享　　D) 专门的数据管理软件

16. 数据库系统的核心是(　　)。

A) 数据模型　　B) 数据库管理系统

C) 数据库　　D) 数据库管理员

17. 数据库系统是由数据库、数据库管理系统、应用程序、(　　)、用户等构成的人机系统。

A) 数据库管理员　B) 程序员　　C) 高级程序员　　D) 软件开发商

18. 在数据库中存储的是(　　)。

A) 信息　　B) 数据　　C) 数据结构　　D) 数据模型

19. 在下面关于数据库的说法中,错误的是(　　)。

A) 数据库有较高的安全性

B) 数据库有较高的数据独立性

C) 数据库中的数据可以被不同的用户共享

D) 数据库中没有数据冗余

20. 在关系型数据库中,二维表中的一行被称为(　　)。

A) 字段　　B) 数据　　C) 记录　　D) 数据视图

1.2.2 填空题习题作业

1. 在选择运算所得到的结果关系中,所含的元组数不能________原关系中的元组数。

2. 联接运算是将两个或两个以上的关系根据联接条件生成一个________。

3. Access 用参照完整性来确保表中记录之间________的有效性,并不会因意外而删除或更改相关数据。

4. 数据管理技术经历了人工处理阶段、文件系统和________、分布式数据库系统、面向对象数据库系统 5 个发展阶段。

5. 关系操作的特点是________操作。

6. 三个基本的关系运算是选择、________和联接。

7. 在关系模型中,把数据看成一个二维表,每一个二维表称为一个________。

8. 数据模型按不同应用层次分成 3 种类型,分别是概念数据模型、________和物理数据模型。

9. 一个项目具有一个项目主管,一个项目主管可管理多个项目,则实体“项目主管”与实体“项目”的联系属于________的联系。

10. 建立表间关系时,若联接字段在两个表中均为主键,则两个表之间是________关系;若只在一个表中为主键,则两个表之间是一对多关系。

1.3 习题作业参考答案

1.3.1 选择题习题作业参考答案

题号	1.	2.	3.	4.	5.	6.	7.	8.	9.	10.
答案	B	B	C	C	A	A	D	B	A	C
题号	11.	12.	13.	14.	15.	16.	17.	18.	19.	20.
答案	D	B	B	A	A	B	A	B	D	C

1.3.2 填空题习题作业参考答案

1. 多于
2. 新关系
3. 关系
4. 数据库系统
5. 集合
6. 投影
7. 关系
8. 逻辑数据模型
9. 一对多
10. 一对一

第2章 数据库及表的基本操作

2.1 习题分析

2.1.1 选择题习题解析

1. 如果一张数据表中含有照片，那么"照片"这一字段的数据类型通常为(　　)。

A) OLE对象型　　B) 超级链接型　　C) 查阅向导型　　D) 备注型

【解析】 OLE对象型是用来存放多媒体对象的字段类型，最多存储1GB；在表中增加一个OLE对象类型的字段，就可以插入图片，但是在数据表视图下，只能看见图片的文件名，图像本身并不能显示，必须在窗体或报表视图中，才能显示图像。因此正确选项是A。

2. Access 2010中，可以选择输入字符或空格的输入掩码是(　　)。

A) 0　　B) &　　C) A　　D) C

【解析】 "A"是必须输出字母或者数字的输入掩码，"&"是必须输入任何字符或者一个空格的输入掩码，"9"是必须输入数字的输入掩码，"?"是可以选择输入字母的输入掩码，"C"是可以选择输入字符或者空格的输入掩码。因此正确选项是D。

3. 文本数据类型的默认大小为(　　)。

A) 255个字符　　B) 127个字符　　C) 64个字符　　D) 64 000个字符

【解析】 默认的文本型字段大小是255个字符，最大长度是255个字符。因此正确选项是A。

4. 下面有关主关键字的说法中，错误的一项是(　　)。

A) Access并不要求在每一个表中都必须包含一个主关键字

B) 在一个表中只能指定一个字段成为主关键字

C) 在输入数据或对数据进行修改时，不能向主关键字的字段输入相同的值

D) 利用主关键字可以对记录快速地进行排序和查找

【解析】 在创建表时，Access并不要求每个表中都必须包含一个主关键字，主关键字有两种类型：单字段和多字段。主关键字可以唯一地标识记录，也就是说，主关键字的字段值是不可重复的。在定义主关键字时，主关键字被系统自动建立为主索引，利用主关键字可以加速记录的排序和筛选。因此正确选项是B。

5. 关于字段默认值叙述错误的是(　　)。

A) 设置文本型默认值时不用输入引号，系统自动加入

B) 设置默认值时，必须与字段中所设的数据类型相匹配

C) 设置默认值时可以减少用户输入强度

D) 默认值是一个确定的值，不能用表达式

【解析】 数据属性决定了一个控件或窗体中的数据来自于何处，以及操作数据的规则。“默认值”属性用于设定一个计算型控件或非结合型控件的初始值，可以使用表达式生成器向导来确定默认值。因此正确选项是 D。

6. Access 是一种(　　)。

A) 数据库管理系统软件　　B) 操作系统软件

C) 文字处理软件　　D) CAD 软件

【解析】 Access 属于小型数据库管理系统软件。因此正确选项是 A。

7. Access 在同一时间可以打开数据库的个数为(　　)。

A) 1　　B) 2　　C) 3　　D) 4

【解析】 Access 在同一时间，只能打开 1 个数据库，无法打开多个数据库。也就是说，在一个数据库打开的同时，如果打开另一个数据库，前一个数据库将自动关闭退出。因此正确选项是 A。

8. Access 字段名不能包含的字符是(　　)。

A) “@”　　B) “!”　　C) “%”　　D) “&”

【解析】 在 Access 中，字段名可以包含字母、汉字、数字、空格和其他一些字符。但用户需要注意，Access 的字段名不能包含点号“. ”、半角感叹号“!”、方括号“[]”和重音符号“'”。因此正确选项是 B。

9. 字节型数据的取值范围是(　　)。

A) −128～127　　B) 0～255　　C) −256～255　　D) 0～32 767

【解析】 字节型数据的取值范围是 0～255。因此正确选项是 B。

10. 关于获取外部数据，叙述错误的是(　　)。

A) 导入表后，在 Access 中修改、删除记录等操作不影响原数据文件

B) 链接表后，Access 中队数据所做的改变都会影响原数据文件

C) Access 中可以导入 Excel 表、其他 Access 数据库中的表和 dBASE 数据库文件

D) 链接表连接后的形成的表的图标为 Access 生成的表的图标

【解析】 Access 中，获取外部数据包括导入表和链接表。链接表后形成的表的图标与数据源程序表相似，而与 Access 生成的表的图标不同，而且在链接的表前面显示箭头标记，选项 D 的说法是错误的，符合题意。其余选项的说法正确，不符合题意。因此正确选项是 D。

2.1.2 填空题习题解析

1. Access 字段名长度最多为________个字符。

【解析】 Access 中字段的命名规则是：字段名长度为 1～64 个字符，字段名可以包含字母、汉字、数字、空格和其他字符，字段名不能包含句号(.)、惊叹号(!)、方括号([])和重音符号(')。因此正确填空是 64。

2. Access 中的备注数据类型最多可以存储________个字符。

【解析】 备注数据类型可以解决文本数据类型无法解决的问题，可保存较长的文本

和数字。与文本数据类型一样，备注数据类型也是字符和数字相结合，它允许存储的内容长达 64 000 个字符，但 Access 不能对备注型字段进行排序或索引。因此正确填空是 64 000。

3. 在 Access 中数据类型主要包括：自动编号、文本、备注、数字、货币、日期/时间、是/否、OLE 对象、附件、________计算和查阅向导等。

【解析】 Access 常用的数据类型有文本、备注、数字、日期/时间、货币、自动编号、是/否、OLE 对象、附件、超级链接、计算和查阅向导等。因此正确填空是“超链接”。

4. Access 2010 中，对数据库表的记录进行索引时，数据类型为________或 OLE 对象的字段不能排序。

【解析】 Access 常用的数据类型中不能进行索引的是：附件或 OLE 对象的数据类型。因此正确填空是“附件型”。

5. Access 提供了两种字段数据类型保存文件或文本和数字组合的数据，这两种数据类型是文本型和________。

【解析】 备注型是字符和数字相结合，它允许存储的内容长达 64 000 个字符。因此正确填空是“备注型”。

2.2 习题作业

2.2.1 选择题习题作业

1. “输入掩码”用于设定控件的输入格式，对下列(　　)类型数据有效。

A) 数字型　　B) 货币型　　C) 文本型　　D) 查阅向导型

2. Access 表的字段类型中没有(　　)。

A) 文本型　　B) 数字型　　C) 货币型　　D) 窗口型

3. Access 的表中，下列不可以定义为主键的是(　　)。

A) 自动编号　　B) 单字段　　C) 多字段　　D) OLE 对象

4. 排序时如果选取了多个字段，则结果是按照(　　)。

A) 最左边的列开始排序　　B) 最右边的列开始排序

C) 从左向右优先次序依次排序　　D) 无法进行排序

5. 创建新表时，通过下列哪一项可以创建表的结构(　　)。

A) 直接输入数据创建表

B) 使用表设计器创建表

C) 通过获取外部数据(导入表、链接表等)来创建新表

D) 使用向导创建表

6. 一个书店的老板想将 Book 表的书名设为主键，考虑到有重名的书的情况，但相同书名的作者都不相同。考虑到店主的需求，可定义适当的主键为(　　)。

A) 定义自动编号主键

B) 将书名和作者组合定义多字段主键

C) 不定义主键

D) 再增加一个内容无重复的字段定义为单字段主键

7. 下列有关基本表的说法,正确的是(　　)。

A) 在数据库中,一个表打开后,另一个表将自动关闭

B) 基本表中的字段名可以在设计视图或数据表视图中更改

C) 在表的设计视图中可以通过删除列来删除一个字段

D) 在表的数据表视图中可以对字段属性进行设置

8. 在表达式中,为了和数字一样的数值数据区分,Access 将文本型的数据用双引号括起来,在日期/时间型数据两端各加了一个(　　)。

A) *　　B) #　　C) “”　　D) ?

9. 下列数据类型的字段能设置索引的有(　　)。

A) 数值、货币、附件　　B) 数值、超级链接、OLE 对象

C) 数值、文本、货币　　D) 日期/时间、附件、文本

10. Access 数据库的各对象中,实际存放数据的是(　　)。

A) 表　　B) 查询　　C) 窗体　　D) 报表

11. 对表中某一字段建立索引时,若其值有重复,可选择(　　)索引。

A) 主　　B) 有(无重复)　　C) 无　　D) 有(有重复)

12. Access 系统中,一个表最多可以建立的主键个数(主索引)为(　　)。

A) 1　　B) 2　　C) 3　　D) 任意

13. 下列关于索引的说法,错误的一项是(　　)。

A) 索引越多越好　　B) 一个索引可以有一个或多个字段组成

C) 可提高查询效率　　D) 主索引值不能为空,不能重复

14. 下列有关记录处理的说法,错误的是(　　)。

A) 添加、修改记录时,光标离开当前记录后,即会自动保存

B) 自动编号不允许输入数据

C) Access 的记录删除后,可以恢复

D) 新记录必定在数据表的最下方

15. 在 Access 中文版中,排序记录时所依据的规则是中文排序,其具体方法错误的是(　　)。

A) 中文按拼音字母的顺序排序

B) 数字由小至大排序

C) 英文按字母顺序排序,小写在前,大写在后

D) 以升序来排序时,任何含有空字段的记录将列在列表中的第一条

16. 表是由(　　)组成的。

A) 字段和记录　　B) 查询和字段　　C) 记录和窗体　　D) 报表和字段

17. Access 中的字段可以定义有效性,有效性规则是(　　)。

A) 控制符　　B) 文本

C) 条件　　D) 以上 3 种说法都不对

18. Access 自动创建的主键，是(　　)型数据。

A) 自动编号　　B) 文本　　C) 整型　　D) 备注

19. 如果想在已建立的"Salary"表的数据表视图中直接显示出姓"马"的记录，应使用 Access 提供的(　　)。

A) 筛选功能　　B) 排序功能　　C) 查询功能　　D) 报表功能

20. 输入掩码通过(　　)减少输入数据时的错误。

A) 限制可输入的字符数

B) 仅接受某种类型的数据

C) 在每次输入时，自动填充某些数据

D) 以上全部

2.2.2 填空题习题作业

1. 多字段排序时，排序的优先级是________。

2. ________规定数据的输入模式，具有控制数据输入功能。

3. Access 数据库中哪个数据库对象是其他数据库对象的基础？________

4. "学号"字段中含有"1"、"2"、"3"等值，则在表设计视图中，该字段可以设置成数字类型，也可以设置为________类型。

5. 掩码"####-######"对应的正确输入数据是________。

6. Access 中的字段可以定义有效性，有效性规则是________。

7. 在 tEmployee 表中，"姓名"字段的字段大小为 10，在此列输入数据时，最多可输入的汉字数和英文字符数分别是________。

8. 在数据表视图下向表中输入数据，在未输入数值之前，系统自动提供的数值字段的属性是________。

9. 使用表设计视图定义表中字段时，不是必须设置的内容是________。

10. 链接是直接将________中的数据使用到 Access 的表、窗体、查询和报表中。一旦外部数据源发生变化，则所链接的表、查询、窗体和报表中的内容也相应改变。

2.3 习题作业参考答案

2.3.1 选择题习题作业参考答案

题号	1.	2.	3.	4.	5.	6.	7.	8.	9.	10.
答案	C	D	D	C	B	B	B	B	C	A
题号	11.	12.	13.	14.	15.	16.	17.	18.	19.	20.
答案	D	A	A	C	C	A	C	A	A	D

2.3.2 填空题习题作业参考答案

1. 从左到右
2. 输入掩码
3. 表
4. 文本
5. 0755-123456
6. 检查输入的值是否符合其条件
7. 5 和 10
8. 字段大小
9. 说明
10. 外部数据源

第3章 查　　询

3.1 习题分析

3.1.1 选择题习题解析

1. 某数据表中有一个 Name 字段，查找 Name 不为空的记录的准则可以设置为(　　)。

A) Not Null　　B) Is Not Null　　C) Between 0 and 64　　D) Null

【解析】 Between 用于指定一个字段值的范围，指定的范围之间用 And 连接；Is Null 用于指定一个字段为空；Is Not Null 用于指定一个字段为非空。因此正确选项是 B。

2. 在已创建的"图书查询"查询中分别查找书籍分类编号为 1 和 9 的所有图书，则应该在"分类编号"字段下方的准则框中输入如下的查询条件(　　)。

A) 1 and 9　　B) 1 or 9

C) 1 and 9 和 1 or 9 都正确　　D) 都不对

【解析】 查询条件为：1 or 9 写在查询中分类编号字段的下方的准则栏中。因此正确选项是 B。

3. 如果在数据库中已有同名的表，下列哪一项查询将覆盖原有的表？(　　)

A) 删除　　B) 追加　　C) 生成表　　D) 更新

【解析】 删除查询可以从一个或多个现存表中删除一组符合查询准则的记录。追加查询可以把源查询中的新记录追加到已有表中，也可以使用户把输入数据中的一部分或全部按正确的格式追加到一个或多个已有表中。更新查询可对一个或多个表中的一组记录作全局的更改或替换。生成表查询可以利用查询结果中的数据创建新表，若数据库中已有同名的表，该操作将覆盖原有的表。因此正确选项是 C。

4. 对于交叉表查询时，用户只能指定总计类型的字段的个数为(　　)。

A) 1　　B) 2　　C) 3　　D) 4

【解析】 在创建交叉表查询时，只能指定一个总计类型的字段。因此正确选项是 A。

5. Access 提供了组成查询准则的运算符是(　　)。

A) 只有关系运算符　　B) 关系运算符和逻辑运算符

C) 特殊运算符　　D) 关系运算符、逻辑运算符和特殊运算符

【解析】 Access 提供组成查询准则的运算符有：关系运算符、逻辑运算符、特殊运算符等。因此正确选项是 D。

6. 某数据表中有一个 Name 字段，查找 Name 为 Mary 和 Lisa 的记录的准则可以设置为(　　)。

A) In("Mary","Lisa")　　B) Like "Mary" And Like "Lisa"

C) Like("Mary","Lisa") D) "Mary" And "Lisa"

【解析】 In用于指定一个字段值的列表,列表中的任意一个值都可与查询的字段相匹配;Like用于指定查找文本字段的字符模式,在所定义的字符模式中,用"?"表示该位置可匹配任何一个字符;用"*"表示该位置可匹配零或多个字符。因此正确选项是A。

7. 某数据表中有一个地址字段,查找字段最后3个字为"9信箱"的记录,准则是(　　)。

A) Right([地址],3)="9信箱" B) Right([地址],6)="9信箱"

C) Right("地址",3)="9信箱" D) Right("地址",5)="9信箱"

【解析】 函数Right([字符表达式],数值表达式)返回一个值,该值是从字符表达式右侧第一个字符开始,截取的若干个字符。因此正确选项是A。

8. 使用查询向导不可以创建(　　)。

A) 简单的选择查询 B) 基于一个表或查询的交叉表查询

C) 操作查询 D) 查找重复项查询

【解析】 Access提供了4种基本查询向导:简单查询向导、交叉表查询向导、查找重复项查询向导、查找不匹配项查询向导。因此正确选项是C。

9. 下列说法中,正确的一项是(　　)。

A) 创建好查询后,不能更改查询中的字段的排列顺序

B) 对已创建的查询,可以添加或删除其数据来源

C) 对查询的结果,不能进行排序

D) 上述说法都不正确

【解析】 在查询的设计视图中,单击工具栏上的"显示表"按钮,将出现"显示表"对话框,可以添加数据源。因此正确选项是B。

10. 下列说法中,错误的一项是(　　)。

A) 查询是从数据库的表中筛选出符合条件的记录,构成一个新的数据集合

B) Access中不能进行交叉表查询

C) 创建复杂的查询不能使用查询向导

D) 可以使用函数、逻辑运算符、关系运算符创建复杂的表达式

【解析】 本题考查对查询类型的了解。因此正确选项是B。

3.1.2 填空题习题解析

1. 操作查询共有4种类型,分别是删除查询、生成表查询、________和更新查询。

【解析】 操作查询包括生成表查询、删除查询、更新查询和追加查询4种。因此正确填空是"追加查询"。

2. 在设置查询的"准则"时,可以直接输入表达式,也可以使用表达式________来帮助创建表达式。

【解析】 设置查询的条件时,可以在"准则"单元格内直接输入正确的表达式,也可以启动表达式生成器,使用表达式生成器生成表达式。因此正确填空是"生成器"。

3. 若上调产品价格,最方便的方法是使用________查询。

【解析】 上调产品价格，需要对原有表中的数据进行更新，所以最方便的方法是使用更新查询完成价格上调操作。因此正确填空是“更新查询”。

4. 在创建交叉表查询时，在“交叉表”行上有且仅有一个的是________。

【解析】 在创建交叉表查询时，用户需要指定3种字段：一是放在数据表最左端的行标题，它把某一字段或相关的数据放入指定的一行中；二是放在数据表最上面的列标题，它对每一列指定的字段或表进行统计，并将统计结果放入该列中；三是放在数据表行与列交叉位置上的字段，用户需要为该字段指定一个总计项。因此正确填空是列标题和值。

5. 查询能实现的功能有________。

【解析】 查询能实现的功能有选择字段、选择记录、编辑记录、实现计算、建立新表、建立基于查询的报表和窗体。因此正确填空是“选择字段、选择记录、编辑记录、实现计算、建立新表、建立基于查询的报表和窗体”。

3.2 习题作业

3.2.1 选择题习题作业

1. 假设一位顾客想买一本英文书，但是不记得它的名字，只知道是以C打头，且书名长为10个字母。那么顾客可以在基于书名表的查询中使用查询准则(　　)。

A) Like "C?????????"或者 Like "c?????????"

B) Like "c＊"

C) Like "c?????????"

D) Like "C?????????"

2. 下列不能利用生成表查询实现的是(　　)。

A) 删除数据　　B) 整理旧有数据

C) 备份重要数据　　D) 当成其他对象的数据来源

3. 若要查询成绩为70～80分之间(包括70分，不包括80分)的学生的信息，查询准则设置正确的是(　　)。

A) ＞69 or ＜80　　B) Between 70 with 80

C) ＞＝70 and ＜80　　D) IN (70,79)

4. 不属于查询的功能的有(　　)。

A) 筛选记录　　B) 整理数据　　C) 操作表　　D) 输入接口

5. 在利用向导创建查询对象中的[>>]按钮的作用是(　　)。

A) 将“可用字段”列表框中选定的字段送到“选定字段”框中

B) 将“可用字段”列表框中的全部字段送到“选定字段”框中

C) 将“选定字段”列表框中的全部字段送到“可用字段”框中

D) 将“选定字段”列表框中的选定字段送到“可用字段”框中

6. 下列选项是交叉表查询的必要组件的有(　　)。

A) 行标题　　B) 列标题　　C) 值　　D) 以上都是

7. 下列结果不是动态集合,而是执行指定的操作,例如,增加、修改、删除记录的是(　　)。

A) 选择查询　　B) 操作查询　　C) 参数查询　　D) 交叉表查询

8. 下面表达式中,执行后的结果是在"平均分"字段中显示"语文"、"数学"、"英语"3个字段中分数的平均值(结果取整)的是(　　)。

A) 平均分:([语文]+[数学]+[英语])\3

B) 平均分:([语文]+[数学]+[英语])/3

C) 平均分:语文+数学十英语\3

D) 平均分:语文+数学+英语/3

9. 某数据表有一个 Name 字段,查找 Name 不是 Mary 的记录的准则可以设定为(　　)。

A) Not "Mary"　　B) Not "Mary * "

C) Not " * Mary"　　D) Not " * Mary * "

10. 某数据库表中有1个工作时间字段,查找20天之内参加工作的记录的准则可以是(　　)。

A) Between Date()Or Date()-20　　B) Between Date()And Date()-20

C) <Date()And>Date()-20　　D) <Date()Or>Date()-20

11. 下列不属于 Access 提供的特殊运算符的是(　　)。

A) In　　B) Between　　C) Is Null　　D) Not Null

12. 下列关于汇总的说法,错误的一项是(　　)。

A) 可以作各种计算

B) 作为条件的字段也可以显示在查询结果中

C) 计算的方式有求和、求平均、统计个数、最大值、最小值等

D) 任意字段都可以作为组

13. 关于获取外部数据,叙述错误的是(　　)。

A) 导入表后,在 Access 中修改、删除记录等操作不影响原数据文件

B) 链接表后,Access 中对数据所做的改变都会影响原数据文件

C) Access 中可以导入 Excel 表、其他 Access 数据库中的表和 dBASE 数据库文件

D) 链接表连接后的形成的表的图标为 Access 生成的表的图标

14. 下列是交叉表查询必须搭配的功能的是(　　)。

A) 总计　　B) 上限值　　C) 参数　　D) 以上都不是

15. 对"将信息系99年以前参加工作的教师的职称改为副教授",合适的查询为(　　)。

A) 生成表查询　　B) 更新查询　　C) 删除查询　　D) 追加查询

16. 下面对查询功能的叙述中，正确的是(　　)。

A) 在查询中，选择查询可以只选择表中的部分字段，通过选择一个表中的不同字段生成同一个表

B) 在查询中，编辑记录主要包括添加记录、修改记录、删除记录和导入、导出记录

C) 在查询中，查询不仅可以找到满足条件的记录，而且还可以在建立查询的过程中进行各种统计计算

D) 以上说法均不对

17. 创建查询时，其数据来源主要是(　　)。

A) 只能根据已建查询创建查询

B) 只能根据数据库表创建查询

C) 可以根据数据库表创建查询，但不能根据已建查询创建查询

D) 可以根据数据库表和已建查询创建查询

18. 假设某数据表中有一个工作时间字段，查找2000年参加工作的职工记录的准则是(　　)。

A) Between #2000-01-01# And #2000-12-31#

B) Between "2000-01-01" And "2000-12-31"

C) Between "2000.01.01" And "2000.12.31"

D) #2000.01.01 #And#2000.12.31#

19. Access提供的参数查询可在执行时显示一个对话框以提示用户输入信息，如在其中输入提示信息，要想形成参数查询，只要将一般查询准则中的数据用(　　)括起来。

A) “”　　B) 小括号()　　C) 大括号{ }　　D) 中括号[]

20. 哪个查询会在执行时弹出对话框，提示用户输入必要的信息，再按照这些信息进行查询？(　　)

A) 选择查询　　B) 参数查询　　C) 交叉表查询　　D) 操作查询

3.2.2 填空题习题作业

1. 执行________查询后，字段的旧值将被新值替换。

2. 特殊运算符“ln”的含义是________。

3. 查询设计视图分为上下两部分，上半部分是表的显示区，下半部分是________。

4. 创建分组统计查询时，总计项应选择________。

5. 在查询设计视图中可以添加________。

6. 创建查询的方法有两种，分别为“使用向导”创建和________创建。

7. 查询“准则”是查询或高级筛选中用来识别所需特定记录的________。

8. 若希望使用一个或多个字段的值进行计算，需要在查询设计视图的设计网格中添加________字段。

9. 在Access中提供了________种查询视图。

10. 如果一个查询的数据源仍是查询，而不是表，则该查询称为________。

3.3 习题作业参考答案

3.3.1 选择题习题作业参考答案

题号	1.	2.	3.	4.	5.	6.	7.	8.	9.	10.
答案	A	A	C	D	B	D	B	A	A	B
题号	11.	12.	13.	14.	15.	16.	17.	18.	19.	20.
答案	D	A	D	A	B	C	D	A	D	B

3.3.2 填空题习题作业参考答案

1. 更新
2. 用于指定一个字段值的列表,列表中的任一值都可与查询的字段相匹配
3. 查询设计区
4. Group By
5. 表和查询
6. 查询设计视图
7. 限定条件
8. 计算
9. 3
10. 子查询

第4章　关系数据库标准语言SQL

4.1　习题分析

4.1.1　选择题习题解析

1. 若设定SQL的条件表达式为“＜60 Or＞100”，表示(　　)。

A) 查找小于60或大于100的数　　B) 查找不大于60或不小于100的数

C) 查找小于60并且大于100的数　　D) 查找60和100的数(不包括60和100)

【解析】 “查找小于60或大于100的数”的表达式为“＜60 Or＞100”。因此正确选项是A。

2. SQL语句中的DROP INDEX的作用是(　　)。

A) 从数据库中删除表　　B) 从表中删除记录

C) 从表中删除字段　　D) 从表中删除字段索引

【解析】 SQL语句中DROP INDEX的作用是从数据表中删除索引。因此正确选项是D。

3. 在下面的SELECT语句中，语法正确的是(　　)。

A) SELECT * FROM ‘通信录’ WHERE 性别='男'

B) SELECT * FROM 通信录 WHERE 性别="男"

C) SELECT * FROM ‘通信录’ WHERE 性别=男

D) SELECT * FROM 通信录 WHERE 性别=男

【解析】 SELECT语句构成了SQL数据库语言的核心，语法包括几个主要子句，分别是FORM、WHERE和ORDER BY子句等。因此正确选项是B。

4. SQL的基本命令中，插入数据命令所用到的语句是(　　)。

A) SELECT　　B) INSERT　　C) UPDATE　　D) DELETE

【解析】 INSERT语句是SQL的数据插入语句。因此正确选项是B。

5. 在SQL查询中，若要取得“学生”数据表中的所有记录和字段，其SQL语法为(　　)。

A) SELECT 姓名 FROM 学生

B) SELECT * FROM 学生

C) SELECT 姓名 FROM 学生 WHILE 学号=02650

D) SELECT * FROM 学生 WHILE 学号=02650

【解析】 SELECT 姓名 FROM 学生：表示取得“学生”数据表中的所有记录，但只取得“姓名”字段，并不是全部字段；SELECT 姓名 FROM 学生 WHILE 学号=02650：表示取得“学生”数据表中的“学号”为02650的记录，而且只选取“姓名”字段；SELECT * FROM 学生 WHILE 学号＝02650：表示取得“学生”数据表中的“学号”为02650的记录，并选取全部字段。因此正确选项是B。

6. 用SQL语言描述“在教师表中查找男教师的全部信息”，以下描述正确的是(　　)。

A) SELECT FROM 教师表 IF(性别＝'男')

B) SELECT 性别 FROM 教师表 IF(性别＝'男')

C) SELECT * FROM 教师表 WHERE(性别＝'男')

D) SELECT FROM 性别 WHERE(性别＝'男')

【解析】 该段的语法为"SELECT *＜字段列表＞ FROM ＜表名＞ where ＜条件表达式＞"。因此正确选项是C。

7. 在SQL查询中，使用WHERE子句指出的是(　　)。

A) 查询目标　　B) 查询结果　　C) 查询视图　　D) 查询条件

【解析】 在SQL查询中，WHERE之后为查询条件，用来限制查询所符合的准则。因此正确选项是D。

8. 下列SQL语句中，用于修改表结构的是(　　)。

A) ALTER　　B) CREATE　　C) UPDATE　　D) INSERT

【解析】 SQL查询语句中的ALTER语句用于修改表结构。因此正确选项是A。

9. 哪个查询是包含另一个选择或操作查询中的SQL SELECT语句，可以在查询设计网格的“字段”行输入这些语句来定义新字段，或在“准则”行来定义字段的准则？(　　)

A) 联合查询　　B) 传递查询　　C) 数据定义查询　　D) 子查询

【解析】 子查询是包含另一个选择或操作查询中的SQL SELECT语句。因此正确选项是D。

10. 什么是将一个或多个表、一个或多个查询的字段组合作为查询结果中的一个字段，执行此查询时，将返回所包含的表或查询中对应字段的记录(　　)。

A) 联合查询　　B) 传递查询　　C) 选择查询　　D) 子查询

【解析】 联合查询的定义。注意不要同选择查询混淆起来。选择查询是根据指定的查询准则，从一个或多个表中获取数据并显示数据。因此正确选项是A。

4.1.2 填空题习题解析

1. Access数据库中的SQL查询主要包括联合查询、传递查询、子查询和________4种方式。

【解析】 SQL查询分为联合查询、传递查询、数据定义查询和子查询4种。因此正确填空是“数据定义查询”。

2. SQL语言中提供了SELECT语句，用来进行数据库的________。

【解析】 SQL的基本命令分为查询命令和操作命令，其中，查询命令是通过SELECT语句来实现的。因此正确填空是“查询”。

3. 在 SQL 查询中,GROUP BY 语句用于________。

【解析】 在 SELECT 语句中使用 GROUP BY 子句可以对查询结果按照某一列的值进行分组。因此正确填空是“分组查询”。

4. 在 SQL 的 SELECT 语句中,用于实现选择运算的是________。

【解析】 在 SELECT 语句中使用 WHERE 子句可以设置指定的条件,通过条件来选择满足条件的记录。而通过条件来选择满足条件的记录的运算是选择运算。因此正确填空是 WHERE。

5. 要删除“成绩”表中的所有行,在 SQL 视图中可输入________。

【解析】 删除表的 SQL 语句为 DELETE FROM ＜表名＞。因此正确填空是“DELETE FROM 成绩”。

4.2 习题作业

4.2.1 选择题习题作业

1. 用 SQL 语言描述“在学生表中查找女学生的全部信息”,以下描述正确的是(　　)。

A) SELECT FROM 学生表 IF (性别＝'女')

B) SELECT 性别 FROM 学生表 IF (性别＝'女')

C) SELECT * FROM 学生表 WHERE(性别＝'女')

D) SELECT * FROM 性别 WHERE (性别＝'女')

2. 在 SQL 查询中使用 WHERE 子句指出的是(　　)。

A) 查询目标　　B) 查询结果　　C) 查询视图　　D) 查询条件

3. 在 SQL 语句中,与表达式“工资 BETWEEN 1210 AND 1240”功能相同的表达式是(　　)。

A) 工资＞＝1210 AND 工资＜＝1240　　B) 工资＞1210 AND 工资＜1240

C) 工资＜＝1210 AND 工资＞＝1240　　D) 工资＞＝1210 OR 工资＜＝1240

4. 在 SQL 语句中,与表达式“仓库号 NOT IN("WH1","WH2")” 功能相同的表达式是(　　)。

A) 仓库号＝"WH1" AND 仓库号＝"WH2"

B) 仓库号!＝"WH1" OR 仓库号#"WH2"

C) 仓库号＜＞"WH1" OR 仓库号!＝"WH2"

D) 仓库号!＝"WH1" AND 仓库号!＝"WH2"

5. 子句 where 性别＝"女" and 工资额＞2000 的作用是处理(　　)。

A) 性别为“女”并且工资额大于 2000 的记录

B) 性别为“女”或者工资额大于 2000 的记录

C) 性别为“女”并非工资额大于 2000 的记录

D) 性别为“女”或者工资额大于 2000 的记录,且二者择一的记录

6. 根据关系模型 Students(学号,姓名,性别,专业),下列 SQL 语句中有错误的是(　　)。

A) SELECT * FROM Students

B) SELECT COUNT(*) 人数 FROM Students

C) SELECT DISTINCT 专业 FROM Students

D) SELECT 专业 FROM Students

7. 根据关系模型 Students(学号,姓名,性别,专业),下列 SQL 语句中有错误的是(　　)。

A) SELECT * FROM Students WHERE 专业="计算机"

B) SELECT * FROM Students WHERE 1 <> 1

C) SELECT * FROM Students WHERE "姓名"=李明

D) SELECT * FROM Students WHERE 专业="计算机" &"科学"

8. 根据关系模型 Students(学号,姓名,性别,专业),下列 SQL 语句中有错误的是(　　)。

A) SELECT * FROM Students ORDER BY 学号

B) SELECT * FROM Students ORDER BY 学号 ASC

C) SELECT * FROM Students ORDER BY 学号 DESC

D) SELECT * FROM Students ORDER BY 学号 ESC

9. 根据关系模型 Students(学号,姓名,性别,专业),下列 SQL 语句中有错误的是(　　)。

A) SELECT COUNT(*) FROM Students GROUP BY 性别

B) SELECT COUNT(*) FROM Students GROUP BY 性别 WHERE 专业="计算机"

C) SELECT COUNT(*) FROM Students GROUP BY 性别 HAVING 专业="计算机"

D) SELECT COUNT(*) AS 人数 FROM Students GROUP BY 性别

10. 根据关系模型 Students(学号,姓名,性别,专业),下列 SQL 语句正确的是(　　)。

A) SELECT * FROM Students WHERE "姓名" =李明

B) SELECT COUNT(*) FROM Students GROUP BY 性别 WHERE 专业="计算机"

C) SELECT * FROM Students ORDER BY 学号 DESC

D) SELECT * DISTINCT 专业 FROM Students

11. 根据关系模型 Students(学号,姓名,性别,专业),查找姓"王"的学生应使用(　　)。

A) SELECT * FROM Students WHERE 姓名 Like "王*"

B) SELECT * FROM Students WHERE 姓名 Like "[!王]"

C) SELECT * FROM Students WHERE 姓名="王*"

D) SELECT * FROM Students WHERE 姓名!="王*"

12. 根据关系模型 Students(学号,姓名,性别,专业),查找专业中含有“计算机”的学生应使用(　　)。

A) SELECT * FROM Students WHERE 专业 Like "计算机*"

B) SELECT * FROM Students WHERE 专业 Like "*计算机*"

C) SELECT * FROM Students WHERE 专业="计算机*"

D) SELECT * FROM Students WHERE 专业="*计算机*"

13. 根据关系模型 Students(学号,姓名,性别,专业,成绩),查找成绩在 80～90 之间的学生应使用(　　)。

A) SELECT * FROM Students WHERE 80<成绩<90

B) SELECT * FROM Students WHERE 80<成绩 OR 成绩<90

C) SELECT * FROM Students WHERE 80<成绩 AND 成绩<90

D) SELECT * FROM Students WHERE 成绩 IN (80,90)

14. 根据关系模型 Students(学号,姓名,性别,专业,成绩),统计学生的平均成绩应使用(　　)。

A) SELECT AVG(成绩) FROM Students

B) SELECT COUNT(成绩) FROM Students

C) SELECT COUNT(*) FROM Students

D) SELECT AVG(*) FROM Students

15. 在 SQL 查询语句中,子句“WHERE 性别="女" AND 工资额>2000”的作用是处理(　　)。

A) 性别为“女”并且工资额大于 2000(包含)的记录

B) 性别为“女”或者工资额大于 2000(包含)的记录

C) 性别为“女”并且工资额大于 2000(不包含)的记录

D) 性别为“女”或者工资额大于 2000(不包含)的记录

16. 根据关系模型 Students(学号,姓名,性别,出生年月),统计学生的平均年龄应使用(　　)。

A) SELECT COUNT() AS 人数,AVG(YEAR(出生年月)) AS 平均年龄 FROM Students

B) SELECT COUNT(*) AS 人数,AVG(YEAR(出生年月)) AS 平均年龄 FROM Students

C) SELECT COUNT(*) AS 人数,AVG(YEAR(DATE())-YEAR(出生年月)) AS 平均年龄 FROM Students

D) SELECT COUNT() AS 人数,AVG(YEAR(DATE())-YEAR(出生年月)) AS 平均年龄 FROM Students

17. 根据关系模型 Students(学号,姓名,性别,出生年月),查询计算机专业学生的学号、姓名和专业(　　)。

A) SELECT 学号、姓名、专业 FROM Students WHERE 专业="计算机"

B) SELECT 学号、姓名、专业 FROM Students WHERE 专业=计算机

C) SELECT 学号,姓名,专业 FROM Students WHERE 专业="计算机"

D) SELECT 学号,姓名,专业 FROM Students WHERE 专业=计算机

18. 根据关系模型 Students(学号,姓名,性别,出生年月),查询性别为“男”并按年龄从大到小到排序(　　)。

A) SELECT * FROM Students WHERE 性别="男"

B) SELECT * FROM Students WHERE 性别="男" ORDER BY 出生年月

C) SELECT * FROM Students WHERE 性别="男" ORDER BY 出生年月 ASC

D) SELECT * FROM Students WHERE 性别="男" ORDER BY 出生年月 DESC

19. 根据关系模型 Students(学号,姓名,性别),查询性别为“男”并按学号从小到大到排序(　　)。

A) SELECT * FROM Students WHERE 性别="男" GROUP BY 学号 DESC

B) SELECT * FROM Students WHERE 性别="男" GROUP BY 学号 ASC

C) SELECT * FROM Students WHERE 性别="男" ORDER BY 学号 ASC

D) SELECT * FROM Students WHERE 性别="男" ORDER BY 学号 DESC

20. 在 SQL 查询语句中,下列说法正确的是(　　)。

A) SELECT 命令中必须有 FROM 关键字

B) SELECT 命令中必须有 WHERE 关键字

C) SELECT 命令中必须有 GROUP 关键字

D) SELECT 命令中必须有 ORDER 关键字

4.2.2 填空题习题作业

1. SQL 的中文全称是________。

2. 从员工信息表中查询姓名为张红的 name 字段和 email 字段的语句________。

3. 在 SQL 查询语句中,排序的默认方式是________。

4. 在 SQL 查询语句中,DESC 关键字必须与________关键字一起使用。

5. 在 SQL 查询语句中,HAVING 子句的作用是________。

6. 根据关系模型 Students(ID,学号,课程,成绩),查找所有课程成绩在 70 分以上学生的学号的语句是________。

7. “SELECT Student.姓名,Scores.成绩 FROM Student INNER JOIN Scores ON Student.学号=Scores.学号”语句的意思是________。

8. 删除表 Students 中学号为 984215 的记录,其语句应为________。

9. 将表 Students 中学生王涛的姓名改为王宝,其语句应为________。

10. 根据关系模型 Students(学号,姓名),插入一条新记录的语句是________。

4.3 习题作业参考答案

4.3.1 选择题习题作业参考答案

题号	1.	2.	3.	4.	5.	6.	7.	8.	9.	10.
答案	C	D	A	D	A	B	C	D	B	C
题号	11.	12.	13.	14.	15.	16.	17.	18.	19.	20.
答案	A	B	C	A	C	C	C	D	C	A

4.3.2 填空题习题作业参考答案

1. 结构化查询语言
2. SELECT name,email FROM 员工信息 WHERE name="张红"
3. 升序
4. ORDER BY
5. 对分组后的结果进行过滤
6. SELECT 学号 FROM Students GROUP BY 学号 HAVING Min(成绩)>70
7. 连接查询 Student 表和 Scores 表
8. DELETE FROM Students WHERE 学号="984215"
9. UPDATE Students SET 姓名="王宝" WHERE 姓名="王涛"
10. INSERT INTO Students VALUES("984215","王海")

第5章　窗　　体

5.1　习题分析

5.1.1　选择题习题解析

1. 图表式窗体中出现的字段不包括(　　)。

A) 系列字段　　B) 数据字段　　C) 筛选字段　　D)类别字段

【解析】 图表式窗体中包括系列字段、数据字段、类别字段。图表式窗体中不包括筛选字段,筛选字段在数据透视表中出现。因此正确选项是C。

2. 下列关于使用设计视图创建窗体的说法,正确的是(　　)。

A) 在“创建”选项卡中选择“窗体”选项组内的“设计视图”选项

B) 在“请选择该对象数据的来源表或查询”下拉列表中选择一种数据来源

C) 单击“确定”按钮,此时即弹出该表/查询的窗口和“数据透视表字段列表”窗口

D) 不能使用设计视图创建空白窗体

【解析】 使用设计视图创建窗体的操作步骤为:在“创建”选项卡中选择“窗体”选项组内的“设计视图”选项;在“设计”选项卡中选择“显示/隐藏”选项组内选择“添加字段”选项后挑选所需的数据源,再把数据源中的相关字段拖拽到窗体设计视图即可;如果需要创一个空白的窗体,则不用将任何字段拖拽到窗体设计视图中。因此正确选项是A。

3. 下列关于主/子窗体的叙述,错误的是(　　)。

A) 主、子窗体必须有一定的关联,在主/子窗体中才可显示相关数据

B) 子窗体通常会显示为单一窗体

C) 如果数据表内已经建立了子数据工作表,则对该表自动产生窗体时,也会自动显示子窗体

D) 子窗体的来源可以是数据表、查询或另一个窗体

【解析】 子窗体内还可以嵌套子窗体。因此正确选项是B。

4. 下列窗体中不可以自动创建的是(　　)。

A) 纵栏式窗体　　B) 表格式窗体　　C) 图表窗体　　D) 主/子窗体

【解析】 Access可以自动创建纵栏式窗体、表格式窗体、主/子窗体,但不可以自动创建图表窗体。因此正确选项是C。

5. 打开窗体后,通过工具栏上的“视图”按钮可以切换的视图不包括(　　)。

A) 设计视图　　B) 窗体视图　　C) SQL视图　　D) 数据表视图

【解析】 打开窗体后,可以通过工具栏上的“按钮”切换的视图有设计视图、窗体视图、数据表视图。SQL视图不可以在窗体设计中切换。因此正确选项是C。

6. 下列选项中不是窗体格式属性的是(　　)。

A）标题　　B）帮助　　C）默认视图　　D）滚动条

【解析】 窗体的格式属性包括默认视图、滚动条、记录选定器、浏览按钮、分隔线、自动居中、控制框、最大最小化按钮、关闭按钮、边框样式等。因此正确选项是B。

7. 用于显示线条、图像的控件类型是（　　）。

A）结合型　　B）非结合型　　C）计算型　　D）查询型

【解析】 控件的类型可以分为结合型、非结合型与计算型。结合型控件主要用于显示、输入、更新数据表中的字段；非结合型控件没有数据来源，可以用来显示信息、线条、矩形或图像；计算型控件用表达式作为数据源，表达式可以利用窗体或报表所引用的表或查询字段中的数据，也可以是窗体或报表上的其他控件中的数据。因此正确选项是B。

8. 若要求在一个记录的最后一个控件按下Tab键后，光标会移至下一个记录的第一个文本框，则应在窗体属性里设置（　　）属性。

A）记录锁定　　B）记录选定器　　C）滚动条　　D）循环

【解析】 循环属性可以设置Tab键循环模式；即光标在当前记录所有控件间、当前页间、各记录间、以及所有记录间循环。因此正确选项是D。

9. 要为一个表创建一个窗体，并尽可能多地在该窗体中浏览记录，那么适宜创建的窗体是（　　）。

A）纵栏式窗体　　B）表格式窗体　　C）图表窗体　　D）主/子窗体

【解析】 表格式窗体可以同时在一个窗口中显示多条记录。因此正确选项是B。

10. 为窗体上的控件设置Tab键顺序时，应设置控件属性表的哪一项标签的"Tab键次序"选项（　　）。

A）格式　　B）数据　　C）事件　　D）其他

【解析】 选项在属性表中的"其他"选项卡中。因此正确选项是D。

5.1.2　填空题习题解析

1. 在窗体中的文本框分为结合型和________两种。

【解析】 窗体中的文本框分为结合型和非结合型两种。因此正确填空是"非结合型"。

2. 纵栏式窗体将窗体中的一个显示记录按________分隔。

【解析】 纵栏式窗体将窗体中的一个显示记录按列分隔，每列的左边显示字段名，右边显示字段内容。因此正确填空是"列"。

3. 将当前窗体输出的字体改为粗体显示的语句为________。

【解析】 字体粗体的属性为FontBold，其值为Boolean型，为True时表示后续字体为粗体，反之为正常字体。因此正确填空是"FontBold＝True"。

4. 窗体有多个部分组成，每部分称为一个________。

【解析】 该题考查窗体结构。因此正确填空是"节"。

5. 窗体的________用来定制窗体控件的属性。在窗体的设计视图中，窗体、窗体的页眉、主体部分、页脚以及窗体上的每个控件都具有与之关联的属性。

【解析】 本题主要考查学生对于窗体中属性的设置。在窗体的设计视图中，窗体、窗体的页眉、主体部分、页脚以及窗体上的每个控件都具有与之关联的属性，用户可以使用“属性”窗口设置这些属性，可以使用“属性”窗口来控制窗体控件的大小、位置、数据源、字体、样式等属性。因此正确填空是“属性窗口”。

5.2 习题作业

5.2.1 选择题习题作业

1. 在主/子窗体中，子窗体还可以包含子窗体的数量为(　　)。

A) 0　　B) 1　　C) 2　　D) 3

2. 下面关于窗体的作用的叙述，错误的是(　　)。

A) 可以接受用户输入的数据或命令　　B) 可以编辑、显示数据表中的数据

C) 可以构造方便、美观的输入输出界面　　D) 可以直接存储数据

3. 下列选项不属于 Access 控件类型的是(　　)。

A) 结合型　　B) 非结合型　　C) 计算型　　D) 查询型

4. 列表框和组合框的区别是(　　)。

① 列表框有下拉列表

② 列表框可以添加记录

③ 组合框可以添加记录

④ 组合框有下拉列表

A) ①②　　B) ③④　　C) ①③　　D) ②④

5. 图表式窗体中的图表对象是通过哪一个程序创建的？(　　)

A) Microsoft Graph　　B) Microsoft Excel

C) Microsoft Word　　D) Photoshop

6. 下列选项中不是窗体组成部分的是(　　)。

A) 窗体页眉　　B) 窗体页脚　　C) 主体　　D) 窗体设计器

7. 窗体是 Access 数据库中的一个对象，通过窗体用户可以完成下列哪些功能？(　　)

① 输入数据

② 编辑数据

③ 存储数据

④ 以行、列形式显示数据

⑤ 显示和查询表中的数据

⑥ 导出数据

A) ①②③　　B) ①②④　　C) ①②⑤　　D) ①②⑥

8. “特殊效果”属性值用于设定控件的显示特效，以下不属于“特殊效果”属性值的是(　　)。

A) “凹陷”　　B) “颜色”　　C) “阴影”　　D) “凿痕”

9. 键盘事件是操作键盘所引发的事件,下列不属于键盘事件的是(　　)。

A)"击键"　　B)"键按下"　　C)"键释放"　　D)"键锁定"

10. 窗体中可以包含一列或几列数据,用户只能从列表中选择值,而不能输入新值的控件是(　　)。

A) 列表框　　B) 组合框

C) 列表框和组合框　　D) 以上两者都不可以

11. 当窗体中的内容太多无法放在一页中全部显示时,可以用哪个控件来分页?(　　)

A) 选项卡　　B) 命令按钮　　C) 组合框　　D) 选项组

12. 下面不属于窗口事件的选项是(　　)。

A) 打开　　B) 关闭　　C) 删除　　D) 加载

13. 在显示具有(　　)关系的表或查询的数据时,子窗体特别有效。

A) 一对一　　B) 一对多　　C) 多对多　　D) 复杂

14. 确定一个控件在窗体或报表中位置的属性是(　　)。

A) Width 或 Height　　B) Width 和 Height

C) Top 和 Left　　D) Top 或 Left

15. 在 Access 数据库中,用于输入或编辑字段数据的交互控件是(　　)。

A) 文本框　　B) 标签　　C) 复选框　　D) 组合框

16. 可以作为窗体数据源的是(　　)。

A) 表　　B) 查询

C) Select 语句　　D) 表、查询和 Select 语句

17. 计算控件中的控件来源属性一般设置为以(　　)开头的表达式。

A) 字母　　B) 等号　　C) 括号　　D) 双引号

18. 窗体中的信息不包括(　　)。

A) 设计者在设计视图中附加的一些提示信息

B) 设计者在设计视图中输入的一些重要信息

C) 所处理表的记录

D) 所处理查询的记录

19. 用于创建窗体或修改窗体的视图是窗体的(　　)。

A) 设计视图　　B) 窗体视图　　C) 数据表视图　　D) 透视表视图

20. 下列关于选择窗体控件对象的说法,正确的是(　　)。

A) 单击可选择一个对象

B) 按住 Shift 键再单击其他多个对象可选定多个对象

C) 按 Ctrl+A 键可以选定窗体上所有对象

D) 以上皆是

5.2.2 填空题习题作业

1. 纵栏式窗体每次显示________条记录。

2. 创建窗体可以使用设计视图和使用________两种方式。

3. ________与列表框类似,其主要区别是它同时具有文本框及一个下拉列表。它的一个优点是:只需要在窗体上保留基础列表的一个值所占的空间。

4. ________是窗体上用于显示数据、执行操作、装饰窗体的对象。

5. 窗体类型中将窗体的一个显示记录按列分隔,每列的左边显示字段名,右边显示字段内容的是________。

6. 窗体是Access数据库中的一种对象,通过窗体用户可以完成________操作。

7. 假设有一个"图书订单表",其字段分别为书名、单价和数量,若以此表为数据源创建一个窗体,在窗体中设置一个计算订购总金额的文本框,那么"控件来源"属性值为________。

8. 主/子窗体平常用来显示和查询多个表中的数据,而这些数据之间具有的关系是________。

9. 如果将窗体背景图片存储到数据库文件中,则在"图片类型"属性框中应该指定为________方式。

10. 为了把焦点移到某个指定的控件,所使用的方法是________。

5.3 习题作业参考答案

5.3.1 选择题习题作业参考答案

题号	1.	2.	3.	4.	5.	6.	7.	8.	9.	10.
答案	B	D	D	B	A	D	C	B	D	A
题号	11.	12.	13.	14.	15.	16.	17.	18.	19.	20.
答案	A	C	B	C	A	D	B	B	A	D

5.3.2 填空题习题作业参考答案

1. 一
2. 向导
3. 组合框
4. 控件
5. 纵栏式窗体
6. 可以完成数据的输入、编辑、删除和查询等操作
7. =[单价]*[数量]
8. 一对多
9. 嵌入
10. SetFocus

第6章 报　　表

6.1 习题分析

6.1.1 选择题习题解析

1. 下列叙述中正确的是(　　)。

A) 纵栏式报表将记录数据的字段标题信息安排在每页主体节区内显示

B) 纵栏式报表将记录数据的字段标题信息安排在页面页眉节区内显示

C) 表格式报表将记录数据的字段标题信息安排在每页主体节区内显示

D) 多态性是使该类以统一的方式处理相同数据类型的一种手段

【解析】 纵栏式报表(也称为窗体报表)一般是在一页的主体节区内显示一条或多条记录,而且以垂直显示。纵栏式报表记录数据的字段标题信息与字段记录数据一起被安排在每页的主体节区内显示。因此正确选项是A。

2. 报表页眉的作用是(　　)。

A) 用于显示报表的标题、图形或说明性文字

B) 用来显示整个报表的汇总说明

C) 用来显示报表中的字段名称或对记录的分组名称

D) 打印表或查询中的记录数据

【解析】 一般来说,把报表的标题放在报表页眉中,该标题打印时仅在第一页的开始位置出现,用于显示报表的标题、图形或说明性文字的是报表页眉,每份报表只有一个报表页眉。因此正确选项是A。

3. 只能位于报表的开始处的是(　　)。

A) 页面页眉节　　B) 页面页脚节　　C) 组页眉节　　D) 报表页眉节

【解析】 报表页眉中的任何内容都只能在报表的开始处,即报表的第一页打印一次。因此正确选项是D。

4. 预览主/子报表时,子报表页面页眉中的标签(　　)。

A) 每页都显示一次　　B) 每个子报表只在第一页显示一次

C) 每个子报表每页都显示　　D) 不显示

【解析】 子报表的页面页眉/页脚在打印和预览时不显示。因此正确选项是D。

5. 用于显示整个报表的计算汇总或其他的统计数字信息的是(　　)。

A) 报表页脚节　　B) 页面页脚页　　C) 主体节　　D) 页面页眉节

【解析】 报表页脚节一般是在所有的主体和组页脚输出完成后才会打印在报表的最后面,可以显示整个报表的计算汇总或其他的统计数字信息。因此正确选项是A。

6. 如果将报表属性的“页面页眉”属性项设置成“报表页眉不要”，则打印预览时(　　)。

A) 不显示报表页眉　　B) 不显示报表页眉，替换为页面页眉

C) 不显示页面页眉　　D) 在报表页眉所在页不显示页面页眉

【解析】 将报表属性的“页面页眉”属性项设置成“报表页眉不要”，则只在报表页眉所在页不显示页面页眉，其他页不变。因此正确选项是 D。

7. 如果需要制作一个公司员工的名片，应该使用的报表是(　　)。

A) 纵栏式报表　　B) 表格式报表　　C) 图表式报表　　D) 标签式报表

【解析】 标签式报表适合制作名片、地址等。因此正确选项是 D。

8. 下列选项不属于报表数据来源的是(　　)。

A) 宏和模块　　B) 基表　　C) 查询　　D) SQL 语句

【解析】 报表中的大部分内容是从基表、查询或 SQL 语句中获得的，这些都是报表的数据来源。因此正确选项是 A。

9. 对已经设置好排序或分组的报表，下列说法正确的是(　　)。

A) 能进行删除排序、分组字段或表达式的操作，不能进行添加排序、分组字段或表达式的操作

B) 能进行添加和删除排序、分组字段或表达式的操作，不能进行修改排序、分组字段或表达式的操作

C) 能进行修改排序、分组字段或表达式的操作，不能进行删除排序、分组字段或表达式的操作

D) 进行添加、删除和更改排序、分组字段或表达式的操作

【解析】 对已经设置好排序或分组的报表，可以进行添加、删除和更改排序、分组字段或表达式的操作。因此正确选项是 D。

10. 下列是关于报表的有效属性及其用途的描述，其中错误的一项是(　　)。

A) 记录来源这个属性显示为报表提供的查询或表的名称

B) 启动排序这个属性显示上次打开报表的时候的排序准则，该准则源于继承记录来源属性，或者是由宏或 VBA 过程所应用的

C) 页面页眉这个属性控制页面页眉是否在所有页上出现

D) 菜单栏是指在输入一个定制菜单栏的名称或者定义定制菜单栏的宏名

【解析】 “排序依据”属性是显示上次打开报表时的排序准则，该准则源于继承记录来源属性，或者是由宏或 VBA 过程所应用的。而“启动排序”属性是如果想在每次打开报表时自动应用为报表定义的排序依据属性，就设置这个属性为“是”，可以从宏或 VBA 过程中设置排序依据和启动排序属性。因此正确选项是 B。

6.1.2　填空题习题解析

1. 在创建报表的过程中，可以控制数据输出的内容、输出对象的显示或打印格式，还可以在报表制作的过程中，进行数据的________。

【解析】 报表设计中，可以通过计算控件设置其控件源为合适的统计计算表达式，进行各种类型统计计算并输出结果。因此正确填空是“统计计算”。

2. 绘制报表中的直线时，按住________键可以保证画出的直线在水平和垂直方向上没有歪曲。

【解析】 绘制报表中的直线时，按住 Shift 键可以保证画出的直线在水平和垂直方向上没有夹角，不因鼠标的轨迹而歪曲。因此正确填空是 Shift。

3. 如果报表的数据量较大，而需要快速查看报表设计的结构、版面设置、字体颜色、大小等，则应该使用________视图。

【解析】 报表的打印预览视图既可以显示部分数据，也可以显示全部数据，其打开的速度较快，因而较适合查看报表设计的结构、版面设置、字体颜色、大小，而不是数据本身。因此正确填空是“打印预览”。

4. 为了在报表的每一页底部显示页码号，那么应该设置________。

【解析】 为了在报表的每一页底部显示页码号应该设置页面页脚。因此正确填空是“页面页脚”。

5. 用于显示整个报表的计算汇总或其他的统计数字信息的是________。

【解析】 报表页脚节一般是在所有的主体和组页脚被输出完成后才会打印在报表的最后面，通过在报表页脚区域安排文本框或其他一些类型控件，可以显示整个报表的计算汇总或其他的统计数字信息。因此正确填空是“报表页脚节”。

6.2 习 题 作 业

6.2.1 选择题习题作业

1. 纵栏式报表的字段标题被安排在下列选项中的哪一个节区显示？(　　)

A) 报表页眉　　B) 主体　　C) 页面页眉　　D) 页面页脚

2. 报表记录分组是指报表设计时按选定的(　　)值是否相等而将记录划分成组的过程。

A) 记录　　B) 字段　　C) 属性　　D) 域

3. 当在一个报表中列出学生的 3 门课 a、b、c 的成绩时，若要对每位学生计算 3 门课的平均成绩，只要设置新添计算控件的控制源为(　　)。

A) “=a+b+c/3”　　B) “(a+b+c) /3”

C) “=(a+b+c) /3”　　D) 以上表达式均错

4. 每个报表最多包含节的个数为(　　)。

A) 5　　B) 6　　C) 7　　D) 9

5. 在报表中添加时间时，Access 将在报表上添加 1 个(　　)，并将其“控件来源”属性设置为时间的表达式。

A) 标签控件　　B) 组合框控件　　C) 文本框控件　　D) 列表框控件

6. 一个报表最多可以对(　　)个字段或表达式进行分组。

A) 4　　B) 6　　C) 8　　D) 10

7. 若某报表中每个班级都有多条记录,如果要使用班级字段(文本型)对记录分类,班级号为0200418、0200419、0200420、……则组间距应设为(　　)。

A) 4　　B) 5　　C) 6　　D) 7

8. 使用"自动报表"创建的报表只包括(　　)。

A) 报表页眉　　B) 页脚和页面页眉

C) 主体区　　D) 页脚节区

9. 如果要求在页面页脚中显示的页码形式为"第X页,共Y页",则页面页脚中的页码的控件来源应该设置为(　　)。

A) ="第"&[Pages]&"页,共"&[Page]&"页"

B) ="共"&[Pages]&"页,第"&[Page]&"页"

C) ="第"&[Page]&"页,共"&[Pages]&"页"

D) ="共"&[Page]&"页,第"&[Pages]&"页"

10. 下列关于纵栏式报表的描述中,错误的是(　　)。

A) 垂直方式显示

B) 可以显示一条或多条显示

C) 将记录数据的字段标题信息与字段数据一起安排在每页主体节区内显示

D) 将记录数据的字段标题信息与字段记录数据一起安排在每页报表页眉节区内显示

11. 下面关于报表对数据的处理的叙述中,正确的是(　　)。

A) 报表只能输入数据　　B) 报表只能输出数据

C) 报表可以输入和输出数据　　D) 报表不能输入和输出数据

12. 用来查看报表页面数据输出形态的视图是(　　)。

A) "设计"视图　　B) "打印预览"视图

C) "报表预览"视图　　D) "版面预览"视图

13. 使用什么创建报表时会提示用户输入相关的数据源、字段和报表版面格式等信息?(　　)

A) "自动报表"　　B) "报表向导"　　C) "图标向导"　　D) "标签向导"

14. 如果要在每一页上都显示报表的标题,那么应该设置(　　)。

A) 报表页眉　　B) 页面页眉　　C) 组页眉　　D) 以上说法都不对

15. 下列关于报表功能的叙述中,不正确的是(　　)。

A) 可以呈现各种格式的数据

B) 可以包含子报表与图表数据

C) 可以分组组织数据,进行汇总

D) 可以进行计数、求平均、求和等统计计算

16. 报表统计计算中,如果是进行分组统计并输出,则统计计算控件应该布置

在(　　)。

A) 主体节　　　　　　　　　　　　B) 报表页眉/报表页脚

C) 页面页眉/页面页脚　　　　　　　D) 组页眉/组页脚

17. 若要在报表每一页底部都输出信息,需要设置的是(　　)。

A) 页面页脚　　B) 报表页脚　　C) 页面页眉　　D) 报表页眉

18. 下列关于报表属性中的数据源设置的说法中,正确的是(　　)

A) 只能是表对象

B) 只能是查询对象

C) 既可以是表对象,也可以是查询对象

D) 以上说法均不正确

19. 报表中的报表页眉用来(　　)。

A) 显示报表中的字段名称或对记录的分组名称

B) 显示报表的标题、图形或说明性文字

C) 显示本页的汇总说明

D) 显示整份报表的汇总说明

20. 用于实现报表的分组统计数据的操作区间的是(　　)。

A) 报表的主体区域　　　　　　　　B) 页面页眉或页面页脚区域

C) 报表页眉或报表页脚区域　　　　D) 组页眉或组页脚区域

6.2.2 填空题习题作业

1. 用来显示整份报表的汇总说明,在所有记录都被处理后,只打印在报表的结束处的是________。

2. 报表数据源的设置对象不能是任意对象,但可以是________对象。

3. Access 的报表要实现排序和分组统计操作,应通过设置________属性来进行。

4. 要在报表上显示格式为“8/总 9 页”的页码,则计算控件的控件源应设置为________。

5. ________主要用于对数据库中的数据进行分组、计算、汇总和打印输出。

6. 创建报表时,可以设置________对记录进行排序。

7. 如果设置报表上某个文本框的“控件来源”属性为“=2 * 3+1”,则打开报表视图时,该文本框显示信息为________。

8. 报表设计中设置多个排序字段时,决定输出顺序首先要考虑的字段是________。

9. 利用报表向导设计报表时,无法设置________。

10. 在工作时,公司需要发送大量统一规格的信件,信封上的地址以及书信内容都极为相似。而 Access 2010 可以快速为公司生成通信时所需的信封地址选项卡或书信内容形式的报表,这属于________。

6.3 习题作业参考答案

6.3.1 选择题习题作业参考答案

题号	1.	2.	3.	4.	5.	6.	7.	8.	9.	10.
答案	B	B	C	C	C	D	D	C	C	D
题号	11.	12.	13.	14.	15.	16.	17.	18.	19.	20.
答案	B	B	B	B	A	D	A	C	B	D

6.3.2 填空题习题作业参考答案

1. 报表页脚
2. 表和查询
3. 排序与分组
4. =[Page]&"/总"&[Pages]
5. 报表
6. 字段
7. 7
8. 第一排序字段
9. 在报表中显示日期
10. 邮件标签

第7章　宏及其应用

7.1　习题分析

7.1.1　选择题习题解析

1. VBA的自动运行宏应当命名为(　　)。

A) AutoExec　　B) Autoexe　　C) Auto　　D) AutoExec.bat

【解析】 AutoExec是Access定义的首次打开数据库时自动运行宏的宏名，因此在VBA自动运行宏时，应该命名为AutoExec。因此正确选项是A。

2. 在宏的表达式中要引用报表test上控件txt.Name的值，可以使用的引用式是(　　)。

A) Forms!txtName　　B) test!txtName

C) Reports!test!txtName　　D) Report!txtName

【解析】 引用窗体或报表上的控件值。可以使用如下的语法：Forms![窗体名]![控件名]或Reports![报表名]![控件名]。因此正确选项是C。

3. 用于显示消息框的宏命令是(　　)。

A) Beep　　B) MessageBox　　C) InputBox　　D) DisBox

【解析】 Beep命令用于使计算机发出"嘟嘟"声；MessageBox命令用于显示消息框；SetWarnings命令用于关闭或打开系统消息。因此正确选项是B。

4. 在宏的操作参数中，不能设置成表达式的操作是(　　)。

A) Close　　B) Save　　C) OutputTo　　D) A，B，和C

【解析】 宏中不能设置成表达式的操作参数有Close、DeleteObject、GoToRecord、OutputTo、Rename、Save、SelectObject、SendObject、RepainObject、TransferDatabase等。因此正确选项是D。

5. 下列有关宏操作的叙述中，错误的是(　　)。

A) 宏的条件表达式不能引用窗体或报表的控件值

B) 所有宏操作都可以转化成相应的模块代码

C) 使用宏可以启动其他应用程序

D) 可以利用宏组来管理相关的一系列宏

【解析】 宏根据条件表达式结果的真与假来选择不同的路径执行，在输入条件表达式时，可能会引用窗体或报表上的控件值。因此正确选项是A。

6. 要限制宏命令的操作范围，可以在创建宏时定义(　　)。

A) 宏操作对象　　B) 宏条件表达式

C) 窗体或报表控件属性　　D) 宏操作目标

【解析】 运行宏时,Access 将根据求出条件表达式的结果,选择不同的路径去执行,只有定义了宏条件表达式,才能确定宏命令的操作范围。因此正确选项是 B。

7. 下列关于 VBA 面向对象中"方法"的说法中,正确的是(　　)。

A) 方法是属于对象的　　　　B) 方法是独立的实体

C) 方法也可以由程序员定义　　　　D) 方法是对事件的响应

【解析】 方法是属于对象的,方法是对象可以执行的操作。方法不是独立的,一定要依附于某个对象,方法才有意义。在 VBA 中,方法是由系统预先设定好的,程序员不需要知道这个方法是如何实现的,也不能自行定义。因此正确选项是 A。

8. 下列关于运行宏的方法的叙述中,错误的是(　　)。

A) 运行宏时,对每个宏只能连续运行

B) 打开数据库时,可以自动运行宏名为 Autoexec 的宏

C) 可以通过窗体、报表上的控件来运行宏

D) 可以在一个宏中运行另一个宏

【解析】 运行宏,特别是调试宏时,可以通过"单步执行",一步一步执行宏中的各个宏操作,因此正确选项是 A。

9. 下列关于有条件的宏的说法中,错误的一项是(　　)。

A) 条件为真时,将执行此行中的宏操作

B) 宏在遇到条件内有省略号时,中止操作

C) 如果条件为假,将跳过该行操作

D) 上述都不对

【解析】 选项 B 中如果条件为真,将执行该行以及紧跟着的对应的"条件"单元格中有省略号的操作;如果条件为假,则将跳过该行以及紧跟着的对应的"条件"单元格中有省略号的操作。因此正确选项是 B。

10. 宏组中的宏的调用格式为(　　)。

A) 宏组名.宏名　　B) 宏名称　　C) 宏名.宏组名　　D) 以上都不对

【解析】 宏调用格式为"宏组名.宏名"。因此正确选项是 A。

7.1.2 填空题习题解析

1. OpenForm 操作打开________。

【解析】 打开表的宏操作是 OpenTable;打开查询的宏操作是 OpenQuery;OpenForm 可以从"窗体"视图、窗体"设计"视图、"数据表"视图或"打印预览"中打开一个窗体,并可以选择窗体的数据输入与窗口方式并限制窗体所显示的记录。因此正确填空是"窗体"。

2. 通过宏查找下一条记录的宏操作是________。

【解析】 FindNext 可以查找下一个记录,该记录符合由前一个 FindRecord 操作或"在字段中查找"对话框所指定的准则;打开"编辑"菜单,单击"查找"命令,可以打开该对话框。使用 FindNext 操作可以反复查找记录。因此正确填空是 FindNext。

3. 调整活动窗口大小的宏操作是________。

【解析】 MoveSize 可以通过设置相应的操作参数移动活动窗口或调整其大小；Restore 可将处于最大化或最小化的窗口恢复为原来的大小。因此正确填空是 MoveSize。

4. 通过宏打开某个数据表的宏命令是________。

【解析】 OpenTable 用于在“数据表”视图或“设计”视图中或在“打印预览”中打开表，可以指定数据的输入方式是否是“只读”或者是否可以“编辑”或“增加”数据。因此正确填空是 OpenTable。

5. 在 Access 中，用户在________中可以创建或修改宏的内容。

【解析】 在 Access 中，宏只有设计视图一种方式。它不同于 Access 的其他对象，如表、报表等，它们都有不止一种视图。在设计视图中，用户可以创建或修改宏的内容。

7.2 习题作业

7.2.1 选择题习题作业

1. 下列选项中能产生宏操作的是(　　)。
   A) 创建宏　B) 编辑宏　C) 运行宏　D) 创建宏组
2. 条件宏的条件项的返回值是(　　)。
   A)“真”　B)“假”　C)“真”或“假”　D) 没有返回值
3. 宏组是由下列哪一项组成的？(　　)
   A) 若干宏操作　B) 子宏　C) 若干宏　D) 都不正确
4. 宏命令 RepaintObject 的功能是(　　)。
   A) 更新包括控件的重新计算和重新绘制
   B) 重新查询控件的数据源
   C) 查找符合条件的记录
   D) 查找下一个符合条件的记录
5. 下列宏操作中限制表、窗体或报表中显示的信息的是(　　)。
   A) Apply Filter　B) Echo　C) MessageBox　D) Beep
6. 宏命令 Requery 的功能是(　　)。
   A) 更新包括控件的重新计算和重新绘制
   B) 重新查询控件的数据源
   C) 查找符合条件的记录
   D) 查找下一个符合条件的记录
7. 用于打开查询的宏命令是(　　)。
   A) OpenForm　B) OpenReport　C) OpenQuery　D) OpenTable
8. 用于执行指定的外部应用程序的宏命令是(　　)。
   A) RunApp　B) RunSQL　C) OpenSQL　D) OpenApp
9. 宏命令 SetWainings 的功能是(　　)。
   A) 设置属性值　B) 关闭或打开系统消息
   C) 显示警告信息　D) 设置提示信息

10. 下列关于宏的说法中,错误的一项是(　　)。

A) 宏是若干个操作的集合

B) 每一个宏操作都有相同的宏操作参数

C) 宏操作不能自定义

D) 宏通常与窗体、报表中命令按钮相结合来使用

11. 下列关于宏命令的说法中,正确的是(　　)。

A) RunApp 调用 Visual Basic 的 Function 过程

B) RunCode 在 Access 中运行 Windows 或 MS-DOS 应用程序

C) RunMacro 是执行其他宏

D) StopMacro 是终止当前所有宏的运行

12. 要限制宏操作的范围,可以在创建宏时定义(　　)。

A) 宏操作对象　　B) 宏条件表达式

C) 窗体或报表控件属性　　D) 宏操作目标

13. 停止当前运行的宏的宏操作是(　　)。

A) CancelEvent　B) RunMacro　C) StopMacro　D) StopAllMacros

14. 下列关于宏操作的叙述中,错误的是(　　)

A) 可以使用宏组来管理相关的一系列宏

B) 使用宏可以启动其他应用程序

C) 所有宏操作都可以转化为相应的模块代码

D) 宏的关系表达式中不能应用窗体或报表的控件值

15. 用于最大化激活窗口的宏命令是(　　)。

A) Minimize　B) Requery　C) Maximize　D) Restore

16. 在宏的表达式中要引用报表 exam 上控件 Name 的值,可以使用引用式(　　)。

A) Reports!Name　　B) Reports!exam!Name

C) exam!Name　　D) Reports exam Name

17. 以下关于宏的说法中,不正确的是(　　)。

A) 宏能够一次完成多个操作

B) 每一个宏命令都是由操作名和操作参数组成

C) 宏可以是很多宏命令组成在一起的宏

D) 宏是用编程的方法来实现的

18. 为窗体或报表上的控件设置属性值的正确宏操作命令是(　　)。

A) Set　B) SetData　C) SetWarnings　D) SetValue

19. 能够创建宏的设计视图是(　　)。

A) 窗体设计器　B) 报表设计器　C) 表设计器　D) 宏设计视图

20. 以下能用宏而不需要 VBA 就能完成的操作是(　　)。

A) 事务性或重复性的操作　　B) 数据库的复杂操作和维护

C) 自定义过程的创建和使用　　D) 一些错误过程

7.2.2 填空题习题作业

1. 如果需要在宏中设置属性值，则首先需要添加________操作。将其操作的 Item 操作参数设为一个表达式，该表达式引用要设置的属性。

2. 宏的窗口中分为设计区和参数区两部分，设计区由 5 列组成，它们分别是“宏名”、“条件”、“操作”、“参数”和“备注”列。上述 5 列中的内容，不能省略的是________。

3. 在一个宏中可以包含多个操作，在运行宏时将按________的顺序来运行这些操作。

4. 宏命令 OpenReport 的功能是________。

5. 宏窗口中上半部分最多由________个列组成。

6. 如果不想在打开数据库时运行 AutoExec 宏，可在打开数据库时按住________键。

7. 在宏中使用条件，必须先在________，然后输入条件表达式和设置操作等。

8. 宏的英文名称是________。

9. 关于宏中的操作，________操作可以将指定的数据库对象复制到另外一个 Microsoft Access 数据库(.accdb) 中。

10. 一般的操作可以直接一步一步地手工执行，但操作重复时可以通过________来自动执行。

7.3 习题作业参考答案

7.3.1 选择题习题作业参考答案

题号	1.	2.	3.	4.	5.	6.	7.	8.	9.	10.
答案	C	C	C	A	A	B	C	A	B	B
题号	11.	12.	13.	14.	15.	16.	17.	18.	19.	20.
答案	C	B	C	D	C	B	D	D	D	D

7.3.2 填空题习题作业参考答案

1. SetValue
2. 操作列
3. 从上到下
4. 打开报表
5. 5
6. Shift
7. 设计视图中显示“条件”列
8. Macro
9. CopyObject
10. 定义宏

第8章　模　　块

8.1　习题分析

8.1.1　选择题习题解析

1. 下列关于 VBA 面向对象中的“事件”的说法中，正确的是(　　)。

A) 每个对象的事件都是不相同的

B) 触发相同的事件，可以执行不同的事件过程

C) 事件可以由程序员定义

D) 事件都是由用户的操作触发的

【解析】 事件过程是由程序员编写的，因此对于相同的事件，可以定义不同的事件过程。不同的对象可以有相同的事件，事件是由系统预先定义好的，程序员不能定义。大部分事件都是由用户的操作触发的，但也有部分事件是由系统触发的。因此正确选项是 B。

2. 设 a 和 b 为整型变量，且均不为 0，下列关系表达式中恒成立的是(　　)。

A) a * b\a * =1　　　　B) a\b * b\a=1

C) a\b * b+a Mod b=a　　　　D) a\b * b=a

【解析】 表达式“a\b * b+a Mod b=a”恒成立。因此正确选项是 C。

3. 设有如下变量声明：Dim TestDate As Date，变量 TestDate 正确赋值的表达式是(　　)。

A) TestDate=#1/1/2007#

B) TestDate#" 1/1/2007"#

C) TestDate=date("1/1/2002")

D) TestDate=Format("m/d/yy","1/1/2002")

【解析】 使用日期型数据常量时需要用#号括起。Date 函数不能带参数。Format 函数将字符串转换为日期形式的格式是“Format(expression[,format]－[,firstofweek[,firstweekofyear]])”。因此正确选项是 A。

4. 下列可作为 Visual Basic 变量名的是(　　)。

A) B#C　　B) 4A　　C) ? xy　　D) constA

【解析】 根据 Visual Basic 中变量的命名规则可知，变量名必须以字母开头，不可以包含嵌入的句号或者类型声明字符，如 $、!、@、#、%以及通配符?、* 等。另外，变量名还不能超过 255 个字符，也不能和受到限制的关键字同名。因此正确选项是 D。

5. 以下内容不属于 VBA 提供的数据验证的函数是(　　)。

A) IsText　　B) IsDate　　C) IsNumeric　　D) IsNull

【解析】 在进行控件输入数据验证时，VBA 提供的常用验证函数有 IsNumeric、

IsDate,、IsNull、IsEmpty、IsArray、IsError、IsObject,指出标识符是否表示对象变量。因此正确选项是 A。

6. 在 VBA 编辑器中打开立即窗口的命令是(　　)。

A) Ctrl+G　　B) Ctrl+R　　C) Ctrl+V　　D) Ctrl+C

【解析】 VBA 编辑器中快捷键 Ctrl+G 等效于打开立即窗口命令;CTrl+R 等效于打开工程资源管理器窗口命令;Ctrl+V 等效于粘贴命令;Ctrl+C 等效于复制命令。因此正确选项是 A。

7. VBA 表达式 Chr(Asc(UCase("abcdefg")))返回的值是(　　)。

A) A　　B) 97　　C) a　　D) 65

【解析】 UCase 是将字符串中小写字母转换为大写字母;LCase 是将字符串中大写字母转换为小写字母;Asc 返回的是第一个字母的 ASCII 码,Chr 是将数值表达式值转换成字符串。因此正确选项是 A。

8. 在 Access 下,打开 VBA 的快捷键是(　　)。

A) F5　　B) Alt+F4　　C) Alt+F11　　D) Alt+F12

【解析】 Alt+F11 可以打开 VBA 编辑器。因此正确选项是 C。

9. VBA 中定义局部变量可以用关键字(　　)。

A) Const　　B) Dim　　C) Public　　D) Static

【解析】 定义局部变量最常用的方法是使用 Dim…AS <类型名>结构。因此正确选项是 B。

10. VBA 中不能进行错误处理的语句结构是(　　)。

A) On Error Then 标号　　B) On Error Goto 标号

C) On Error Resume Next　　D) On Error Goto 0

【解析】 VBA 中提供 On Error GoTo 语句来控制当有错误发生时程序的处理。On Error GoTo 语句的一般格式如下:On Error GoTo 标号、OnError Resume Next 和 On Error Go To 0。因此正确选项是 A。

8.1.2 填空题习题解析

1. Access 中 VBA 通过数据库引擎可以访问的数据库有以下 3 种类型:本地数据库、外部数据库和________。

【解析】 VBA 通过数据库引擎可以访问的数据库有以下 3 种类型:本地数据库,即 Access 数据库;外部数据库,指所有的索引顺序访问方法 ISAM 数据库;ODBC 数据库,指符合开放数据库连接(ODBC) 标准的 C/S 数据库。因此正确填空是"ODBC 数据库"。

2. 某窗体中有一命令按钮,名称为 C1。要求在窗体视图中单击此命令按钮后,命令按钮上显示的文字颜色为棕色(棕色代码为 128),实现该操作的 VBA 语句是________

【解析】 VBA 中字体颜色的设置使用 ForeColor 属性。因此正确填空是 C1.ForeColor=128。

3. VBA 的运行机制是________。

【解析】 VBA 的运行机制是事件驱动的工作方式。即对象触发事件,用事件过程响应事件，用事件过程中的代码完成某种操作。因此正确填空是"事件驱动"。

4. Visual Basic 中，允许一个变量未加定义直接使用，这样 Visual Basic 即把它当作某种类型的变量，若使用 Dim 语句定义这种类型的变量，则在 As 后面应使用________关键字。

【解析】 Visual Basic 中，允许一个变量未加定义直接使用，这样 VB 即把它当作变体类型的变量，若使用 Dim 语句定义这种类型的变量，则在 As 后面应使用 Variant 关键字。变体变量并非无类型变量，是类型可以自由置换的变量。因此正确填空是 Variant。

5. 在使用 Dim 定义数组时，缺省的情况下数组下限的值为________。

【解析】 在使用 Dim 定义数组时，缺省的情况下数组下限的值为 0。因此正确填空是 0。

8.2 习题作业

8.2.1 选择题习题作业

1. 下列关于 VBA 面向对象中的"方法"的说法中，正确的是(　　)。

   A) 方法是属于对象的　　B) 方法是独立的实体

   C) 方法也可以由程序员定义　　D) 方法是对事件的响应

2. 以下(　　)是 Visual Basic 合法的数组元素。

   A) X9　　B) X[4]　　C) x(1,5)　　D) x{7}

3. 关于模块的叙述中，错误的是(　　)。

   A) 是 Access 系统中的一个重要对象

   B) 以 VBA 语言为基础，以函数和子过程为存储单元

   C) 包括全局模块和局部模块

   D) 能够完成宏所不能完成的复杂操作

4. VBA 数据类型符号"&"表示的数据类型的是(　　)。

   A) 整型　　B) 长整型　　C) 单精度　　D) 双精度

5. VBA 中用实际参数 a 和 b 调用有参数 Area(m,n)的正确形式是(　　)。

   A) Area m,n　　B) Area a,b

   C) Call Area(m,n)　　D) Call Area a,b

6. VBA 的逻辑值进行算术运算时，True 值被当作(　　)。

   A) 0　　B) −1　　C) 1　　D) 任意值

7. 在 VBA 中，下列变量名中不合法的是(　　)。

   A) 你好　　B) ni hao　　C) nihao　　D) ni_hao

8. VBA 中定义静态变量可以用关键字(　　)。

   A) Const　　B) Dim　　C) Public　　D) Static

9. 下列关于过程的说法中，错误的一项是(　　)。

   A) 函数过程有返回值

   B) 子过程有返回值

   C) 函数声明使用 Function 语句，并以 End Function 语句作为结束

D）声明子程序以 Sub 关键字开头，并以 End Sub 语句作为结束

10. 设有如下声明：

```
Dim X As Integer
```

如果 Sgn(X)的值为－1，则 X 的值是（　　）。

A）整数　　B）大于 0 的整数　　C）等于 0 的整数　　D）小于 0 的数

11. 如果要在 VBA 中运行 OpenForm 操作，可使用（　　）对象 OpenForm 方法。

A）DoCmd　　B）Form　　C）Report　　D）Query

12. 能被“对象所识别的动作”和“对象所执行的活动”分别称为对象的（　　）。

A）方法和事件B）事件和属性　　C）事件和方法　　D）属性和事件

13. 以下哪个选项定义了 10 个整型数构成的数组，数组元素为 NewArray(1)～NewArray(10)？（　　）

A）Dim NewArray(10)As Integer　　B）Dim NewArray(1 To 10)As Integer

C）Dim NewArray(10) Integer　　D）Dim NewArray(1 To 10) Integer

14. 已定义好有参函数 f(m)，其中形参 m 是整型量。下面调用该函数，传递实参为 5，将返回值赋给变量 t。以下正确的是（　　）

A）t=f(m)　　B）t=Call f(m)　　C）t=f(5)　　D）t=Call f(5)

15. 在“NewVar=528”语句中，变量 NewVar 的类型默认为（　　）。

A）Boolean　　B）Variant　　C）Double　　D）Integer

16. 设 a，b 为整数变量，且均不为 0，下列关系表达式中恒成立的是（　　）。

A）a * b\a * =1　　B）a\b * b\a=1

C）a\b * b+a Mod b=a　　D）a\b * b=a

17. 设有如下变量声明：Dim TestDate As Date，变量 TestDate 正确赋值的表达式是（　　）。

A）TestDate=#1/1/2007#

B）TestDate#" 1/1/2007"#

C）TestDate=date("1/1/2002")

D）TestDate=Format("m/d/yy","1/1/2002")

18. 有如下程序：

```
a=100
Do
    s=s+a
    a=a+1
Loop While a> 120
Print a
```

运行输出的结果是（　　）。

A）100　　B）120　　C）201　　D）101

19. 下列程序的执行结果是（　　）。

```
a=75
If a>90 Then i=4
If a>80 Then i=3
If a>70 Then i=2
If a>60 Then i=1
Print "i=";i
```

A) i=1　　B) i=2　　C) i=3　　D) i=4

20. 下面程序段循环次数是(　　)。

```
For k=1 to 10
k=k * 3
Next k
```

A) 1　　B) 2　　C) 3　　D) 4

8.2.2 填空题习题作业

1. 变量生存时间是指变量从模块对象________的代码执行时间。

2. 子过程与函数过程的区别在于________。

3. 过程是完成指定任务的一段程序代码,可以通过调用的方式使用,过程有函数和________两种类型。

4. VBA中定义符号常量的关键字是________。

5. 在Access中,窗体、报表及控件的事件处理一般有两种形式:一是写事件代码,即VBA编程;二是选择设计好的________。

6. VBA的全称是________。

7. 模块包含了一个生命区域和一个或多个子过程或函数过程(以________开头)。

8. 窗体模块和报表模块属于________。

9. 说明变量最常用的方法,是使用________结构。

10. 下面程序的运行结果为________。

```
x=- 2.3
y=125
z=Len(Str$ (x)+Str$ (Y))
Print z
```

8.3 习题作业参考答案

8.3.1 选择题习题作业参考答案

题号	1.	2.	3.	4.	5.	6.	7.	8.	9.	10.
答案	A	C	C	B	B	B	B	D	B	D
题号	11.	12.	13.	14.	15.	16.	17.	18.	19.	20.
答案	A	C	B	C	B	C	A	D	A	B

8.3.2 填空题习题作业参考答案

1. 首次出现(声明)到消失
2. 函数过程返回值而子过程不返回
3. 子程序
4. const
5. 宏对象
6. Visual Basic for Application
7. Function
8. 类模块
9. Dim…As…
10. 8

第 9 章　数据库安全管理

9.1　习 题 分 析

9.1.1　选择题习题解析

1. 权限只能由(　　)来设定。

A) 管理员组成员　　　　　　　　B) 普通用户

C) 拥有管理员权限的用户　　　　D) A and C

【解析】 数据库管理权限可以由管理员组成员和拥有管理员权限的用户来设定。因此正确选项是 D。

2. 在 Access 中打开. accdb 或. accde 文件时,系统会将数据库的位置提交到(　　)。

A) 临时文件　　B) 信任中心　　C) 数据库　　D) 上述都不正确

【解析】 在 Access 数据库中打开. accdb 或. accde 文件时,系统会将数据库的位置提交到信任中心。因此正确选项是 B。

3. 如果在信任中心的"加载项"窗格中选中"要求受信任发行者签署应用程序扩展"复选框,则 Access 将提示启用加载项,但该过程不涉及(　　)。

A) 标题栏　　B) 工具栏　　C) 消息栏　　D) 状态栏

【解析】 如果在信任中心的"加载项"窗格中选中"要求受信任发行者签署应用程序扩展"复选框,则 Access 将提示启用加载项,但该过程不涉及消息栏。因此正确选项是 C。

4. 在 Access 2010 中 ,以(　　)打开要加密的数据库。

A) 独占方式　　B) 只读方式　　C) 一般方式　　D) 独占只读方式

【解析】 在 Access 2010 中,设置数据库密码、撤销数据库密码和打开加密的数据库等操作均要以独占方式打开数据库。因此正确选项是 A。

5. 打包和(　　)功能会将数据库放在 Access 部署(. accdc)文件中,再对该包进行签名,然后将经过代码签名的包放在指定的位置。

A) 汇总　　B) 签名　　C) 检索　　D) 压缩

【解析】 打包和签名功能会将数据库放在 Access 部署 (. accdc) 文件中,再对该包进行签名,然后将经过代码签名的包放在指定的位置。因此正确选项是 B。

6. (　　)不是 Access 2010 安全性的新增功能。

A) 信任中心

B) 使用以往算法加密

C) 以新方式签名和分发 Access 2010 格式文件

D) 更高的易用性

【解析】 Access 2010 安全性包括以新方式签名和分发 Access 2010 格式文件、使用信任中心对数据进行筛选以及更高的易用性等新增功能。因此正确选项是 B。

7. (　　)是加密的电子身份验证图章。它用来确认数据库中的宏、代码模块和其他可执行组件来自签名者,并且自数据库签名以来未被更改过。

A) 数字签名　　B) 账户　　C) 权限　　D) 数据安全

【解析】 数字签名是加密的电子身份验证图章。它用来确认数据库中的宏、代码模块和其他可执行组件来自签名者,并且自数据库签名以来未被更改过。因此正确选项是 A。

8. 在向数据库添加表达式,然后信任该数据库或将它放在受信任位置时,Access 将在称为(　　)的操作环境中运行此表达式。

A) 黑盒模式　　B) 白盒模式　　C) 沙盒模式　　D) 管理员模式

【解析】 在向数据库添加表达式,然后信任该数据库或将它放在受信任位置时,Access 将在称为沙盒模式的操作环境中运行此表达式。因此正确选项是 C。

9. 将 Access 数据库放在受信任位置时,所有(　　)代码、宏和安全表达式都会在数据库打开时运行。

A) C　　B) VBA　　C) C++　　D) C#

【解析】 将 Access 数据库放在受信任位置时,所有 VBA 代码、宏和安全表达式都会在数据库打开时运行。因此正确选项是 B。

10. 为用户创建了新密码后,必须(　　)Access 应用程序并重新启动进入 Access 才能使刚才设置的密码生效,仅仅关闭数据库再打开是无法激活密码设置的。

A) 退出　　B) 最小化　　C) 后台运行　　D) 最大化

【解析】 为用户创建了新密码后,必须退出 Access 应用程序并重新启动进入 Access 才能使刚才设置的密码生效,仅仅关闭数据库再打开是无法激活密码设置的。因此正确选项是 A。

9.1.2 填空题习题解析

1. 数据库的安全信息会被保存在工作组信息文件中,通常的默认文件名是________。

【解析】 数据库的安全信息会被保存在工作组信息文件中,通常的默认文件名是 System .mdv。因此正确填空是 System .mdv。

2. ________是将数字签名应用于数据库内的组件的过程。

【解析】 代码签名是将数字签名应用于数据库内的组件的过程。因此正确填空是"代码签名"。

3. 在载入加载项或启动向导时,Access 会将证据传递到________,信任中心将做出其他信任决定,并启用或禁用对象或操作。

【解析】 在载入加载项或启动向导时,Access 会将证据传递到信任中心,信任中心将做出其他信任决定,并启用或禁用对象或操作。因此正确填空是"信任中心"。

4. 只能将________个数据库添加到包中。

【解析】 在 Access 数据库中，只能将一个数据库添加到包中。因此正确填空是“一”。

5. ________是指为打开数据库而设置的密码，它是一种保护 Access 数据库的简便方法。

【解析】 数据库访问密码是指为打开数据库而设置的密码，它是一种保护 Access 数据库的简便方法，设置密码后应以独占方式打开数据库。因此正确填空是“数据库访问密码”。

9.2 习题作业

9.2.1 选择题习题作业

1. 如果将数据库文件放在(　　)，那么这些文件将直接打开并运行，而不会显示警告消息或要求启用任何禁用的内容。

A) 内存中　　B) 注册表中　　C) 权限中　　D) 受信任位置

2. 如果在 Access 2010 中打开在早期版本的 Access 中创建的数据库，并且这些数据库已进行了(　　)，而且已选择信任发布者，那么系统将运行这些文件而不需要判断是否信任它们。

A) 宏　　B) 模块　　C) 数字签名　　D) SQL

3. (　　)文件是一种特殊的 Access 数据库，其中包含了有关用户名与密码、用户组定义、对象所有者指定业绩对象期限的相关信息。

A) 工作组信息　　B) 数据库　　C) 网页　　D) 数字证书

4. 每个对象都有一组特定的(　　)。

A) 数据库密码　　B) 安全向导　　C) 权限　　D) 用户账户

5. 密码长度应大于或等于(　　)个字符。最好使用包括 14 个或以上字符的密码。

A) 4　　B) 8　　C) 12　　D) 16

6. 在 Access 中，压缩与修复数据库功能是在(　　)选项卡中进行的。

A) 文件　　B) 开始　　C) 创建　　D) 数据库工具

7. 用户或系统管理员在(　　)选择的设置将控制 Access 在打开数据库时做出的信任决定。

A) 数据库　　B) 数据表　　C) 信任中心　　D) 宏

8. 创建 .accdb 文件或 .accde 文件时，可以将文件(　　)，再将数字签名应用于该包，然后将签名的包分发给其他用户。

A) 压缩　　B) 备份　　C) 打包　　D) 签名

9. 在 Access 中，只能将(　　)个数据库添加到包中。

A) 1　　B) 2　　C) 3　　D) 多

10. 创建签名的包的操作是在(　　)选项卡中进行的。

A) 文件　　B) 开始　　C) 创建　　D) 数据库工具

11. Microsoft Office Access 签名包的文件类型是(　　)。

A) .accdb　　B) .accdc　　C) .accde　　D) .accdv

12. 为了帮助使数据更安全,每当打开数据库,Access 2010 和(　　)都将执行一组安全检查。

A) 检查中心　　B) 沙盒模式　　C) 安全向导　　D) 信任中心

13. 创建 .accdb 文件或(　　) 文件时,可以将文件打包,再将数字签名应用于该包,然后将签名的包分发给其他用户。

A) .accde　　B) .accdf　　C) .accdm　　D) .accda

14. 将数据库打包以及对该包进行签名是传递(　　)的方式。当用户收到包时,可通过签名来确认数据库未经篡改。

A) 安全　　B) 信任　　C) 权限　　D) 数据

15. 默认情况下,Access 启用沙盒模式,该模式始终禁用的(　　)表达式。

A) 全部　　B) 不确认　　C) 合法　　D) 不安全

16. 如果使用(　　)对数据库包进行签名,然后在打开该包时单击了"信任来自发布者的所有内容",则将始终信任使用签名证书进行签名的包。

A) 网络认证　　B) 系统认证　　C) 安全认证　　D) 签名证书

17. 若要将签名应用于数据库,首先需要一个(　　)。

A) 启动向导　　B) 数字证书　　C) 签名包　　D) 管理员认证

18. 将 Access 2010 数据库放在受信任位置时, 所有 VBA 代码、宏和安全表达式都会在 (　　)运行。

A) 数据库打开时　B) 数据库关闭时　　C) 数据表打开时　D) 数据表关闭时

19. 在向数据库添加表达式,然后信任该数据库或将它放在受信任位置时,Access 将在称为(　　)的操作环境中运行此表达式。

A) 黑盒模式　　B) 白盒模式　　C) 沙盒模式　　D) 任意

20. (　　)可以修复数据库中的表、窗体、报表或模块的损坏,以及打开特定窗体、报表或模块所需的信息。

A) 备份数据库　　B) 删除数据库　　C) 恢复数据库　　D) 修复数据库

9.2.2 填空题习题作业

1. 对于 Access 2010 中,在________打开的数据库,使用"数据库工具",可以为数据库设置或取消密码。

2. ________可以赋予用户或用户组权限。

3. 使用由大写字母、小写字母、数字和符号组合而成的密码称为________。

4. ________将审核"证据",评估该数据库是否值得信任,然后通知 Access 如何打开该数据库。

5. 如果信任中心禁用数据库内容,则在打开数据库时将出现________。

6. 用户可以从________中提取数据库，并直接在数据库中工作，而不是在包文件中工作。

7. 数据库在不断增删数据库对象的过程中会出现碎片，而________文件实际上是重新组织文件在磁盘上的存储方式。

8. 通过压缩数据库可以达到________数据库的目的。

9. 在对数据库进行压缩之前，Access 会对文件进行错误检查，一旦检测到数据库损坏，就会要求________。

10. 默认情况下，如果不信任数据库且没有将数据库放在受信任位置，Access 将________数据库中所有可执行内容。

9.3 习题作业参考答案

9.3.1 选择题习题作业参考答案

题号	1.	2.	3.	4.	5.	6.	7.	8.	9.	10.
答案	D	C	A	C	B	A	C	C	A	A
题号	11.	12.	13.	14.	15.	16.	17.	18.	19.	20.
答案	B	D	A	B	D	D	B	A	C	D

9.3.2 填空题习题作业参考答案

1. 以独占方式
2. 系统管理员
3. 强密码
4. 信任中心
5. 消息栏
6. 包
7. 压缩数据库
8. 优化
9. 修复数据库
10. 禁用

第二部分
实验指导

第 10 章　数据库基础知识

数据库技术和系统已经成为信息基础设施的核心技术和重要基础。数据库技术作为数据管理的最有效的手段，极大地促进了计算机应用的发展。本章将主要介绍"图书借阅管理系统"数据库所包含的数据表及其表结构。

实验一　图书借阅管理系统数据分析

实验重点

掌握图书借阅管理系统的整体功能和数据库中各个表的作用。

实验难点

数据库中各个表结构的设计和数据类型的选择。

1. 实验目的

(1) 了解整个系统的功能。

(2) 熟悉数据库中各个表的结构。

(3) 了解数据库中各个表之间的关系。

2. 实验要求及内容

(1) 熟悉图书借阅管理系统。

(2) 分析各数据表的结构及其功能。

3. 实验方法及步骤

1) 实验方法

对图书借阅管理系统进行理论分析。

2) 实验步骤

【操作要求】

(1) 分析整个系统的功能。

(2) 分析各数据表的结构。

【操作步骤】

(1) 整个系统的功能。

本书将结合"图书借阅管理"数据库编写一个基于该数据库的图书管理系统，主要完成的功能如下：

- 用户管理功能——可进行用户的添加、删除、编辑等操作，并且可以对用户权限进行设定，共分为 2 级权限：管理员的权限标识为"1"，具有对整个系统完全控制的权限，可以添加、删除用户、设定罚款金额以及对图书信息进行管理等，即具有整个系统中的最高权限；用户权限标识为"2"，具有该权限的用户只能查看与自己相关的信息，如图书的借阅情况和自己密码的修改等，而不能对其他用户进行修改等操作。

- 图书管理功能——管理员可以对图书进行添加、修改以及删除操作，普通用户只能查看库中已有的图书信息。
- 读者管理功能——可以统计和查询本图书馆的读者群的社会阶层、分布情况以及联系电话的情况。
- 借阅管理功能——该功能可查询读者借阅书籍的时间、应还日期、是否已经归还以及归还日期等信息。
- 罚款功能——该功能可统计读者借阅图书超期未还的天数，并计算罚款数额。

(2) 数据表结构。

根据各个功能模块设计“图书借阅管理”数据库中各表的结构如下：

① 用户表

用户表用于存储与系统用户相关的信息，如表 10-1 所示。

表 10-1　用户表结构

字段名称	数据类型	字段长度	是否主键
用户 ID	文本	255	是
姓名	文本	10	否
密码	文本	255	否
权限	数字	长整型	否

该表各字段功能如下：

- 用户 ID：用于存储用户的 ID 号，类型为“文本”类型，之所以采用“文本”类型，是为了避免 ID 号以“0”开始的情况。
- 姓名：用于存储用户的真实姓名，类型为“文本”类型，由于我国的姓名很少超过 5 个汉字，可以将该字段的大小设置为 10 个字符。
- 密码：用于存储用户密码，类型为“文本”类型，因为本系统未限制密码长度，所以该字段大小为默认值。
- 权限：用于保存用户权限，由于采用数字进行标识，所以类型为“数字”类型。

“用户 ID”具有唯一性，作为整个表的主键，具体数据如图 10-1 所示。

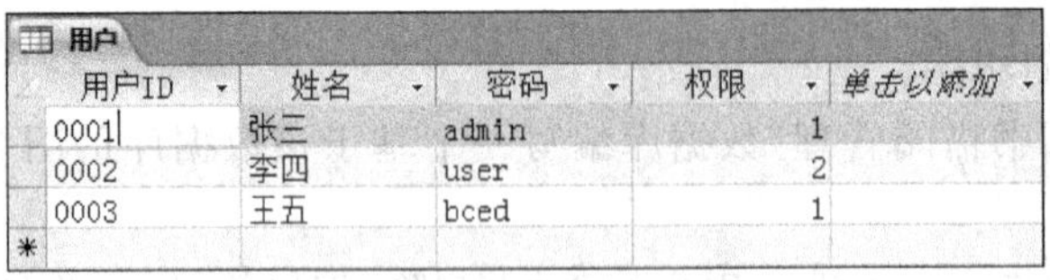

用户

用户ID	姓名	密码	权限	单击以添加
0001	张三	admin	1	
0002	李四	user	2	
0003	王五	bced	1	
*				

图 10-1　用户表数据

② 图书表。

图书表用于存储与图书相关的信息，如表 10-2 所示。

表 10-2　图书表结构

字段名称	数据类型	字段长度	是否主键
书编号	数字	长整型	是
书名	文本	255	否
作者	文本	255	否
出版社	文本	255	否
ISBN	文本	255	否
出版日期	日期/时间	固定	否
价格	货币	固定	否
类别	文本	255	否
状态	是/否	固定	否

该表各字段功能如下：

- 书编号——用于存储图书的编号，类型为“数字”类型。
- 书名——用于存储图书的名称，类型为“文本”类型，长度默认。
- 作者——用于存储图书作者的姓名，类型为“文本”类型，长度可设置为 10 或默认。
- 出版社——用于存储图书出版社的名称，类型为“文本”类型，长度默认。
- ISBN——用于存储图书的出版号，类型为“文本”类型，长度默认。
- 出版日期——用于存储图书的出版时间，类型为“日期/时间”类型，格式采用默认格式。
- 价格——用于存储图书的单价，类型为“货币”类型，格式默认。
- 类别——用于存储图书的分类，类型为“文本”类型，长度默认。
- 状态——用于存储图书是否在库，即读者是否能够外借该图书，类型为“是/否”类型。

“书编号”具有唯一性，作为整个表的主键，具体数据如图 10-2 所示。

图书

书编号	书名	作者	出版社	ISBN	出版日期	价格	类别	状态	单击以添加
100001	VB程序设计	刘瑞	高等教育出版	978-7-115-1	2009/9/10	32.00	计算机	Yes	
100002	VB程序设计	刘瑞	高等教育出版	978-7-115-1	2009/9/10	32.00	计算机	Yes	
100003	英语写作	李新	机械工业出版	978-3-101-1	2006/7/1	23.00	语言	No	
100004	艺术设计教程	王思齐	电子工业出版	978-2-176-2	2005/9/1	45.00	艺术	No	
*									

图 10-2　图书表数据

③ 读者表。

该表用于存储读者的相关信息，其结构如表 10-3 所示。

表 10-3　读者表结构

字段名称	数据类型	字段长度	是否主键
读者编号	数字	长整型	是
姓名	文本	255	否
性别	文本	255	否
单位	文本	255	否
地址	文本	255	否
电话	文本	255	否

该表各字段功能如下：

- 读者编号——用于为每一个读者创建一个唯一的编号，类型为“数字”类型，字段大小选择“长整型”。
- 姓名——用于存储读者姓名，类型为“文本”类型，字段大小可设置为 10 或默认。
- 性别——用于存储读者的性别，类型为“文本”类型，字段大小可设置为 2 或默认。

也可以采用“是/否”类型，是代表男，否代表女。

- 单位——用于存储读者所在的工作单位，类型为“文本”类型，字段大小默认。
- 地址——用于存储读者的住址，类型为“文本”类型，字段大小默认。
- 电话——用于存储读者的联系电话，类型为“文本”类型，字段大小默认。

“读者编号”具有唯一性，作为整个表的主键，具体数据如图 10-3 所示。

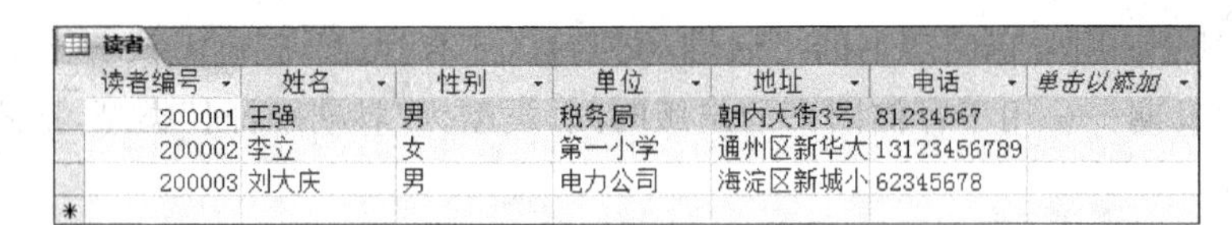

读者

读者编号	姓名	性别	单位	地址	电话	单击以添加
200001	王强	男	税务局	朝内大街3号	81234567	
200002	李立	女	第一小学	通州区新华大	13123456789	
200003	刘大庆	男	电力公司	海淀区新城小	62345678	

图 10-3　读者表数据

④ 借阅表。

该表用于存储读者的借阅信息，其结构如表 10-4 所示。

表 10-4　借阅表结构

字段名称	数据类型	字段长度	是否主键
编号	自动编号	长整型	是
读者 ID	数字	长整型	否
书编号	数字	长整型	否
起始日期	日期/时间	固定	否
到期时间	日期/时间	固定	否
归还与否	是/否	固定	否
归还日期	日期/时间	固定	否

该表各字段功能如下：

- 编号——用于为每一个借阅事件创建一个唯一的编号，类型为“自动编号”类型，字段大小选择“长整型”。
- 读者 ID——用于存储每一个借阅事件所对应的读者的编号，类型为“数字”类型，字段大小选择“长整型”。
- 书编号——用于存储每一个借阅事件所对应的图书的编号，类型为“数字”类型，字段大小选择“长整型”。
- 起始时间——用于存储每一个借阅事件所发生的时间，类型为“日期/时间”类型，字段格式默认。
- 到期时间——用于存储每一个借阅事件所对应的应还书的最后时间，类型为“日期/时间”类型，字段格式默认。
- 归还与否——用于存储每一个借阅事件发生后图书是否已经归还，类型为“是/否”类型。
- 归还日期——用于存储每一个借阅事件发生后图书的归还时间 ，类型为“日期/时间”类型，字段格式默认。

“编号”具有唯一性，作为整个表的主键。也可采用读者 ID＋书编号作为主键，具体数据如图 10-4 所示。

借阅

编号	读者ID	书编号	起始日期	到期时间	归还与否	归还日期	单击以添加
1	200001	100001	2009/3/1	2009/4/1	Yes	2009/4/10	
2	200001	100003	2010/2/1	2010/3/1	No		
3	200002	100004	2009/3/2	2009/4/2	No		
*							

图 10-4　借阅表数据

⑤ 罚款表。

该表用于存储罚款信息，其结构如表 10-5 所示。

表 10-5　罚款表结构

字段名称	数据类型	字段长度	是否主键
编号	自动编号	长整型	是
借阅编号	数字	长整型	否
超时时间	数字	长整型	否
罚款金额	货币	固定	否

该表各字段功能如下：

- 编号——用于为每一个超期未还的借阅事件创建一个唯一的编号，类型为“自动编号”类型，字段大小选择“长整型”。
- 借阅编号——用于存储每一个超期未还的借阅事件所对应的借阅编号，类型为“数字”类型，字段大小选择“长整型”。
- 超期时间——用于存储每一个超期未还的借阅事件的超期天数，类型为“数字”类型，字段大小选择“长整型”。

• 罚款金额——用于存储每一个超期未还的借阅事件所对应的罚款金额，类型为“货币”类型，字段格式默认。

“编号”具有唯一性，作为整个表的主键，具体数据如图 10-5 所示。

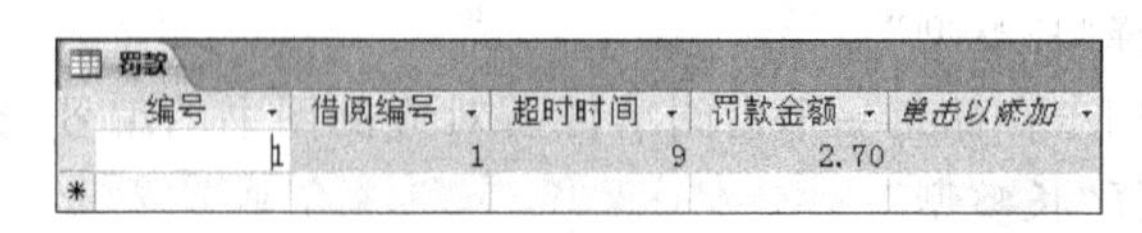

罚款

编号	借阅编号	超时时间	罚款金额	单击以添加
1	1	9	2.70	
*				

图 10-5　罚款表数据

4. 实验作业

(1) 了解整个系统的功能。

(2) 了解各个数据表的作用及结构。

实验二　图书借阅管理系统功能解析

实验重点

掌握图书借阅管理系统的整体功能以及各部分的实现方法。

实验难点

图书借阅管理系统的功能实现。

1. 实验目的

(1) 了解整个系统的功能。

(2) 掌握各个功能的实现方法。

2. 实验要求及内容

(1) 熟悉整个图书借阅管理系统。

(2) 掌握图书借阅系统的各个功能及其实现方法。

3. 实验方法及步骤

1) 实验方法

对图书借阅管理系统中的各个功能进行理论分析。

2) 实验步骤

【操作要求】

(1) 分析整个系统的功能。

(2) 分析各个功能的实现方法。

【操作步骤】

本书结合图书借阅管理数据库主要讲述如下实验：

(1) 数据查询实验。

查询是数据库的基本功能，本实验指导书主要讲解如下几种查询实验：

① 选择查询。

本部分主要讲述使用简单查询向导创建查询、使用查询设计视图创建查询、条件查询的创建、使用查找重复项查询向导创建相关查询、使用查找不匹配项查询向导创建相关查询、运行查询的方法、修改查询的方法。

② 特殊查询。

本部分主要讲述利用统计查询进行数据统计、添加计算字段、创建自定义查询。另外,完成交叉表查询的创建、参数查询的创建。

③ 操作查询。

使用查询设计视图创建生成表查询、使用查询设计视图创建删除查询、使用查询设计视图创建更新查询、使用查询设计视图创建追加查询、SQL 视图的切换方法。

(2) SQL 语言实验。

SQL 语言是关系数据库的标准语言,本实验结合图书借阅管理数据库主要讲述利用 SQL 语句完成如下实验:

① 基本 SQL 查询语句的使用方法。

主要针对"图书借阅管理"数据库中各个数据表内的数据,使用 SQL 语句完成对该数据库中数据的各种查询和统计。其中包括单表查询和多表查询。

② SQL 数据定义和数据操作语句的使用。

主要讲述使用 SQL 语句完成建立表、修改表结构、删除表、添加数据、修改数据和删除数据等操作。

(3) 窗体实验。

窗体是用户与数据库进行交互的界面,与窗体相关的实验包括:

① 窗体设计和数据处理。

本实验主要讲述使用窗体工具创建窗体,使用窗体向导创建窗体,使用设计视图创建和设计窗体,利用窗体操纵数据。

② 导航窗体的设计和子窗体的设计。

本实验主要讲述创建导航窗体、设计窗体、窗体控件的功能及控件属性的设置、控件布局的安排以及创建子窗体。

(4) 报表实验。

报表是一种常用的汇总形式,与报表相关的实验包括:

① 报表创建。

通过本实验掌握快速创建报表、创建空白报表、标签报表的方法,掌握使用向导创建报表的方法,并学会在报表设计视图中对已建立好的报表进行修改编辑。

② 高级报表设计。

通过本实验掌握在报表中排序和分组的方法以及进行统计计算。

③ 主子报表的建立。

通过本实验掌握在数据库中建立主子报表的方法。

(5) 宏实验。

宏是数据库中程序设计的部分,关于宏的实验包括:

① 创建宏。

通过实验掌握在数据库中创建宏、保存和运行宏的方法。

② 创建条件宏。

通过实验掌握在数据库中创建条件宏、保存宏并将宏加载到窗体对象的方法。

③ 创建宏组。

通过实验掌握在数据库中创建宏组、保存宏组并将宏组中的各个宏加载到窗体对象的方法。

(6) 模块实验。

模块是在数据库中使用VBA语言实现特定的功能，本书中有关模块的实验包括：

① 创建模块。

通过实验掌握在Access 2010中，使用Visual Basic编辑器完成创建模块、添加过程和VBA程序设计等工作。

② 模块的各种应用。

通过实验掌握使用VBA中的程序结构进行模块编程，熟悉常用的系统函数，为窗体和控件事件编写VBA程序代码，使用VBA中的常量、变量和表达式的方法。

4. 实验作业

(1) 了解整个系统的功能。

(2) 了解各个功能的实验目的。

第 11 章　数据库及表操作

Access 2010 数据库是非常常用的关系型数据库。本章将以“图书借阅管理系统”数据库为例介绍 Access 2010 数据库的基本操作界面、数据库的创建、数据表的创建、数据表的基本操作、表数据的基本操作和表关系的建立方法，为数据库其他对象的学习打下基础。

实验一　创建数据库和数据表

实验重点

掌握使用不同手段创建数据库和数据表的方法。

实验难点

数据表结构的创建以及数据类型的选择。

1. 实验目的

(1) 掌握创建数据库的方法。

(2) 掌握创建数据表的几种方法。

(3) 熟练掌握通过表设计视图创建表的方法。

(4) 掌握字段数据类型的设置方法。

(5) 掌握各种属性的设置方法。

2. 实验要求及内容

(1) 启动 Access 2010 数据库并能正常退出。

(2) 在 Access 2010 中创建“图书借阅管理”数据库。

(3) 完成“用户”表的创建。

(4) 熟练使用各功能区完成操作。

(5) 完成 Access 2010 中各种数据类型的设置方法。

(6) 完成各字段属性的设置。

3. 实验方法及步骤

1) 实验方法

利用 Access 2010 中的“文件”选项卡内的“新建”选项、“创建”选项卡中的“表”选项组内的“表设计”选项、“创建”选项卡中的“表”选项组内的“表”选项、“外部数据”选项卡中的“导入”选项组内的 Excel 选项、“设计”选项卡中的“主键”选项来完成“图书借阅管理”数据库的创建，以及“用户”数据表的创建。

2) 实验步骤

【操作要求】

(1) 启动 Access 2010 并正常关闭。

(2) 练习 Access 2010 数据库的创建。

(3) 掌握 Access 2010 中创建数据表的方法。

- 使用表设计视图创建“用户”表。
- 通过直接输入数据创建“用户”表。
- 通过导入数据创建“用户”表。

【操作步骤】

(1) 创建“图书借阅管理”数据库。

① 创建空白数据库的方法是，首先打开 Access 2010 窗口，在打开的开始界面中单击左侧“文件”选项卡内的“新建”按钮，然后单击“可用模板”区域中的“空数据库”按钮，如图 11-1 所示。

图 11-1　创建空白的图书借阅管理数据库

② 在右侧的“文件名”编辑框中输入新建数据库的名称，这里输入“图书借阅管理”，默认扩展名为“. accdb”，数据库的默认保存位置是“C:\我的文档”，用户若想改变存储位置，可单击浏览按钮选择数据库保存位置。最后单击“创建”按钮即可完成数据库的创建，如图 11-2 所示。

③ 数据库创建完成后，Access 2010 自动创建一个名为“表 1”的空白数据表。

(2) 使用设计视图创建“用户”表。

使用设计视图创建表是一种十分灵活但是比较复杂的方法，需要花费较多的时间。对于较为复杂的表，通常都是在设计视图中创建的。“用户”表的结构可以参考第 10 章中给定的表结构，也可自行设计。现根据见如表 10-1 所示的结构创建“用户”表。

使用表的设计视图建立“用户”表的具体操作步骤如下：

① 在打开的“图书借阅管理”数据库。选择“创建”选项卡中的“表”选项组内的“表设

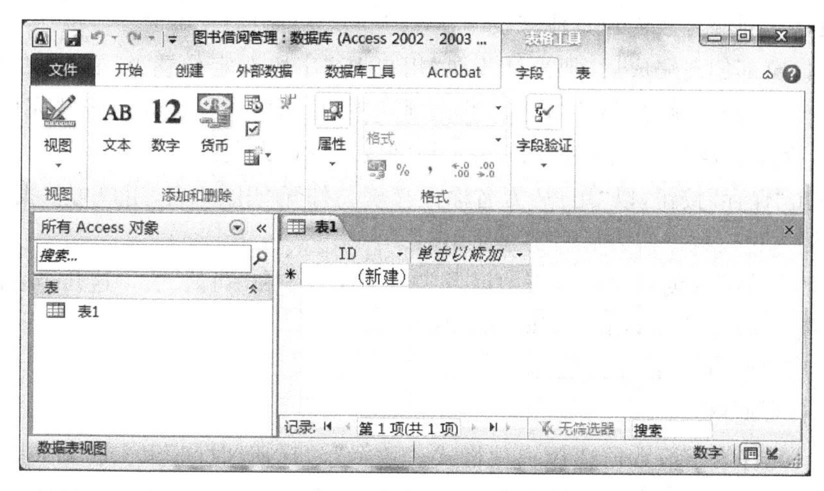

图 11-2　数据库创建完成

计”按钮。

② 打开表的设计视图，按照如表 10-1 所示的内容，在字段名称中输入字段名称为“用户 ID”，并将其数据类型设置为“文本”，如图 11-3 所示。

图 11-3　创建字段

③ 字段类型选定后，用户可在字段属性的常规选项卡中设置字段的大小，由于在不同环境下使用图书借阅管理系统时，用户 ID 可以不尽相同，所以这里使用了默认值，如果能够确定使用的大小用户可以将其设置为固定的值以便节省存储空间。

④ 按照相同的方法创建其他字段。

⑤ 字段全部创建完成后,把光标放在“用户 ID”字段选定位置上,右击,在弹出的快捷菜单中单击“主键”命令,或者在“设计”选项卡中,单击“主键”按钮。设置完成后,在用户 ID 的字段选定器上出现钥匙图形,表示该字段被设置为主键。

⑥ 单击“保存”按钮,以“用户”为名称保存表。打开“用户”表,用户可根据如图 10-1 所示内容输入相应数据作为后面实验使用。

以此种方法继续创建“图书”表、“读者”表、“借阅”表和“罚款”表。这几个表的结构及数据已经在第 10 章列出,用户可作为创建的依据。

(3) 设置“用户”表的字段属性。

① 选择数据格式。

Access 允许为字段数据选择一种格式,“数字”、“日期/时间”和“是/否”类型等字段都可以选择数据格式。选择数据格式可以确保数据表示方式的一致性。如图 11-4 所示,选择“权限”字段的数字格式。

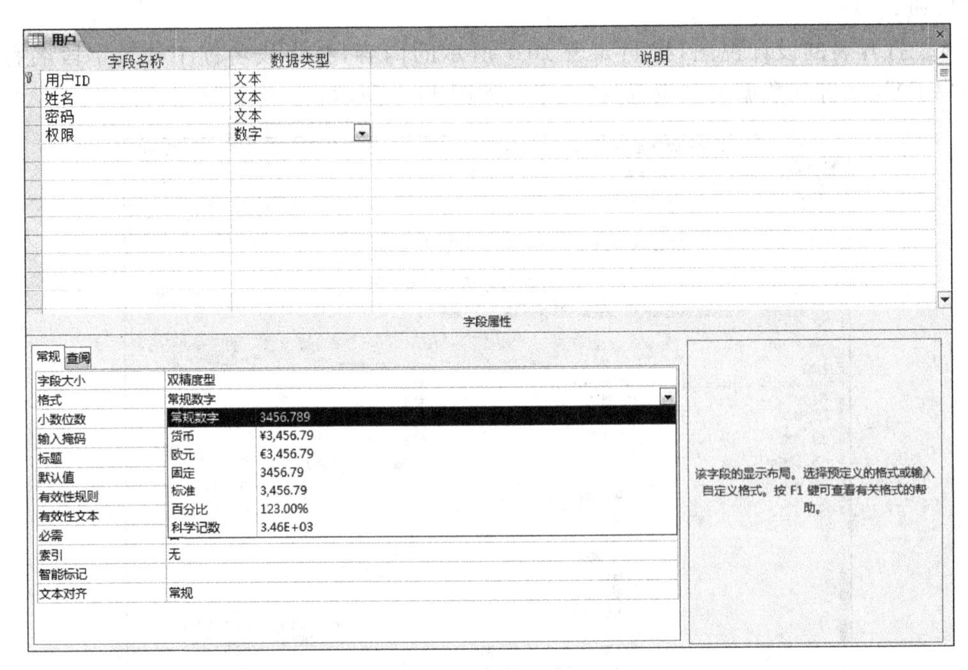

图 11-4　设置数字格式

② 改变字段大小。

Access 允许更改字段默认的字符数。改变字段大小可以保证字符数目不超过特定限制,从而减少数据输入错误。如图 11-5 所示设置姓名的字符长度为 10 个字符,即 5 个汉字。

③ 输入掩码。

“输入掩码”属性用于设置字段、文本框以及组合框中的数据格式,并可对允许输入的数值类型进行控制。要设置字段的“输入掩码”属性,可以使用 Access 自带的“输入掩码

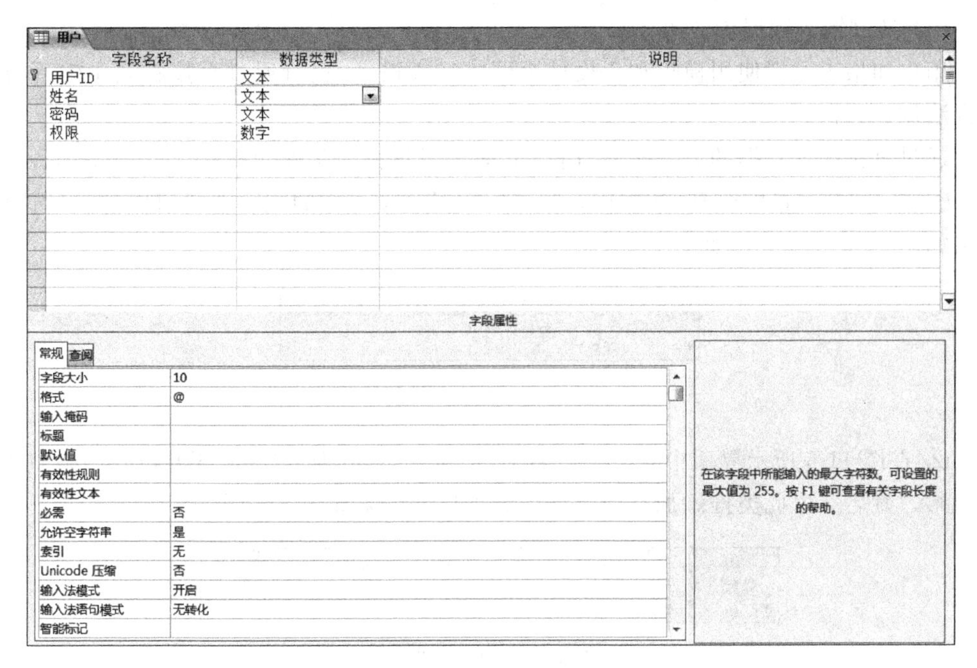

图 11-5　设置字符长度

向导”来完成。例如设置电话号码字段时，可以使用输入掩码向导引导用户准确地输入格式为“( )— ”。

④ 设置有效性规则和有效性文本。

当输入数据时，有时会将数据输入错误，如将工资多输入一个 0，或输入一个不合理的日期。事实上，这些错误可以利用“有效性规则”和“有效性文本”两个属性来避免。

“有效性规则”属性可输入公式(可以是比较或逻辑运算符组成的表达式)，用在将来输入数据时，对该字段上的数据进行核查工作，如核查是否输入数据、数据是否超过范围等；“有效性文本”属性可以输入一些要通知使用者的提示信息，当输入的数据有错误或不符合公式时，自动弹出提示信息。

⑤ 设置表的索引。

简单的说，索引就是搜索或排序的根据。也就是说，当为某一字段建立了索引，可以显著加快以该字段为依据的查找、排序和查询等操作。但是，并不是将所有字段都建立索引，搜索的速度就会达到最快。这是因为，建立的索引越多，占用的内存空间就会越大，这样会减慢添加、删除和更新记录的速度。

⑥ 字段的其他属性。

在表设计视图窗口的“字段属性”选项区域中，还有多种属性可以设置，如“必填字段”属性、“允许空字符串”属性、“标题”属性等。

- 必填字段：要求在字段中必须输入数据，不允许为空。
- 允许空字符串：允许在“文本”或“备注”字段中输入(通过设置为“是”)零长度字符串 (" ")。
- 标题：设置默认情况下在窗体、报表和查询的标签中显示的文本。

(4) 通过输入数据创建表。

用户如果不习惯使用模板和表设计视图进行表设计,也可通过直接在表中输入数据的方法创建数据表。

通过直接输入数据的方法建立"用户 1"表的具体操作步骤如下:

① 打开"图书借阅管理"数据库。选择"创建"选项卡中的"表"选项组内的"表"选项。弹出如图 11-6 所示的界面。

图 11-6　新建表界面

② 在图 11-6 所示界面中双击字段名 ID 的位置,将其改为"用户 ID",双击"添加新字段"输入"姓名",以此类推添加其他字段。添加后的结果如图 11-7 所示。

图 11-7　建表后界面

③ 单击"保存"按钮,以"用户 1"为名称保存表。

通过直接输入数据的方法创建数据表的方法,更加直观。但若某些字段由于数据类型不合适,需要利用表的设计视图来进行修改。如图 11-8 所示,可以看到表创建完成后的效果。

用户1

用户ID	姓名	密码	权限	单击以添加
0001	张三	admin	1	
0002	李四	user	2	
0003	王五	bced	1	
*				

图 11-8　通过直接输入数据的方法创建数据表的结果

(5) 使用已有的数据创建表。

可以通过导入自其他位置存储的信息来创建表。例如,可以导入来自 Excel 工作表、SharePoint 列表、XML 文件、其他 Access 数据库、Outlook 2010 文件夹以及其他数据源中存储的信息。

将"用户.xls"导入到"图书借阅管理"数据库中,具体的操作步骤如下:

① 打开"图书借阅管理"数据库,选择"外部数据"选项卡中的"导入"选项组内的 Excel 选项,弹出如图 11-9 示的界面。在该界面中单击"浏览"按钮选中要导入的 Excel 表,这里选择"用户.xls"表,并指定数据在当前数据库中的存储方式和存储位置,即选择"将源数据导入当前数据库的新表中"单选按钮,单击"确定"按钮。

② 在打开的"请选择合适的工作表或区域"窗口中,选中要导入的工作表单击,这里选择 Sheet1 表,单击"下一步"按钮,如图 11-10 所示。

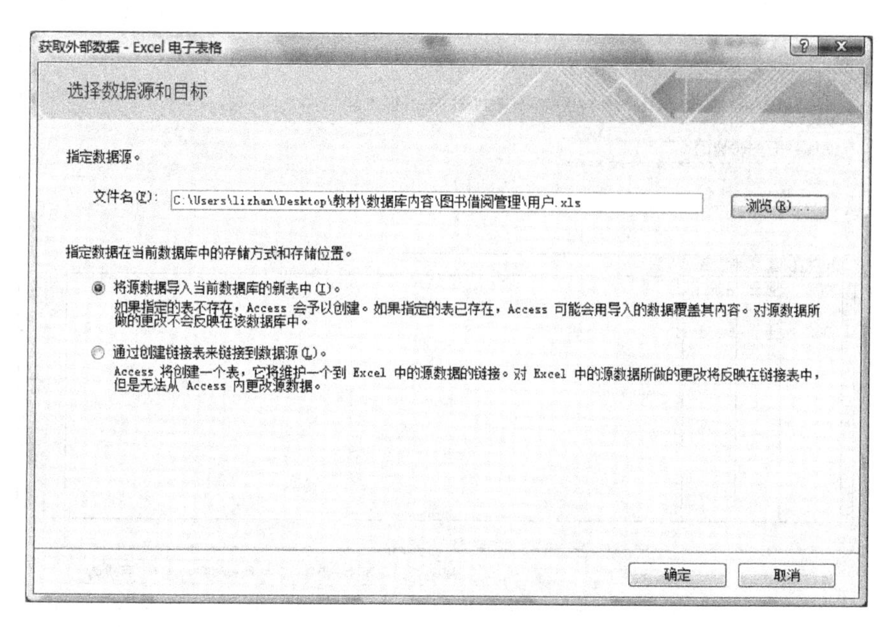

图 11-9　取外部数据

导入数据表向导

电子表格文件含有一个以上工作表或区域。请选择合适的工作表或区域:

◉ 显示工作表(W)　　sheet1
○ 显示命名区域(R)　　Sheet2
　　Sheet3

工作表"sheet1"的示例数据。

	用户ID	姓名	密码	权限
2	0001	张三	admin	1
3	0002	李四	user	2
4	0003	王五	bced	1

取消　< 上一步(B)　下一步(N) >　完成(F)

图 11-10　请选择合适的工作表或区域

③ 在打开的"请确定指定的第一行是否包含列"窗口中，选中"第一行包含列标题"复选框，然后单击"下一步"按钮，如图 11-11 所示。

④ 在打开的"指定有关正在导入的每一字段的信息"窗口中，指定"用户 ID"字段的数据类型为"文本"，索引项为"有(无重复)"。然后依次设置其他字段信息。单击"下一步"按钮，如图 11-12 所示。

导入数据表向导

Microsoft Access 可以用列标题作为表的字段名称。请确定指定的第一行是否包含列标题:

☑第一行包含列标题(I)

用户ID	姓名	密码	权限
0001	张三	admin	1
0002	李四	user	2
0003	王五	bced	1

取消　<上一步(B)　下一步(N)>　完成(F)

图 11-11　确定指定的第一行是否包含列

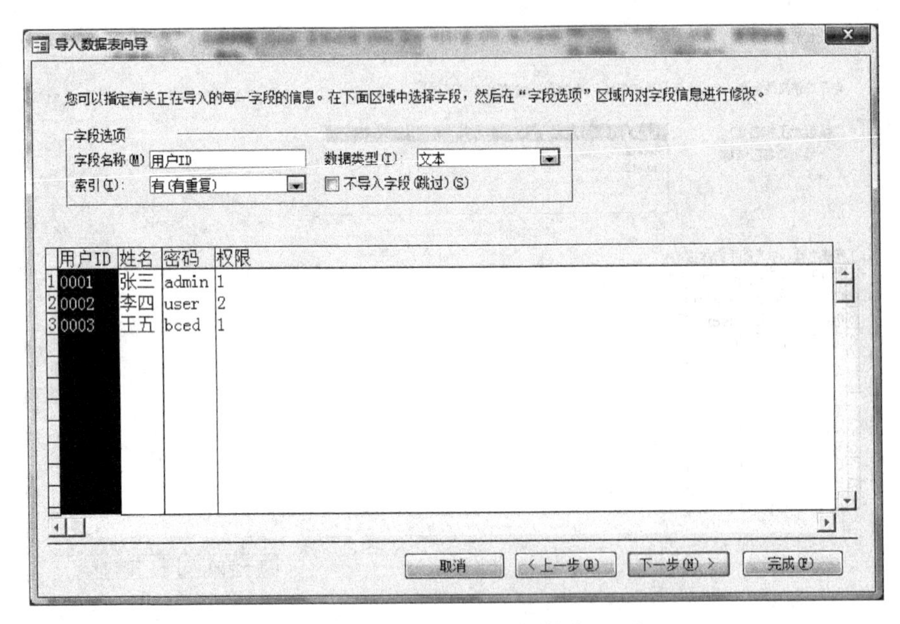

图 11-12　指定各字段信息

⑤ 在打开的“定义主键”窗口中，选中“我自己选择主键”单选按钮，Access 2010 自动选定“用户 ID”字段，然后单击“下一步”按钮，如图 11-13 所示。

⑥ 在打开的“指定表的名称”窗口中，在“导入到表”文本框中输入“用户 2”，然后单击“完成”按钮，如图 11-14 所示。

到这里便完成了使用导入方法创建表的过程。

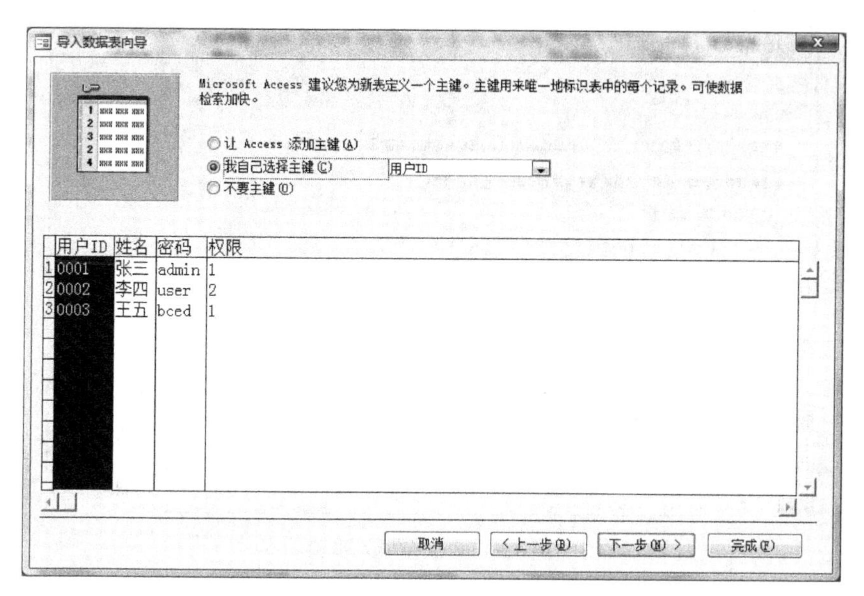

图 11-13　指定主键

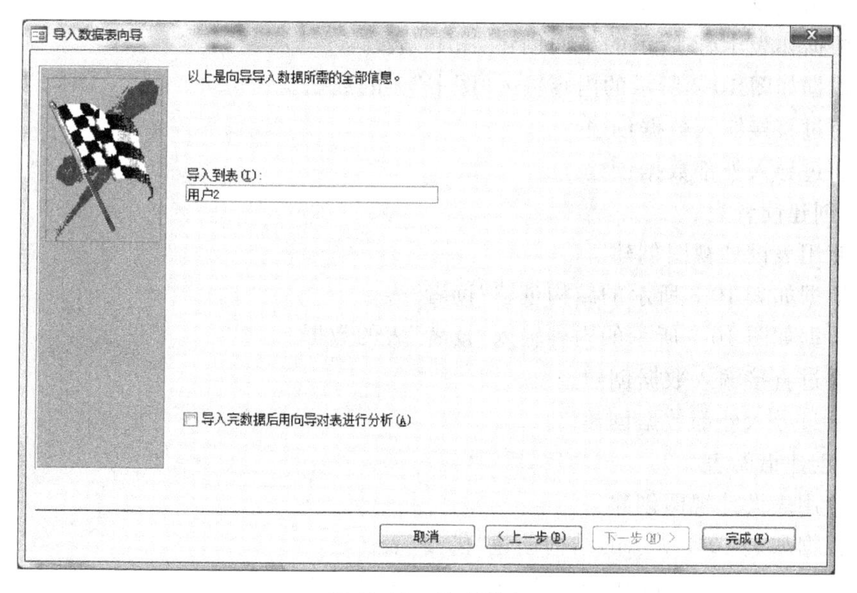

图 11-14　导入到表

⑦ 当单击“完成”按钮后，将打开如图 11-15 所示的“保存导入步骤”窗口，取消选中“保存导入步骤”复选框，单击“关闭”按钮。

需要注意的是，保存导入步骤是 Access 2010 新增加的功能，对于经常进行相同导入操作的用户，可以把导入步骤保存下来，下一次可以快速完成同样的导入。

4. 实验作业

(1) 练习 Access 2010 的启动与关闭。

(2) 创建“图书借阅管理”数据库并继续创建其他数据表。

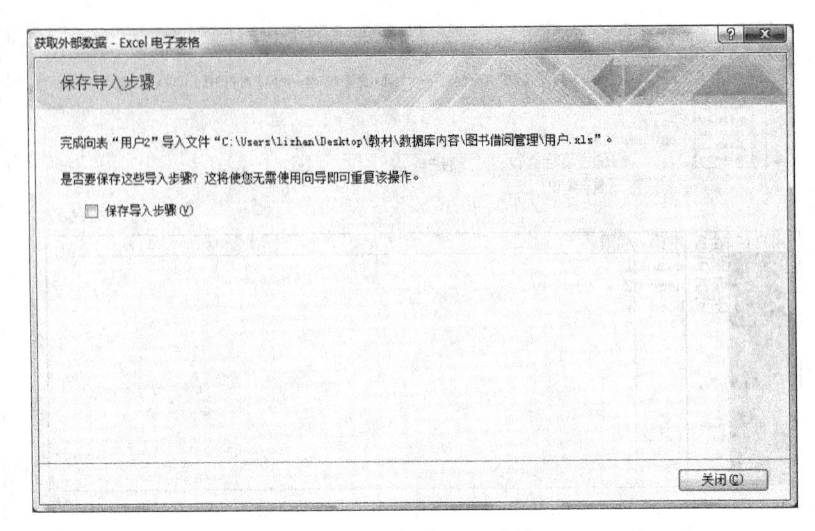

图 11-15　保存导入步骤

(3) 创建图书表。

① 使用表设计视图创建。

- 根据如表 10-2 所示的结构创建“图书”表。
- 根据如图 10-2 所示的内容输入“图书”表的数据。

② 通过直接输入数据创建。

③ 通过导入外部数据创建。

(4) 创建读者表。

① 使用表设计视图创建。

- 根据如表 10-3 所示的结构创建“读者”表。
- 根据如图 10-3 所示的内容输入“读者”表的数据。

② 通过直接输入数据创建。

③ 通过导入外部数据创建。

(5) 创建借阅表。

① 使用表设计视图创建。

- 根据如表 10-4 所示的结构创建“借阅”表。
- 根据如图 10-4 所示的内容输入“借阅”表的数据。

② 通过直接输入数据创建。

③ 通过导入外部数据创建。

(6) 创建罚款表。

① 使用表设计视图创建。

- 根据如表 10-5 所示的结构创建“罚款”表。
- 根据如图 10-5 所示的内容输入“罚款”表的数据。

② 通过直接输入数据创建。

③ 通过导入外部数据创建。

实验二　数据表的常用操作

实验重点

掌握数据表的常用操作方法以及表数据的操作方法。

实验难点

数据表中数据的筛选和排序。

1. 实验目的

(1) 掌握数据表记录的输入和编辑方法。

(2) 掌握数据表外观的定制方法。

(3) 掌握数据表复制、删除和重命名的方法。

(4) 掌握数据表导入、导出的方法。

(5) 掌握数据查找和替换的方法。

(6) 掌握数据定位的方法。

(7) 掌握记录排序的方法。

(8) 掌握记录筛选的方法。

2. 实验要求及内容

(1) 在数据表“图书”中进行记录的输入和编辑。

(2) 对数据表“图书”的外观进行定制。

(3) 对数据表“图书”进行复制、删除和重命名操作。

(4) 对数据表“图书”进行导入、导出操作。

(5) 在数据表“图书”中进行数据查找和替换。

(6) 在数据表“图书”中进行数据定位操作。

(7) 在数据表“图书”中进行记录排序操作。

(8) 在数据表“图书”中进行记录筛选。

3. 实验方法及步骤

(1) 实验方法

利用 Access 2010 中的“开始”选项卡中的“记录”选项组、“文本格式”选项组、“查找”选项组、“排序和筛选”选项组、“外部数据”选项卡中的“导入”选项组内的 Excel 选项、“外部数据”选项卡中的“导出”选项组内的 Excel 选项来完成有关数据表的相关操作。

(2) 实验步骤

【操作要求】

(1) 通过数据表“图书”来进行记录的输入和编辑。

(2) 通过功能区选项对数据表“图书”的外观进行定制。

(3) 完成对数据表“图书”进行复制、删除和重命名操作。

(4) 通过功能区选项对数据表“图书”进行导入、导出操作。

(5) 使用功能区选项或快捷键或快捷菜单对数据表“图书”进行数据查找和替换。

(6) 使用功能区选项对数据表“图书”中进行数据定位操作。

(7) 使用功能区选项对数据表“图书”中进行记录排序操作。

(8) 使用功能区选项对数据表“图书”中进行记录筛选操作。

【操作步骤】

(1) “图书”表记录的输入。

在创建完“图书”表后，用户可以直接输入数据，数据输入完成后的界面如图 10-2 所示。

需要注意的是，由于书编号字段是“图书”表的主键，所以在输入过程中“书编号”字段的值不能相同，同时该字段也不能为空。

(2) 数据修改。

当数据输入错误，需要进行修改时，用户只需要单击需要修改的位置，对其进行修改即可，如图 11-16 所示。

图书

书编号	书名	作者	出版社	ISBN	出版日期	价格	类别	状态	单击以添加
100001	VB程序设计	刘瑞	高等教育出版	978-7-115-1	2009/9/10	32.00	计算机	Yes	
100002	VB程序设计	刘瑞	高等教育出版	978-7-115-1	2009/9/10	32.00	计算机	Yes	
100003	英语写作	李新	机械工业出版	978-3-101-1	2006/7/1	23.00	语言	No	
100004	艺术设计教程	王思齐	电子工业出版	978-2-176-2	2005/9/1	45.00	艺术	No	
*									

图 11-16　修改数据

(3) 数据的复制与移动。

在 Access 2010 中复制和移动数据的方法与 Windows 中的其他软件相同，用户可以选中要复制或移动的内容后，通过右击，在弹出的快捷菜单中完成或者使用 Ctrl＋C(复制)、Ctrl＋X(剪切)、Ctrl＋V(粘贴)3 个快捷键完成。

(4) 记录的插入和删除。

在数据表的使用过程中，经常会遇到向数据表中添加记录的情况，在 Access 2010 中插入新记录的方法是，选中一条记录，选择“开始”选项卡中的“记录”选项组中的“新建”选项，如图 11-17 所示。

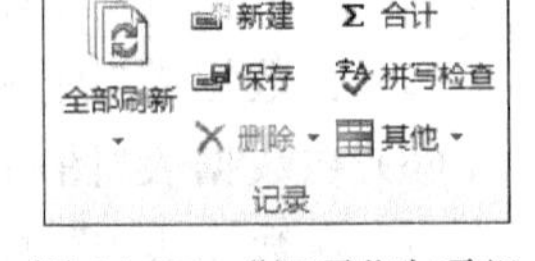

图 11-17　“记录”选项组

Access 2010 会将光标定位到最后一条记录之后，如图 11-18 所示。

图书

书编号	书名	作者	出版社	ISBN	出版日期	价格	类别	状态	单击以添加
100001	VB程序设计	刘瑞	高等教育出版	978-7-115-1	2009/9/10	32.00	计算机	Yes	
100002	VB程序设计	刘瑞	高等教育出版	978-7-115-1	2009/9/10	32.00	计算机	Yes	
100003	英语写作	李新	机械工业出版	978-3-101-1	2006/7/1	23.00	语言	No	
100004	艺术设计教程	王思齐	电子工业出版	978-2-176-2	2005/9/1	45.00	艺术	No	
*									

图 11-18　选择新记录选项后

这里为了能够区别以前输入的记录，只输入书编号字段的内容“100005”，用户会发现刚刚输入的记录显示在表的最后一条记录上，当用户关闭表并再次打开时该记录将显示在正确的位置，如图 11-19 所示。

删除记录的方法与插入的方法类似，选中刚刚添加的记录，在如图 11-17 所示“记录”选项组中选择“删除”选项，将弹出删除记录提示对话框，在其中单击“确定”按钮即可删除该记录。

图书

书编号	书名	作者	出版社	ISBN	出版日期	价格	类别	状态	单击以添加
100001	VB程序设计	刘瑞	高等教育出版	978-7-115-1	2009/9/10	32.00	计算机	Yes	
100002	VB程序设计	刘瑞	高等教育出版	978-7-115-1	2009/9/10	32.00	计算机	Yes	
100003	英语写作	李新	机械工业出版	978-3-101-1	2006/7/1	23.00	语言	No	
100004	艺术设计教程	王思齐	电子工业出版	978-2-176-2	2005/9/1	45.00	艺术	No	
100005								No	

图 11-19　插入新记录

(5) 字体设置。

与字体相关的设置主要集中在“开始”选项卡中的“字体”选项组内，如图 11-20 所示。

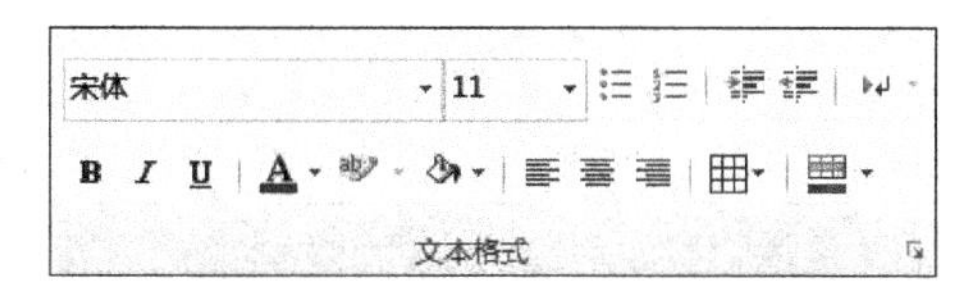

图 11-20　“字体”选项组

在如图 11-20 所示的“字体”选项组中可以进行字体、字号、字体加粗、字体倾斜、加下划线、字体颜色、对齐、背景色、网格线、可选行颜色、设置数据表格式等相关格式的设置。

在进行字体、字号、字体加粗、字体倾斜、加下划线、字体颜色和对齐设置时均为对整个表进行设置，由于比较常用，所以不做过多介绍，这里主要介绍与其他软件不同的设置。

① 设置字体颜色。

当用户单击“字体颜色”右侧的下拉箭头时，将弹出如图 11-21 所示的界面。

在其中比较有特色的是“Access 主体颜色”，在主体颜色中已经设置了一些配色方案，用户可直接使用，其他颜色的使用方法与其他软件相同。

② 设置背景色。

当用户单击“背景色”右侧的下拉箭头时，将弹出如图 11-21 所示界面相同的颜色面板。所不同的是本按钮的功能是设置表格的背景颜色。

③ 设置网格线。

通过“网格线”按钮可设置表格网格线的显示情况，当单击“网格线”右侧的下拉箭头时，将弹出如图 11-22 所示的界面。

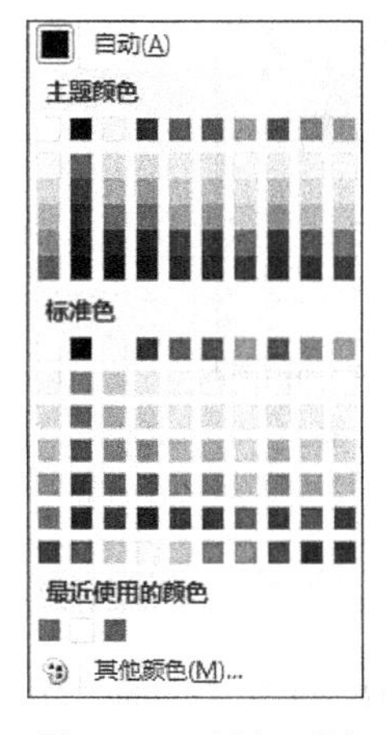

图 11-21　颜色面板

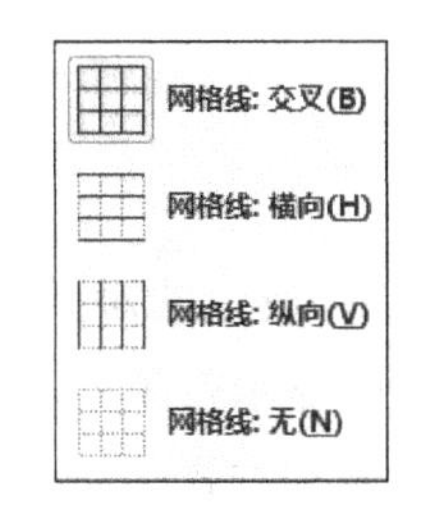

图 11-22　网格线界面

在其中用户可以设置是否显示网格线,或者网格线的显示效果。

④ 可选行颜色。

当用户单击“可选行颜色”右侧的下拉箭头时弹出的界面与图 11-21 相同,“可选行颜色”与“背景色”的区别是:“背景色”设置的是整个表格的背景色,而“可选行颜色”只是设置数据区域的背景色,如图 11-23 所示。

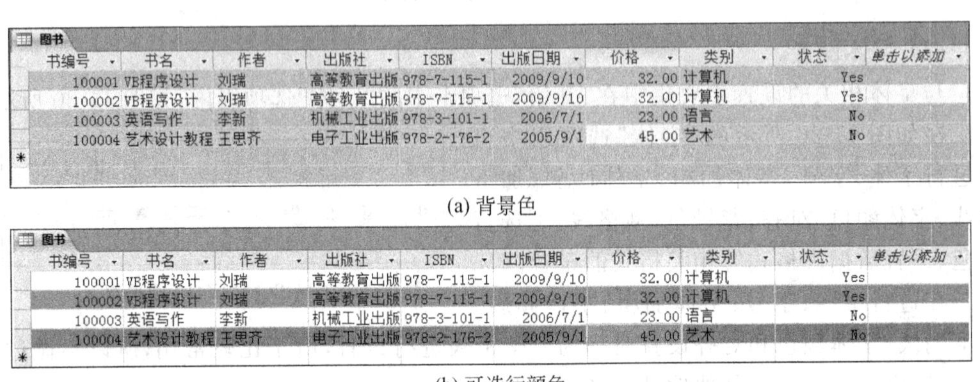

(a) 背景色

(b) 可选行颜色

图 11-23 “背景色”与“可选行颜色”的区别

(6) 设置数据表格式。

通过单击如图 11-20 所示的“设置数据表格式”按钮,可以打开如图 11-24 所示的“设置数据表格式”对话框。

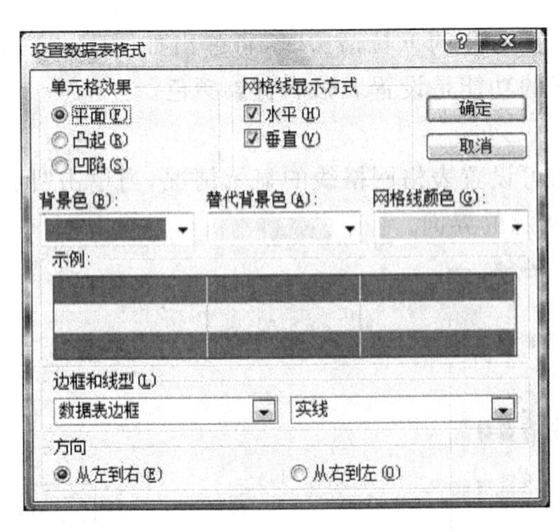

图 11-24 “设置数据表格式”对话框

在如图 11-24 所示的对话框中可以进行如下设置:

- 单元格的显示效果——平面(默认)、凸起、凹陷。
- 网格线显示方式——默认是水平方向和垂直方向的网格线全部显示。
- 背景色——设置整个表格的背景颜色。
- 替代背景色——设置数据区域的背景颜色。

- 网格线颜色——设置水平和垂直方向的网格线颜色。
- 表格显示方向——可以设置表格是“从左到右”显示还是“从右到左”显示。

(7) 设置行高和列宽。

设置数据表的行高和列宽可通过“开始”选项卡中的“记录”选项组完成，如图 11-25 所示。

在“记录”选项组中单击“其他”选项，将弹出如图 11-26 所示的界面。

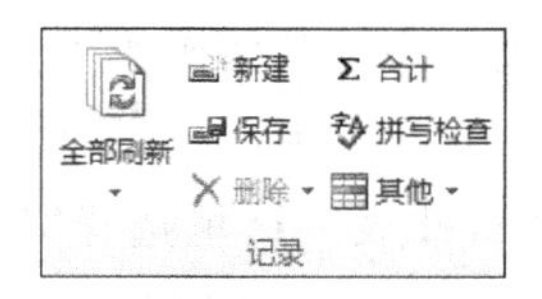

图 11-25 “记录”选项组

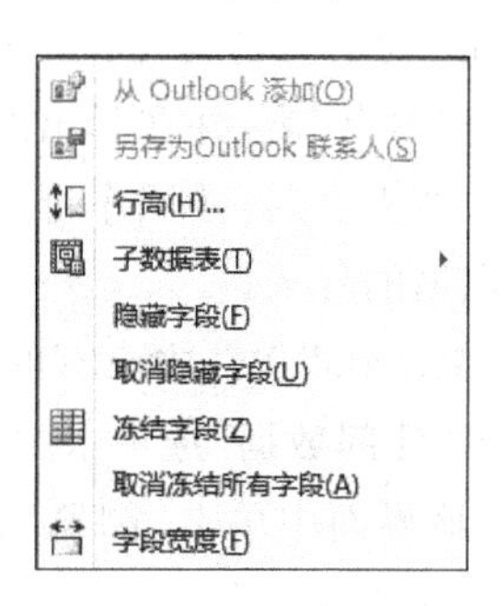

图 11-26 其他选项

在弹出的菜单中可通过单击“行高”和“列宽”选项对数据表的行高和列宽进行精确设置。

(8) 表的复制。

对表的复制是用户在创建数据表后会经常用到的操作，以“图书”表为例演示数据表的复制操作。

将“图书”表复制为“图书 1”表的方法是：

① 右击“图书”表，并在弹出的快捷菜单中选择“复制”命令，并在空白位置右击，在弹出的快捷菜单中选择“粘贴”命令，将弹出如图 11-27 所示的界面。

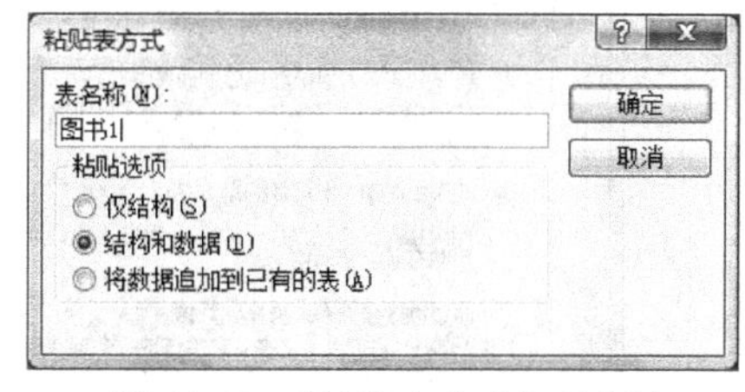

图 11-27 “粘贴表方式”对话框

② 选择粘贴方式，有 3 个选项：

- 仅结构——只复制表的结构到目标表，而不复制表中的数据。
- 结构和数据——将表中的结构和数据同时复制到目标表。
- 将数据追加到已有的表——将表中的数据以追加的方式添加到已有表的尾部。

这里选择结构和数据。

③ 输入表名称，单击“确定”完成复制。

(9) 表的删除。

将“图书 1”表从数据库中删除。

① 右击“图书 1”表，并在弹出的快捷菜单中选择“删除”命令，将弹出如图 11-28 所示的界面。

② 单击“是”按钮完成删除。

(10) 表的重命名。

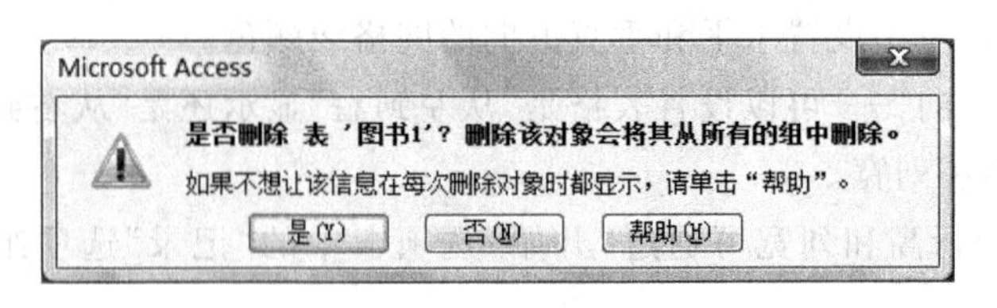

图 11-28　删除提示界面

将“图书”表重命名为“图书信息”表。

① 右击“图书”表，并在弹出的快捷菜单中选择“重命名”命令。

② 输入新表名后，按回车键确认。

(11) 数据的导入。

将“图书 1. xls”文件中已有的数据导入到“图书”数据表中的具体操作步骤如下：

① 选择“外部数据”选项卡中的“导入”选项组内的 Excel 选项，弹出如图 11-29 所示的界面。在该界面中单击“浏览”按钮，选中要导入的 Excel 表。这里选择“图书 1. xls”表。在“向表中追加一份记录副本”下拉列表框中选择“图书”表，单击“确定”按钮。

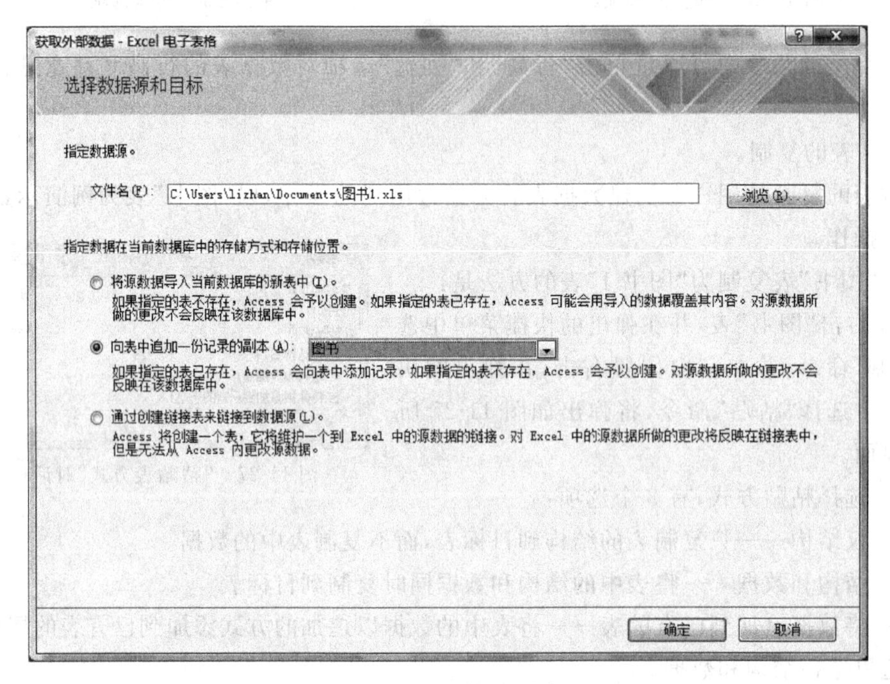

图 11-29　选择导入源

② 在打开的“请选择合适的工作表或区域”窗口中，选中要导入的工作表单击，这里选择 Sheet1 表，单击“下一步”按钮，如图 11-30 所示。

③ 在打开的“请确定指定的第一行是否包含列”窗口中，选中“第一行包含列标题”复选框，然后单击“下一步”按钮，如图 11-31 所示。

④ 此时系统默认第一行是列标题。单击“下一步”按钮，如图 11-32 所示。在“导入到表”文本框中输入“图书”即可。

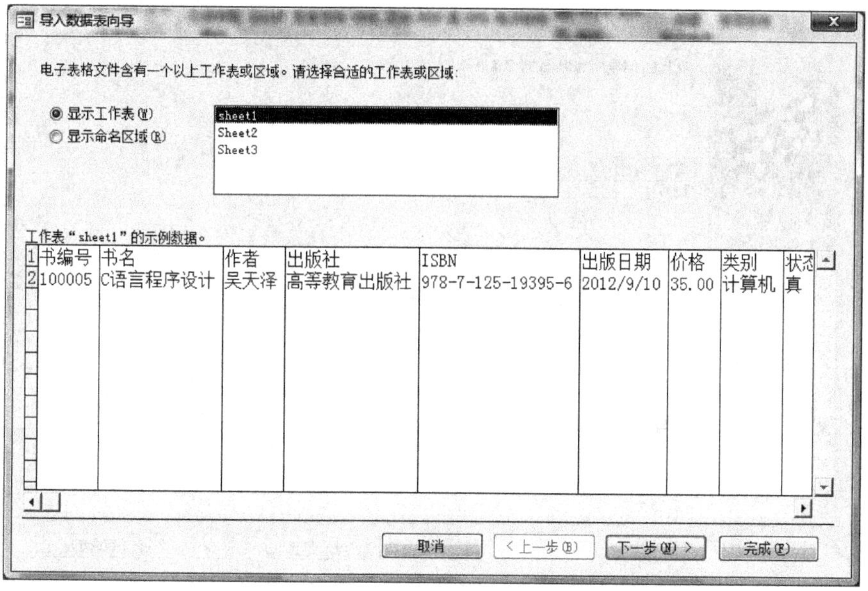

导入数据表向导

电子表格文件含有一个以上工作表或区域。请选择合适的工作表或区域:

◉ 显示工作表(W)
○ 显示命名区域(R)

sheet1
Sheet2
Sheet3

工作表"sheet1"的示例数据。

1	书编号	书名	作者	出版社	ISBN	出版日期	价格	类别	状态
2	100005	C语言程序设计	吴天泽	高等教育出版社	978-7-125-19395-6	2012/9/10	35.00	计算机	真

取消 < 上一步(B) 下一步(N) > 完成(F)

图 11-30 选择工作表

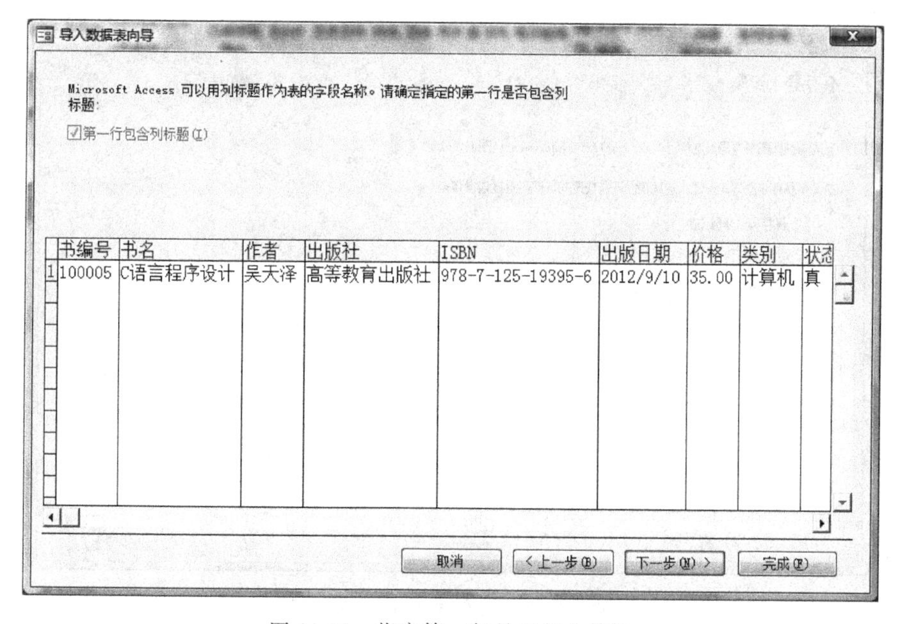

图 11-31 指定第一行是否包含数据

⑤ 单击"完成"按钮后，将打开如图 11-33 所示的"保存导入步骤"对话框，取消选择"保存导入步骤"复选框，单击"关闭"按钮。

⑥ 打开"图书"表查看导入数据，此时记录已正确导入，如图 11-34 所示。

(12) 数据的导出。

将"图书"数据表中的数据导出到"图书.xls"中的具体操作步骤如下：

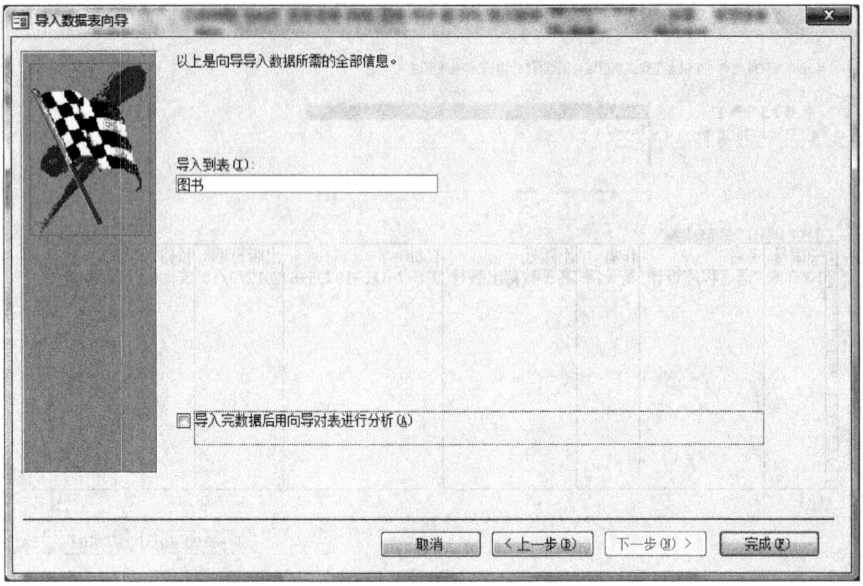

图 11-32　指定导入的目标表名称

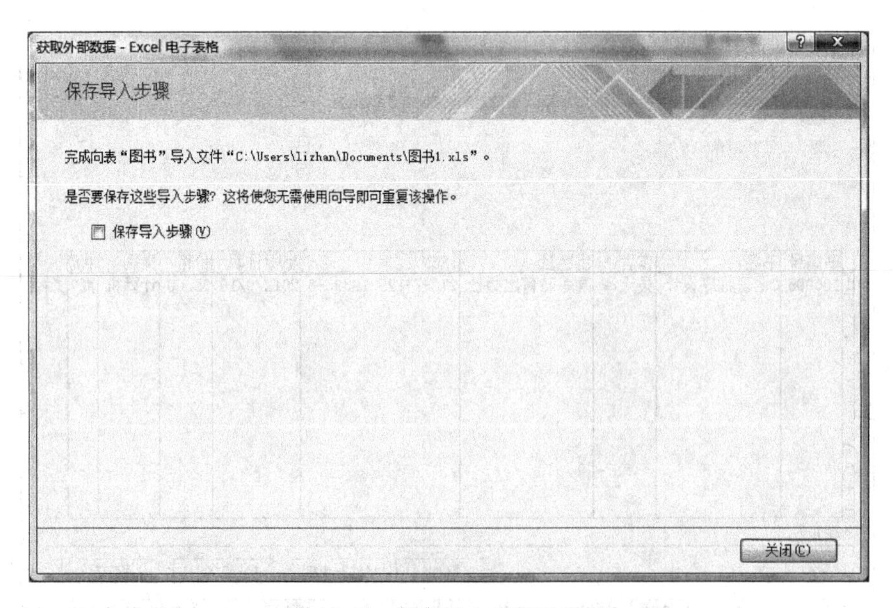

图 11-33　保存导入步骤对话框

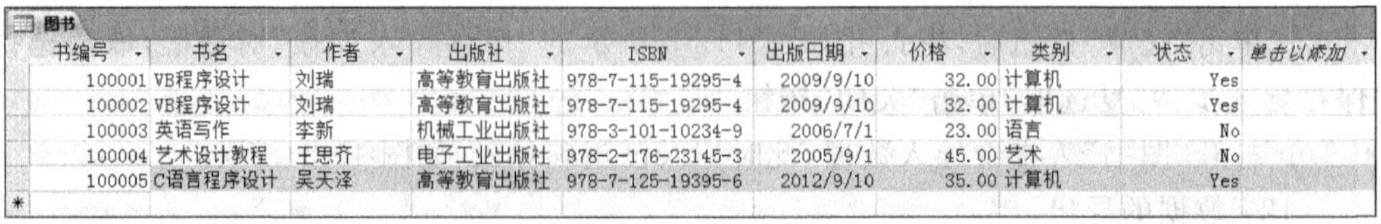

图书

书编号	书名	作者	出版社	ISBN	出版日期	价格	类别	状态	单击以添加
100001	VB程序设计	刘瑞	高等教育出版社	978-7-115-19295-4	2009/9/10	32.00	计算机	Yes	
100002	VB程序设计	刘瑞	高等教育出版社	978-7-115-19295-4	2009/9/10	32.00	计算机	Yes	
100003	英语写作	李新	机械工业出版社	978-3-101-10234-9	2006/7/1	23.00	语言	No	
100004	艺术设计教程	王思齐	电子工业出版社	978-2-176-23145-3	2005/9/1	45.00	艺术	No	
100005	C语言程序设计	吴天泽	高等教育出版社	978-7-125-19395-6	2012/9/10	35.00	计算机	Yes	
*									

图 11-34　导入结果

① 选择“外部数据”选项卡中的“导出”选项组内的 Excel 选项，弹出如图 11-35 所示的界面。在该界面中单击“浏览”按钮选择导出位置。在文件格式列表中选择导出格式，单击“确定”按钮。

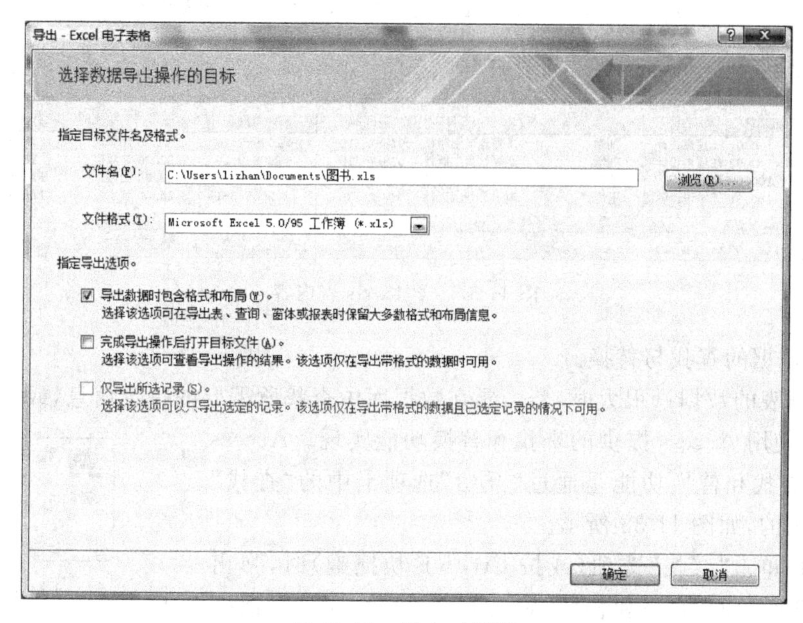

图 11-35　导出对话框

② 单击“确定”按钮后，将打开如图 11-36 所示的“保存导出步骤”窗口，取消选中“保存导出步骤”复选框，单击“关闭”按钮。

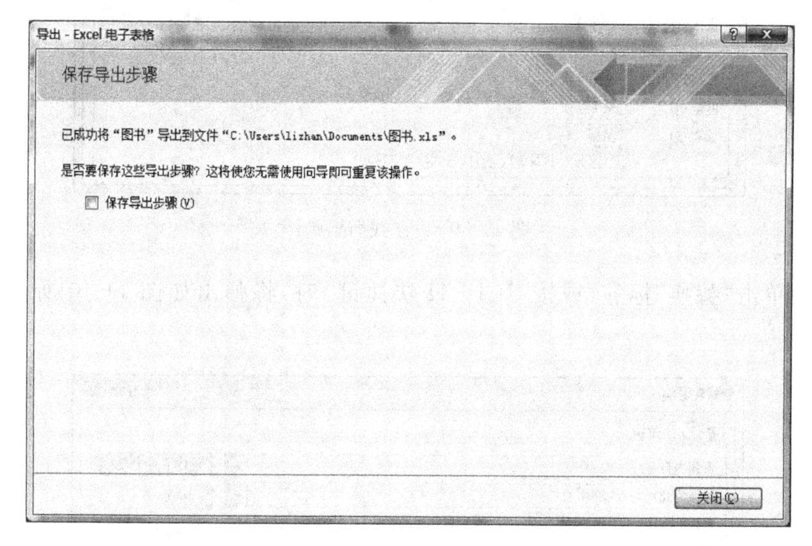

图 11-36　保存导入步骤对话框

③ 打开“图书.xls”工作簿文档查看导出数据，此时记录已正确导出，如图 11-37 所示。

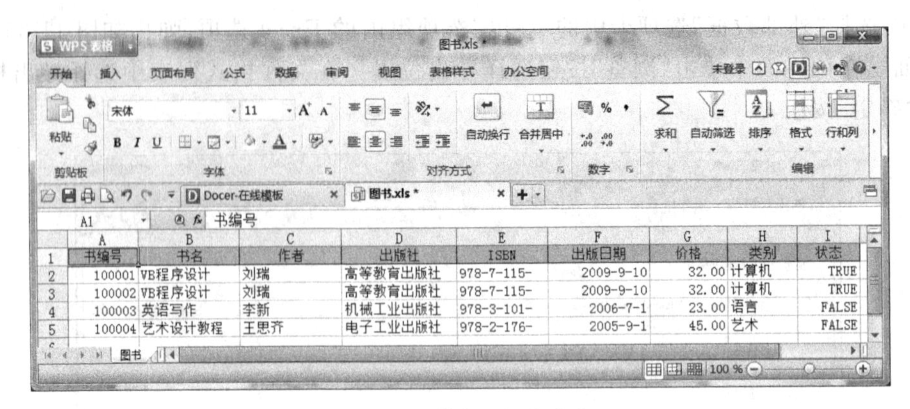

	A	B	C	D	E	F	G	H	I
1	书编号	书名	作者	出版社	ISBN	出版日期	价格	类别	状态
2	100001	VB程序设计	刘瑞	高等教育出版社	978-7-115-	2009-9-10	32.00	计算机	TRUE
3	100002	VB程序设计	刘瑞	高等教育出版社	978-7-115-	2009-9-10	32.00	计算机	TRUE
4	100003	英语写作	李新	机械工业出版社	978-3-101-	2006-7-1	23.00	语言	FALSE
5	100004	艺术设计教程	王思齐	电子工业出版社	978-2-176-	2005-9-1	45.00	艺术	FALSE

图 11-37　学生.xls 表内容

(13) 数据的查找与替换。

当数据表的数据量很大时，若需要在数据库中查找所需要的特定信息，或替换某个数据，就可以使用 Access 提供的查找和替换功能实现。Access 2010 实现查找和替换功能是通过“开始”选项卡中的“查找”选项组实现的，如图 11-38 所示。

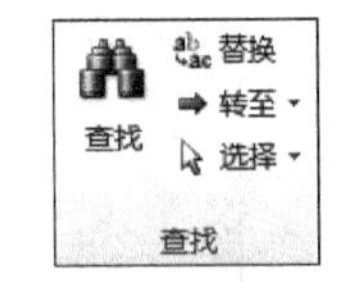

图 11-38　“查找”选项组

当用户单击“查找”选项(或按 Ctrl+F 快捷键)时，弹出如图 11-39 所示的“查找和替换”对话框。用户可在该对话框中输入查找条件，进行数据的查找。

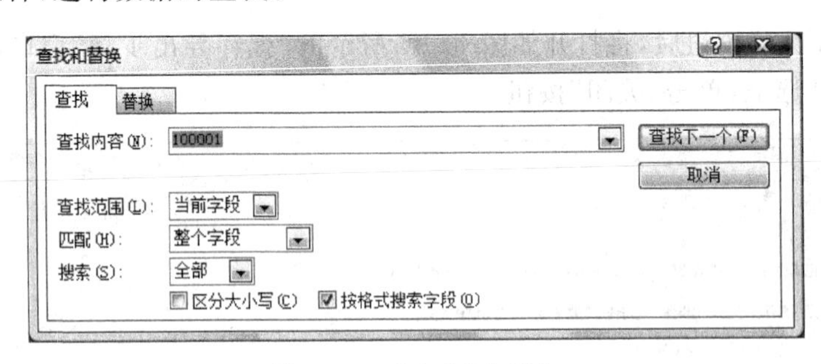

图 11-39　“查找”选项卡

当用户单击“替换”标签(或按 Ctrl+H 快捷键)时，将弹出如图 11-40 所示的“替换”选项卡。

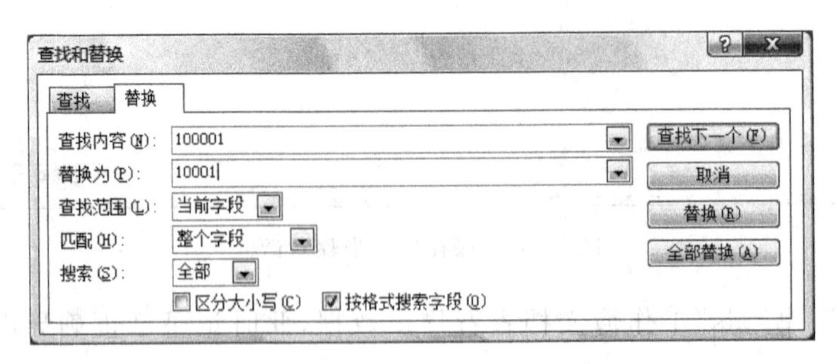

图 11-40　“替换”选项卡

用户可在其中输入查找内容和替换内容，进行数据的替换。

需要注意的是，默认的“查找范围”是当前字段，故查找内容文本框中显示的是光标当前所在的字段的内容。如果希望搜索整个表，请从列表中选择当前文档。在“匹配”下拉列表框中进行选择时，如果选择“字段任何部分”选项，将提供可能达到的最大搜索范围。同时在进行替换时最好逐个替换，以避免错误的操作；除非用户确定不会产生错误操作，方可单击“全部替换”按钮。

(14) 定位记录。

在 Access 2010 中可以快速地进行记录的定位，与定位相关的操作由“开始”选项卡中的“查找”选项组内的“转至”选项完成。当用户单击“转至”选项时将弹出如图 11-41 所示的界面。

该菜单中包含 5 个选项：

- 首记录——将光标定位到当前表中的第一条记录。
- 上一条记录——将光标定位到当前表中当前记录的上一条记录。
- 下一条记录——将光标定位到当前表中当前记录的下一条记录。
- 尾记录——将光标定位到当前表中的最后一条记录。
- 新建——将光标定位到当前表中的新建的记录。

(15) 记录排序。

在 Access 2010 中，数据表中记录默认的显示顺序是按照关键字的升序进行显示，但在有些情况下需要查看不同的显示顺序，这时就应用到了排序。

与记录排序相关的操作在“开始”选项卡中的“排序和筛选”选项组，如图 11-42 所示。

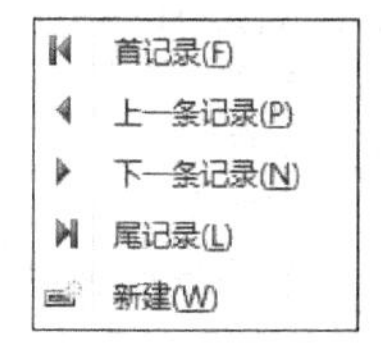

图 11-41 “转至”选项

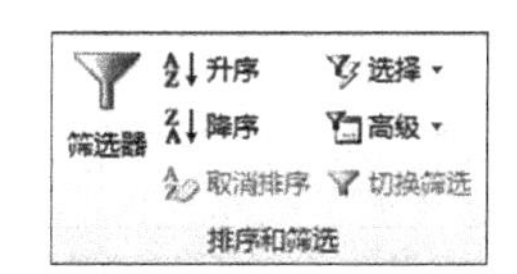

图 11-42 “排序和筛选”选项组

按出版日期的升序对“图书”表进行排序。

① 将光标定位到“图书”表的“出版日期”字段。

② 单击图 11-42 中的升序按钮。排序结果如图 11-43 所示。

书编号	书名	作者	出版社	ISBN	出版日期	价格	类别	状态	单击以添加
100004	艺术设计教程	王思齐	电子工业出版社	978-2-176-23145-3	2005/9/1	45.00	艺术	No	
100003	英语写作	李新	机械工业出版社	978-3-101-10234-9	2006/7/1	23.00	语言	No	
100002	VB程序设计	刘瑞	高等教育出版社	978-7-115-19295-4	2009/9/10	32.00	计算机	Yes	
100001	VB程序设计	刘瑞	高等教育出版社	978-7-115-19295-4	2009/9/10	32.00	计算机	Yes	
100005	C语言程序设计	吴天泽	高等教育出版社	978-7-125-19395-6	2012/9/10	35.00	计算机	Yes	

图 11-43 按出版日期排序

用户也可单击出版日期字段右侧的下拉箭头，弹出如图 11-44 所示的下拉菜单，在其中选择“升序”选项也可完成排序操作。

(16) 记录筛选。

在日常的应用中，往往只希望显示满足条件的数据，这时可以采用筛选的方法进行定义。

当用户只想查看"图书"表中 2010-1-1 以后出版的图书信息时，可采用以下操作：

① 单击"出版日期"字段右侧的下拉箭头。在弹出如图 11-44 所示的下拉菜单中选择"日期筛选器"选项，弹出如图 11-45 所示的子菜单。

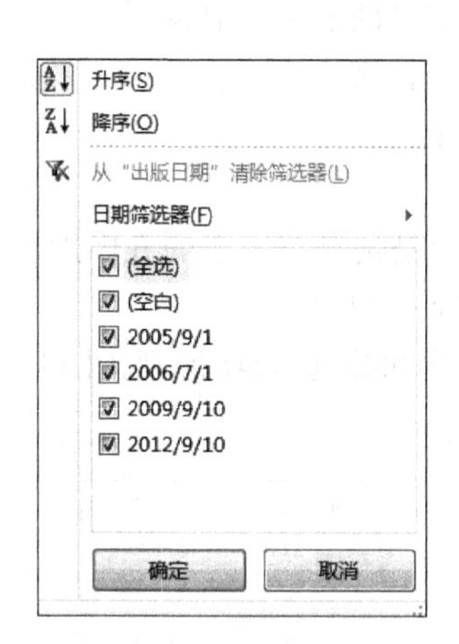

图 11-44 下拉菜单

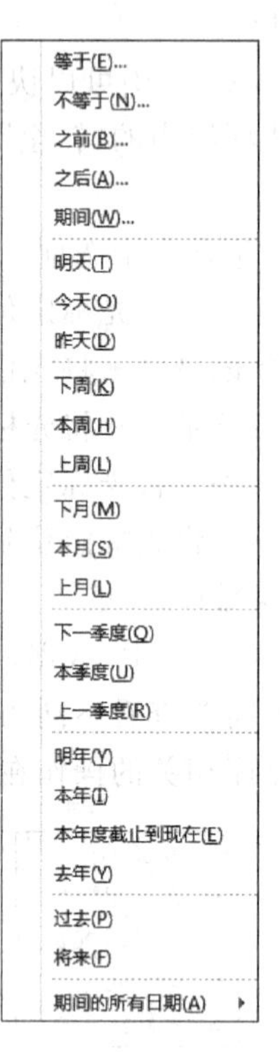

图 11-45 日期筛选器菜单

② 在其中选择"之后"选项，弹出如图 11-46 所示的"自定义筛选"对话框。

③ 在其中输入筛选日期，也可通过右侧的日期按钮选择日期，设定完成后单击"确定"按钮，完成筛选，筛选结果如图 11-47 所示。

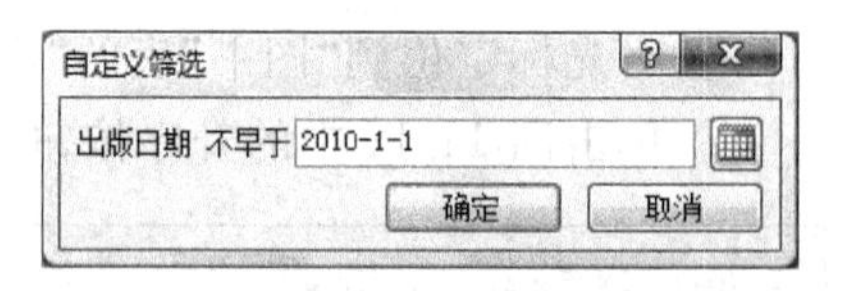

图 11-46 "自定义筛选"对话框

由图 11-47 可以看到，显示的是 2010-1-1 以后出版的图书信息，同时在出版日期的右侧有一个筛选标志出现。

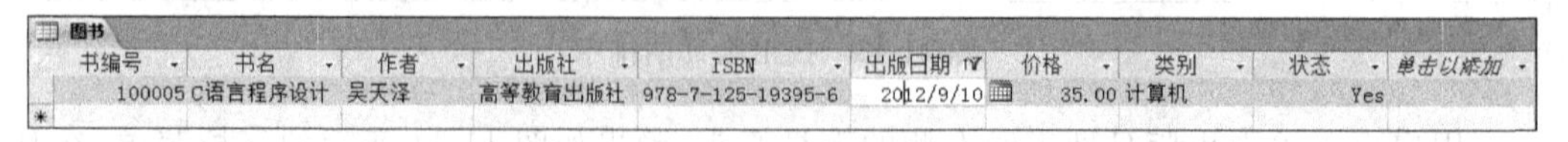

图 11-47 筛选结果

4. 实验作业

(1) 自行对“图书”表及其他表进行记录的输入。

(2) 自行对“图书”表及其他表进行数据修改。

(3) 自行对“图书”表及其他表进行数据的复制与移动。

(4) 自行对“图书”表及其他表进行记录的插入和删除。

(5) 自行对“图书”表及其他表进行字体设置。

(6) 自行对“图书”表及其他表进行数据表格式设置。

(7) 自行对“图书”表及其他表进行行高和列宽设置。

(8) 自行对“图书”表及其他表进行表的复制。

(9) 自行对“图书”表及其他表进行表的删除。

(10) 自行对“图书”表及其他表进行表的重命名。

(11) 自行对“图书”表及其他表进行数据的导入。

(12) 自行对“图书”表及其他表进行数据的导出。

(13) 自行对“图书”表及其他表进行数据的查找与替换。

(14) 自行对“图书”表及其他表进行定位记录。

(15) 自行对“图书”表及其他表进行记录排序。

(16) 自行对“图书”表及其他表进行记录筛选。

实验三　创建表之间的关系

实验重点

掌握通过关系窗口创建表间关系的方法。

实验难点

各数据表之间关系的确立。

1. 实验目的

(1) 掌握数据表之间关系的确立方法。

(2) 掌握数据表之间关系的建立方法。

(3) 掌握数据表之间关系的编辑方法。

(4) 掌握数据表之间关系的删除方法。

2. 实验要求及内容

(1) 确立“图书借阅管理”数据库中各表之间的关系。

(2) 建立“图书借阅管理”数据库中各表之间的关系。

(3) “图书借阅管理”数据库中各表之间关系的编辑。

(4) “图书借阅管理”数据库中各表之间关系的删除。

3. 实验方法及步骤

1) 实验方法

利用 Access 2010 中的“数据库工具”选项卡中的“显示/隐藏”选项组内的“关系”选项、“设计”选项卡中的“关系”选项组内的“显示表”选项、“所有关系”选项、“设计”选项卡中的“工具”选项组内的“编辑关系”选项来完成有关数据表间关系的相关操作。

2）实验步骤

【操作要求】

（1）通过分析确立“图书借阅管理”数据库中各表之间的关系。

（2）使用“关系”窗口建立“图书借阅管理”数据库中各表之间的关系。

（3）使用“关系”窗口编辑“图书借阅管理”数据库中各表之间的关系。

（4）使用“关系”窗口删除“图书借阅管理”数据库中各表之间的关系。

【操作步骤】

（1）创建关系。

利用“关系”窗口为“图书借阅管理”数据库中的各表创建关系。具体的操作步骤如下：

① 打开“图书借阅管理”数据库。

② 在“数据库工具”选项卡上的“关系”选项组中，单击“关系”选项，如图 11-48 所示。

如果用户尚未定义过任何关系，则会自动显示“显示表”对话框。如果未出现该对话框，请在“设计”选项卡上的“关系”选项组中单击“显示表”选项，如图 11-49 所示。

图 11-48 “显示/隐藏”选项组

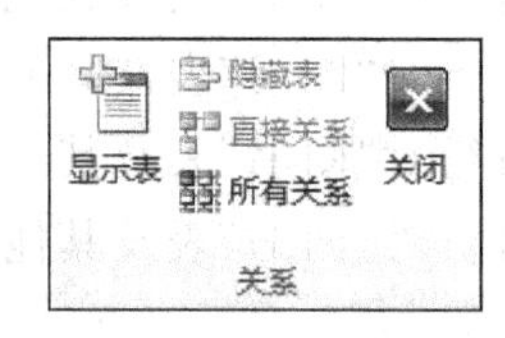

图 11-49 “关系”选项组

“显示表”对话框会显示数据库中的所有表和查询。若要只查看表，请单击“表”选项卡；若要只查看查询，请单击“查询”选项卡；若要同时查看表和查询，请单击“两者都有”选项卡，如图 11-50 所示。

③ 选择所需要的表，然后单击“添加”按钮。将表或查询添加到“关系”窗口之后，单击“关闭”按钮即可。

④ 将字段（通常为主键）从一个表拖至另一个表中的公共字段（外键）。要拖动多个字段时，应按住 Ctrl 键，单击每个字段，然后拖动这些字段，将显示如图 11-51 所示的“编辑关系”对话框。

图 11-50 “显示表”对话框

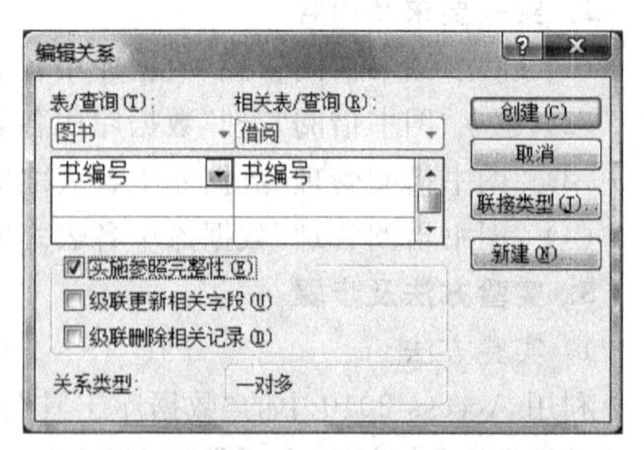

图 11-51 “编辑关系”对话框

验证显示的字段名称是否为关系的公共字段。如果字段名称不正确,请单击该字段名称并从列表中选择合适的字段。

要对此关系实施参照完整性,请选中“实施参照完整性”复选框。

⑤ 单击“创建”按钮即可完成关系的创建。

创建完成的关系如图 11-52 所示。

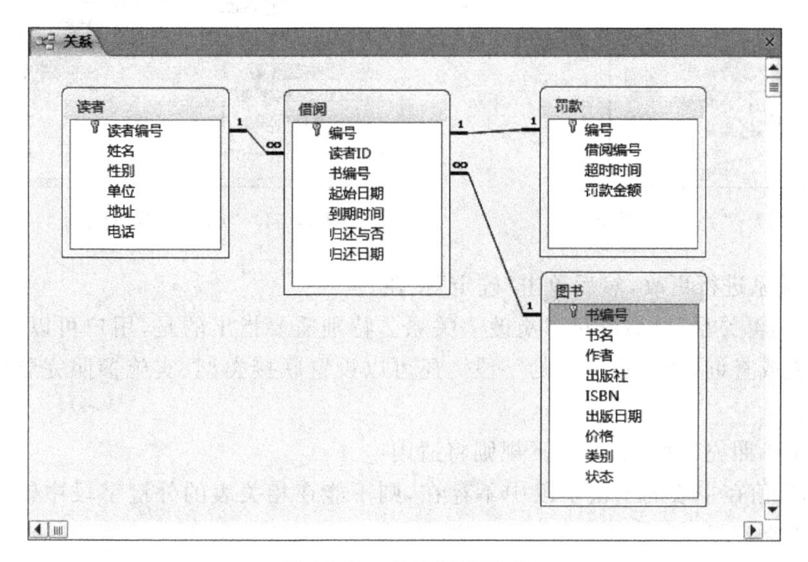

图 11-52 关系创建完成

Access 会在两个表之间绘制一条关系线。如果已选中“实施参照完整性”复选框,数字“1”将出现在关系线一侧较粗的部分之上,无限大符号“∞”将出现在该线另一侧较粗的部分之上。

创建一对一关系:两个公共字段(通常为主键字段和外键字段)都必须具有唯一索引。这意味着应将这些字段的“已索引”属性设置为“有(无重复)”。如果两个字段都具有唯一索引,Access 将创建一对一关系。

创建一对多关系:在关系一侧的字段(通常为主键)必须具有唯一索引。这意味着应将此字段的“已索引”属性设置为“有(无重复)”。多侧上的字段不应具有唯一索引。它可以有索引,但必须允许重复。这意味着应将此字段的“已索引”属性设置为“否”或“有(有重复)”。当一个字段具有唯一索引,其他字段不具有唯一索引时,Access 将创建一对多关系。

(2) 编辑表关系。

要对“图书借阅管理”数据库已建立的关系进行修改,具体操作步骤如下:

① 在“打开”对话框中,选择并打开“图书借阅管理”数据库。

② 选择“数据库工具”选项卡中的“显示/隐藏”选项组内的“关系”选项。此时将显示“关系”窗口。而后选择“设计”选项卡中的“关系”选项组内的“所有关系”选项,如图 11-53 所示。此时将显示具有关系的所有表,同时显示关系线,如图 11-52 所示。

③ 单击要更改的关系的关系线。选中关系线时,它会显示得较粗,双击该关系线。

或选择“设计”选项卡中的“工具”选项组内的“编辑关系”选项。将显示“编辑关系”对话框，如图 11-54 所示。

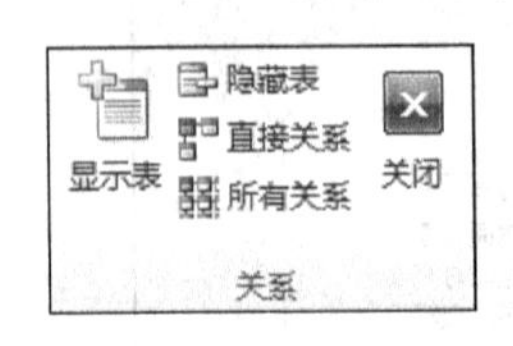

图 11-53 “关系”选项组

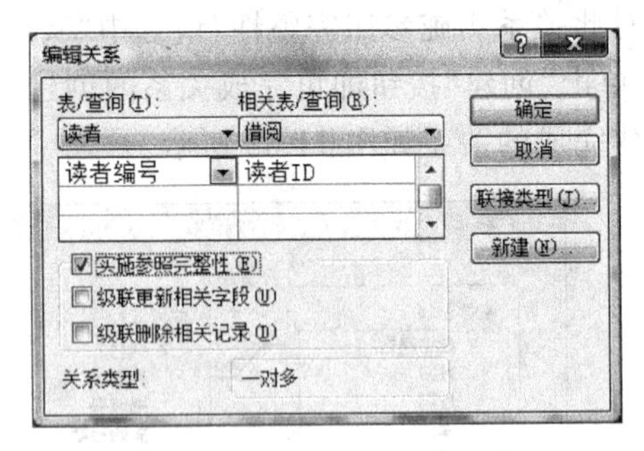

图 11-54 “编辑关系”对话框

④ 对关系进行更改，然后单击“确定”按钮。

通过“编辑关系”对话框可以更改表关系。特别需要指出的是，用户可以更改关系任意一侧的表或查询，或任意一侧的字段。还可以设置联接类型、实施参照完整性，或选择级联选项。

实施了参照完整性之后，以下规则将适用：

① 如果值在主表的主键字段中不存在，则不能在相关表的外键字段中输入该值，否则会创建孤立记录。

② 如果某条记录在相关表中有匹配记录，则不能从主表中删除它。例如，如果在“图书”表中有编号为“100001”的图书记录，则不能从“借阅”表中删除该图书的记录。但通过选中“级联删除相关记录”复选框后可以选择在一次操作中删除主记录及所有相关记录。

③ 如果更改主表中的主键值会创建孤立记录，则不能执行此操作。例如，如果在“图书”表中修改了图书的编号，则不能自动更改“借阅”表中该图书的编号。但通过选中“级联更新相关字段”复选框后可以选择在一次操作中更新主记录及所有相关记录。

(3) 删除表关系。

要对“图书借阅管理”数据库已建立的关系进行删除时，具体的操作步骤如下：

① 在“打开”对话框中，选择并打开“图书借阅管理”数据库。

② 选择“数据库工具”选项卡中的“显示/隐藏”选项组内的“关系”选项。此时将显示“关系”窗口。而后选择“设计”选项卡中的“关系”选项组内的“所有关系”选项。将显示具有关系的所有表，同时显示关系线。

③ 单击要删除的关系的关系线。选中关系线时，它会显示得较粗，按 Delete 键。或单击右键，然后在快捷菜单中选择“删除”命令即可。

Access 会显示消息框“确实要从数据库中永久删除选中的关系吗?”。如果出现此确认消息，请单击“是”按钮即可。

4. 实验作业

(1) 建立“图书借阅管理”数据库中各表之间的关系。

(2) 编辑“图书借阅管理”数据库中各表之间的关系。

(3) 删除“图书借阅管理”数据库中各表之间的关系。

第12章　查　　询

实验一　创建选择查询

实验重点

使用简单查询向导创建查询、使用查询设计视图创建查询、条件查询的创建、使用查找重复项查询向导创建相关查询、使用查找不匹配项查询向导创建相关查询、运行查询的方法、修改查询的方法。

实验难点

使用查询设计视图创建查询、条件查询的创建、使用查找重复项查询向导创建相关查询、使用查找不匹配项查询向导创建相关查询。

1. 实验目的

(1) 掌握使用简单查询向导创建查询。

(2) 掌握使用查询设计视图创建查询。

(3) 掌握条件查询的创建。

(4) 掌握使用查找重复项查询向导创建相关查询。

(5) 掌握使用查找不匹配项查询向导创建相关查询。

(6) 掌握运行查询的方法。

(7) 掌握修改查询的方法。

2. 实验要求及内容

(1) 利用简单查询向导创建单表查询和多表查询。

(2) 利用查询设计视图创建单表查询和多表查询。

(3) 使用查询设计视图创建基于一个或多个表的条件查询。

(4) 利用“查找重复项查询向导”在表中查找内容相同的记录。

(5) 利用“查找不匹配项查询向导”在两个表或查询中查找不相匹配的记录。

(6) 利用多种方法运行已建立的查询。

(7) 利用查询“设计”视图编辑已建立的查询。

3. 实验方法及步骤

1) 实验方法

利用“创建”选项卡中的“查询”选项组内的“查询向导”选项和“查询设计”选项、“设计”选项卡中的“结果”选项组内的“视图”选项和“运行”选项、“设计”选项卡中的“显示/隐藏”选项组内的“∑汇总”选项来完成实验内容。

2) 实验步骤

【操作要求】

(1) 分别使用查询向导创建查询和设计视图创建查询两种方法实现单表查询。查询图书的基本信息，并显示图书的名称、作者和出版社。

（2）分别使用查询向导创建查询和设计视图创建查询两种方法实现多表查询。查询读者的借书情况，并显示姓名、书名和到期时间。

（3）使用查询设计视图创建条件查询。

- 单表条件查询。查询单价在 35 元以上的图书名称、出版社并显示价格。
- 多表条件查询。查询在库图书的情况，显示在库图书的名称和出版日期。
- 数据统计。统计各类别图书的总数。

（4）查找重复项。查询出版时间相同的所有图书的基本信息，并显示图书的名称、作者、出版社和出版时间。

（5）查找不匹配项。查询没有借阅图书的同学的基本信息，并显示姓名和单位。

（6）利用多种方法运行已创建完成的查询。

（7）修改查询的方法。

- 重命名查询字段。
- 对查询的结果进行排序。

【操作步骤】

（1）分别使用查询向导创建查询和设计视图创建查询两种方法实现单表查询。查询图书的基本信息，并显示图书的名称、作者和出版社。

使用查询向导创建查询，查询图书的基本信息，并显示图书的名称、作者和出版社，具体的操作步骤如下：

① 打开“图书借阅管理”数据库，并在数据库窗口中选择“创建”选项卡中的“查询”选项组。

② 单击“查询”选项组中的“查询向导”选项，弹出“新建查询”对话框，如图 12-1 所示，在“新建查询”对话框中选择“简单查询向导”选项，然后单击“确定”按钮，打开“简单查询向导”对话框，如图 12-2 所示。

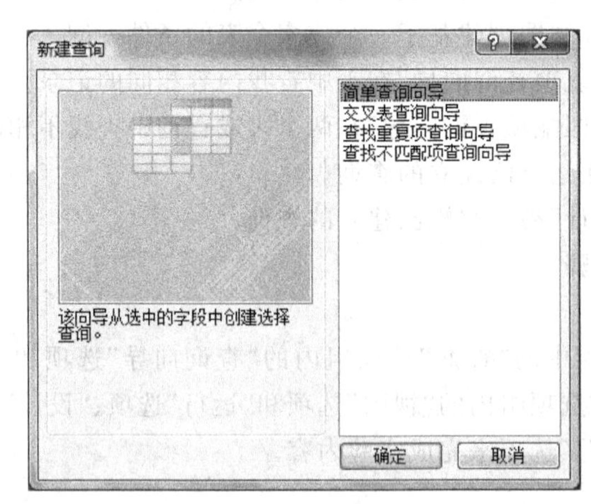

图 12-1 “新建查询”对话框

③ 在如图 12-2 所示的界面中，单击“表/查询”下拉列表框右侧的下拉按钮，选择“表：图书”选项，然后在“可用字段”列表框中分别双击“书名”、“作者”和“出版社”等字段，或选定字段后，单击“>”按钮，将它们添加到“选定字段”列表框中，如图 12-3 所示。

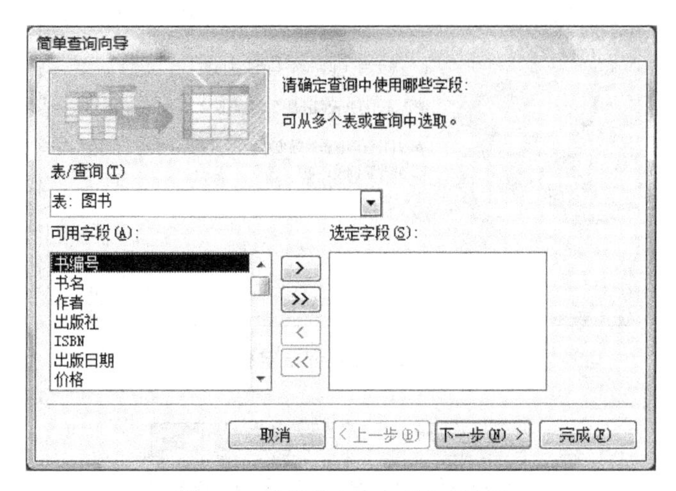

图 12-2 “简单查询向导”对话框

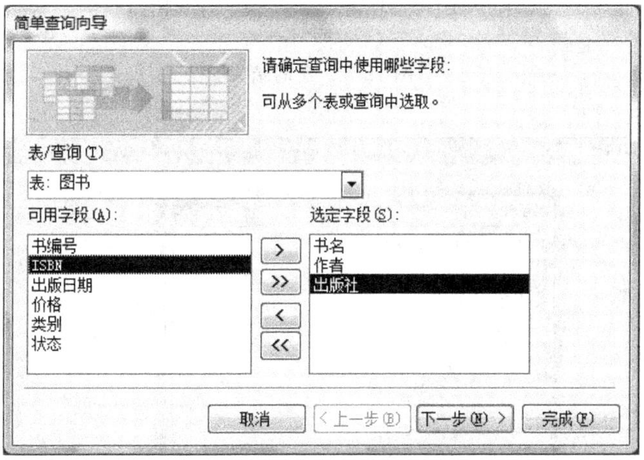

图 12-3 选择查询的可用字段

④ 在选择了所需字段以后，单击“下一步”按钮，则弹出如图 12-4 所示对话框。在文本框内输入查询名称“图书基本信息查询”，单击“打开查询查看信息”选项按钮，最后单击“完成”按钮。这时，系统开始建立查询，并将查询结果显示在屏幕上，如图 12-5 所示。

使用设计视图创建查询，查询图书的基本信息，并显示图书的名称、作者和出版社，具体的操作步骤如下：

① 打开“图书借阅管理”数据库，并在数据库窗口中选择“创建”选项卡中的“查询”选项组，单击“查询”选项组中的“查询设计”选项，同时弹出“显示表”对话框和“选择查询”设计视图窗口，如图 12-6 所示。

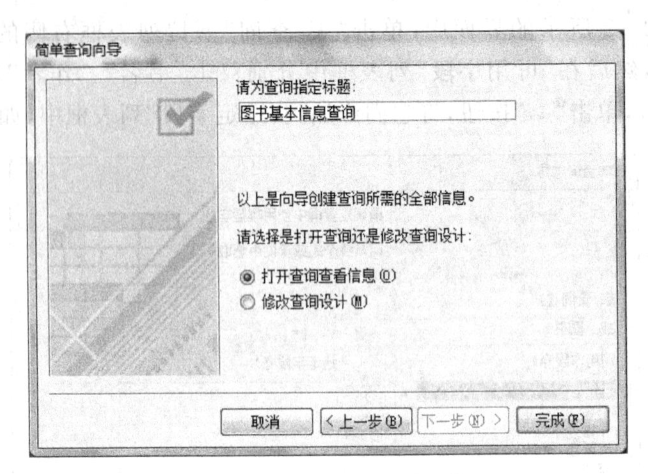

图 12-4　为查询指定标题

图书基本信息查询

书名	作者	出版社
VB程序设计	刘瑞	高等教育出版社
VB程序设计	刘瑞	高等教育出版社
英语写作	李新	机械工业出版社
艺术设计教程	王思齐	电子工业出版社
C语言程序设计	吴天泽	高等教育出版社
*		

图 12-5　查询结果

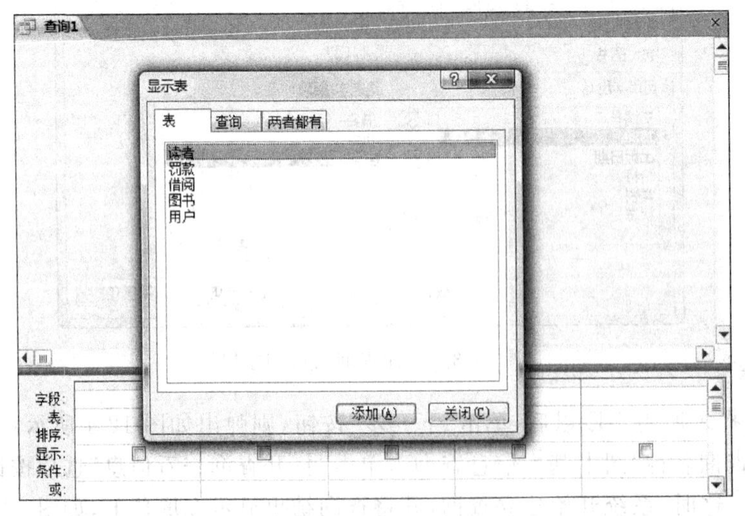

图 12-6　“显示表”对话框和“选择查询”设计视图窗口

② 在“显示表”对话框中，单击“表”选项卡，然后双击“图书”，这时“图书”表添加到查询“设计”视图上半部分的窗格中。单击“关闭”按钮，关闭“显示表”对话框，结果如图 12-7 所示。

③ 双击“图书”表中的“书名”、“作者”和“出版社”等字段，或者将字段直接拖拽到字段行上，如图 12-8 所示。

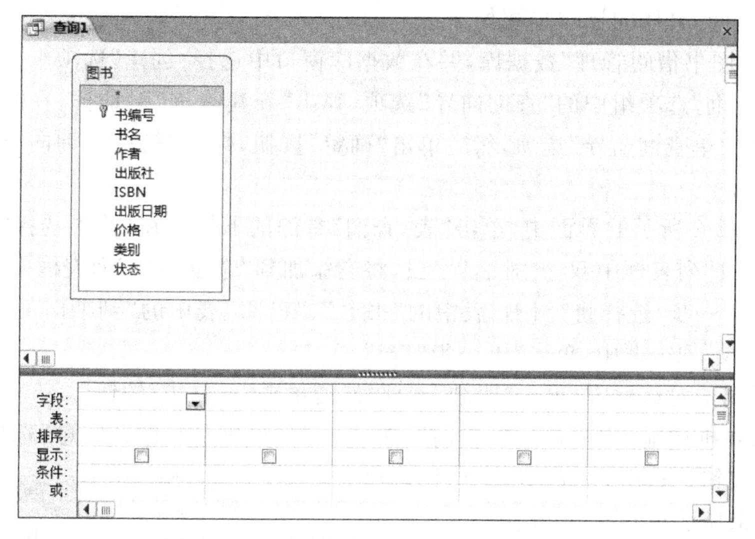

图 12-7　查询“设计”视图上半部分的窗口

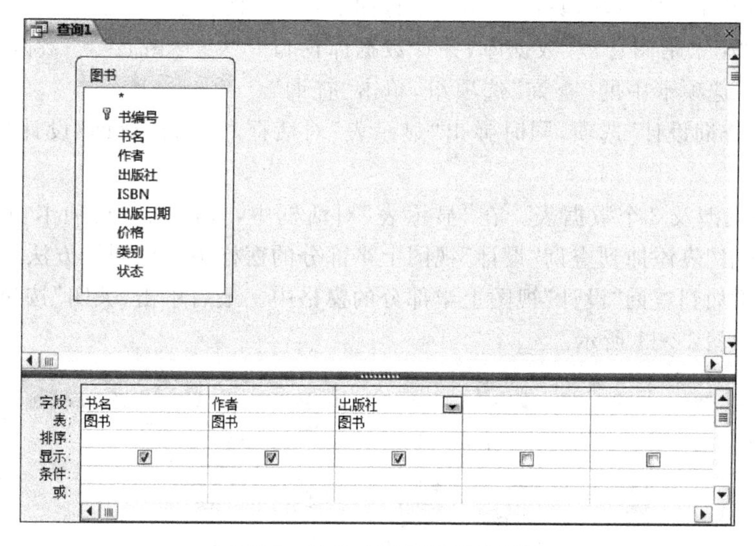

图 12-8　选择查询所使用的字段

④ 单击工具栏上的“保存”按钮，出现“另存为”对话框，在“查询名称”文本框中输入“图书基本信息查询 1”，然后单击“确定”按钮。

⑤ 单击“设计”选项卡中的“结果”选项组内的“视图”选项或“运行”选项，切换到数据表视图，如图 12-9 所示，这时可以看到“图书基本信息查询 1”的执行结果，与如图 12-5 所示内容一致。

（2）分别使用查询向导创建查询和设计视图创建查询两种方法实现多表查询。查询读者的借书情况，并显示姓名、书名和到期时间。

图 12-9　“结果”选项组

使用查询向导创建查询，查询读者的借书情况，并显示姓名、书名和到期时间，具体的操作步骤如下：

① 打开“图书借阅管理”数据库，并在数据库窗口中选择“创建”选项卡中的“查询”选项组，单击“查询”选项组中的“查询向导”选项，弹出“新建查询”对话框，在“新建查询”对话框中选择“简单查询向导”选项，然后单击“确定”按钮，打开“简单查询向导”对话框，参见图 12-2 所示。

② 在图 12-2 所示的界面中，单击“表/查询”右侧的下拉按钮，从中选择“读者”表，然后在“可用字段”列表框中双击“姓名”字段，将它添加到“选定字段”列表框中。

③ 重复上一步，选择将“图书”表中的“书名”、“借阅”表中的“到期时间”可用字段添加到“选定字段”列表框中，单击“下一步”按钮。

④ 在弹出的对话框中，单击“明细”选项，然后单击“下一步”按钮。

⑤ 在文本框中输入“读者借书查询”，然后单击“打开查询查看信息”选项按钮，最后单击“完成”按钮。这时，Access 2010 开始建立查询，并将查询结果显示在屏幕上，如图 12-10 所示。

读者借书查询

姓名	书名	到期时间
王强	VB程序设计	2009/4/1
王强	英语写作	2010/3/1
李立	艺术设计教程	2009/4/2
*		

图 12-10　查询结果

使用设计视图创建查询，查询读者的借书情况，并显示姓名、书名和到期时间，具体的操作步骤如下：

① 打开“图书借阅管理”数据库，并在数据库窗口中选择“创建”选项卡中的“查询”选项组，单击“查询”选项组中的“查询设计”选项，同时弹出“显示表”对话框和“选择查询”设计视图窗口，如图 12-6 所示。

② 该查询涉及 3 个数据表。在“显示表”对话框中，单击“表”选项卡，然后双击“图书”，这时“图书”表添加到查询“设计”视图上半部分的窗格中。以同样方法将“读者”表和“借阅”表也添加到查询“设计”视图上半部分的窗格中。最后单击“关闭”按钮，关闭“显示表”对话框，如图 12-11 所示。

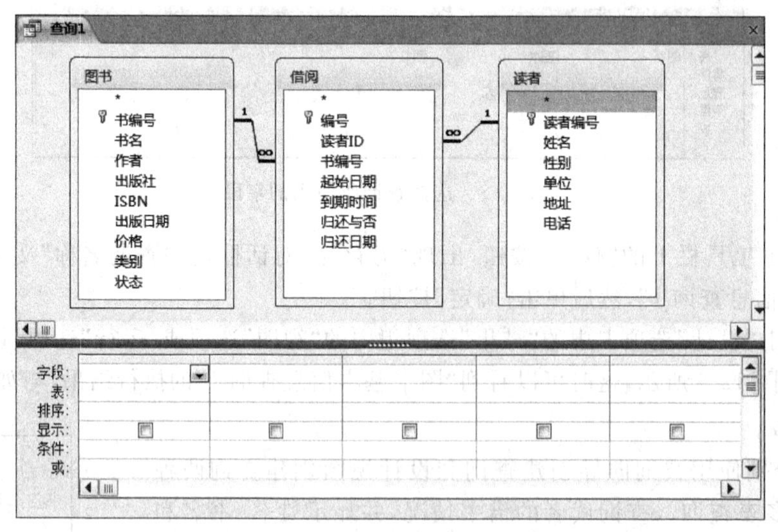

图 12-11　查询“设计”视图上半部分的窗口

③ 双击“读者”表中的“姓名”字段，也可以将字段直接拖到字段行。这时在查询设计视图下半部分窗格的“字段”行显示了字段的名称“姓名”，“表”行显示了该字段对应的表名称“读者”表。

④ 重复上一步，将“图书”表中的“书名”字段和“借阅”表中的“到期时间”字段添加到设计网格的“字段”行上，如图 12-12 所示。

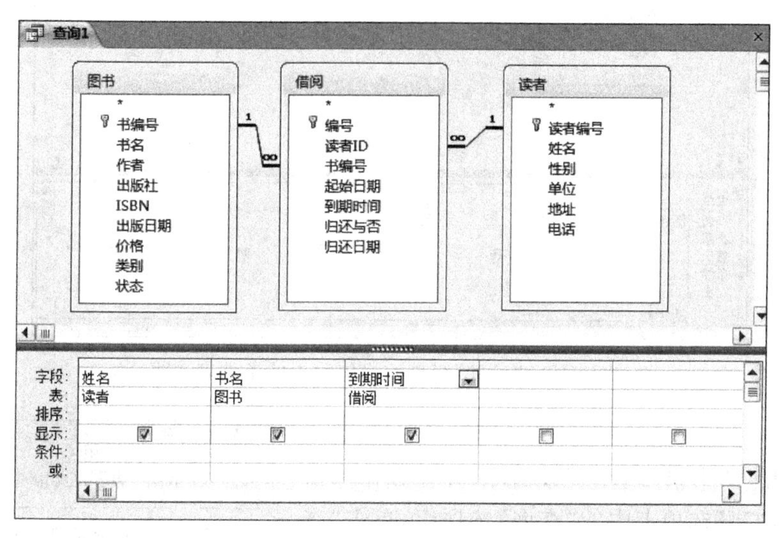

图 12-12　设计网格的“字段”行

⑤ 单击工具栏上的“保存”按钮，出现“另存为”对话框。在“查询名称”文本框中输入“读者借书查询 1”，然后单击“确定”按钮。

⑥ 单击“设计”选项卡中的“结果”选项组内的“视图”选项或“运行”选项，切换到数据表视图，这时可以看到“读者借书查询 1”的执行结果，与如图 12-10 所示内容一致。

(3) 使用查询设计视图创建条件查询。

单表条件查询。查询单价在 35 元以上的图书名称、出版社并显示价格，具体的操作步骤如下：

① 打开“图书借阅管理”数据库，并在数据库窗口中选择“创建”选项卡中的“查询”选项组，单击“查询”选项组中的“查询设计”选项，同时弹出“显示表”对话框和“选择查询”设计视图窗口，在“显示表”对话框中，单击“表”选项卡，然后双击“图书”，这时“图书”表添加到查询“设计”视图上半部分的窗格中。

② 将“图书”表中的“书名”、“出版社”、和“价格”字段添加到查询设计视图下半部分窗格的“字段”行上，在“价格”字段列的“条件”行单元格中，输入条件表达式“>35”，如图 12-13 所示。

③ 单击工具栏上的“保存”按钮，在“查询名称”文本框中输入“书价条件查询”，单击“确定”按钮。

④ 单击“设计”选项卡中的“结果”选项组内的“视图”选项或“运行”选项，切换到“数据表”视图。“书价条件查询”的结果如图 12-14 所示。

多表条件查询。查询在库图书的情况，显示在库图书的书名和出版日期，具体的操作

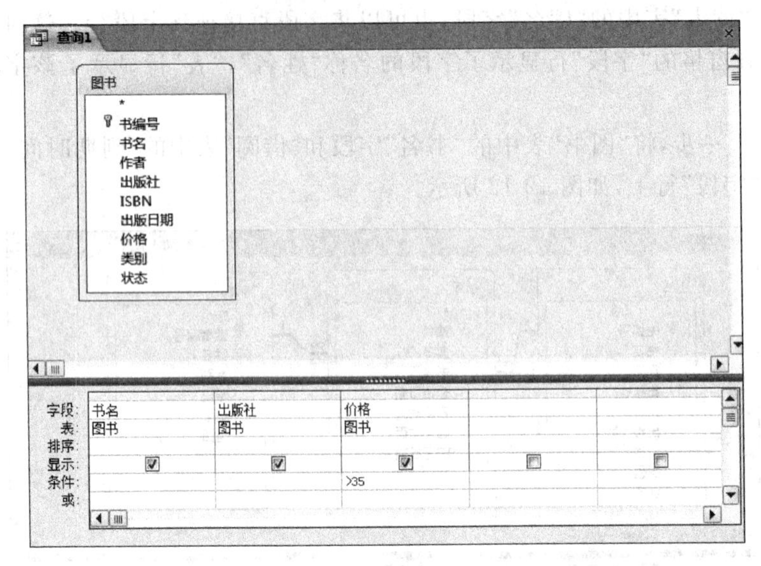

图 12-13 “条件”行单元格中输入的条件表达式

书价条件查询

书名	出版社	价格
艺术设计教程	电子工业出版社	45.00

图 12-14 “书价条件查询”的结果

步骤如下：

① 打开“图书借阅管理”数据库，并在数据库窗口中选择“创建”选项卡中的“查询”选项组，单击“查询”选项组中的“查询设计”选项，同时弹出“显示表”对话框和“选择查询”设计视图窗口，在“显示表”对话框中，单击“表”选项卡，然后双击“图书”和“借阅”，这时“图书”表和“借阅”表添加到查询“设计”视图上半部分的窗格中。

② 将“图书”表中的“书名”和“出版日期”字段以及“借阅”表中的“归还与否”字段添加到查询设计视图下半部分窗格的“字段”行。将“归还与否”字段显示行的勾去掉，不显示。在“归还与否”字段列的“条件”行单元格中输入条件表达式 True，如图 12-15 所示。

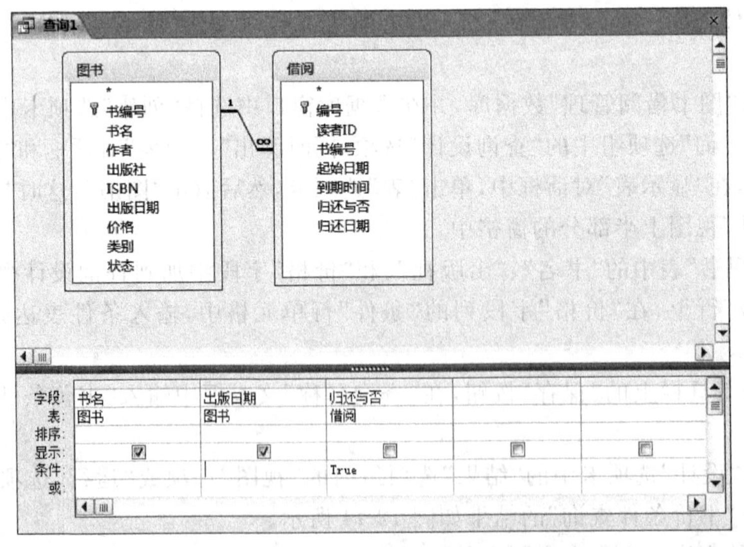

图 12-15 “归还与否”字段列的“条件”行设置

③ 单击工具栏上的“保存”按钮，在“查询名称”文本框中输入“在库图书查询”，然后单击“确定”按钮。

④ 单击“设计”选项卡中的“结果”选项组内的“视图”选项或“运行”选项，切换到“数据表”视图。“在库图书查询”的结果如图 12-16 所示。

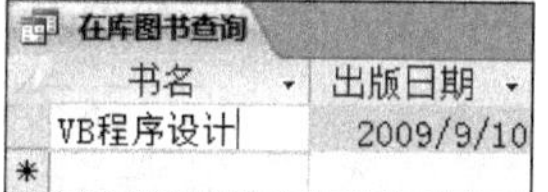

书名	出版日期
VB程序设计	2009/9/10

图 12-16 “在库图书查询”的结果

数据统计。统计各类别图书的总数，具体的操作步骤如下：

① 打开“图书借阅管理”数据库，并在数据库窗口中选择“创建”选项卡中的“查询”选项组，单击“查询”选项组中的“查询设计”选项，同时弹出“显示表”对话框和“选择查询”设计视图窗口，在“显示表”对话框中，单击“表”选项卡，然后双击“图书”选项，这时“图书”表添加到查询“设计”视图上半部分的窗格中。

② 将“图书”表中的“类别”字段和“书名”字段添加到查询设计网格的“字段”行。为了显示字段的合理性，将“书名”更名为“图书总数”，如图 12-17 所示。

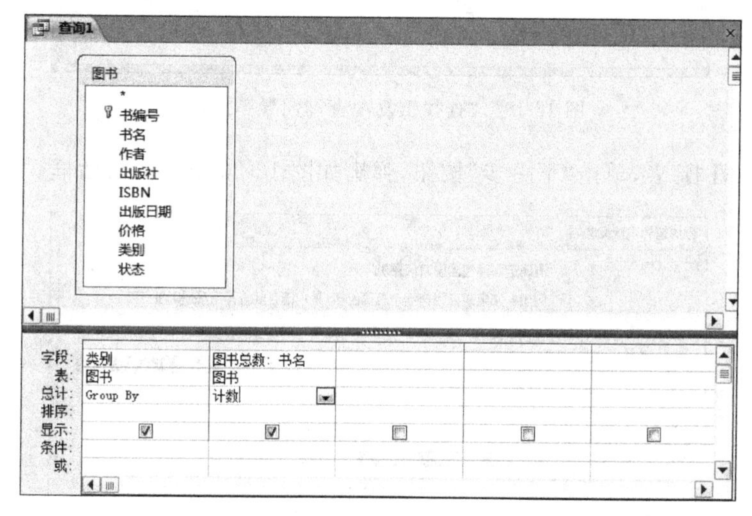

图 12-17 “总计”行单元格的设置

③ 单击“设计”选项卡中的“显示/隐藏”选项组内的“∑汇总”选项，在“总计”行上自动将所有字段的“总计”行单元格设置成“分组”。单击“书名”字段的“总计”行单元格，单击右边的下拉按钮，从下拉列表框中选择“计数”函数，如图 12-17 所示。

④ 单击工具栏上的“保存”按钮，在“查询名称”文本框中输入“各类图书总数查询”，然后单击“确定”按钮。

⑤ 单击“设计”选项卡中的“结果”选项组内的“视图”选项或“运行”选项，切换到“数据表”视图。这时即可看到“各类图书总数查询”的结果，如图 12-18 所示。

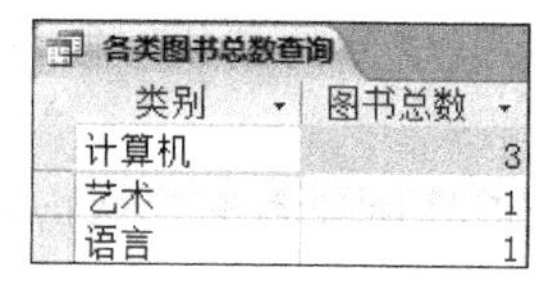

类别	图书总数
计算机	3
艺术	1
语言	1

图 12-18 “各类图书总数查询”的结果

(4) 查找重复项。查询出版时间相同的所有图书的基本信息，并显示图书的名称、作者、出版社和出版时间。

① 在数据库窗口中，选择“创建”选项卡中的“查询”选

项组。

② 单击“查询”选项组中的“查询向导”选项，打开“新建查询”对话框。

③ 在“新建查询”对话框中选择“查找重复项查询向导”，单击“确定”按钮，打开“查找重复项查询向导”对话框，如图 12-19 所示。

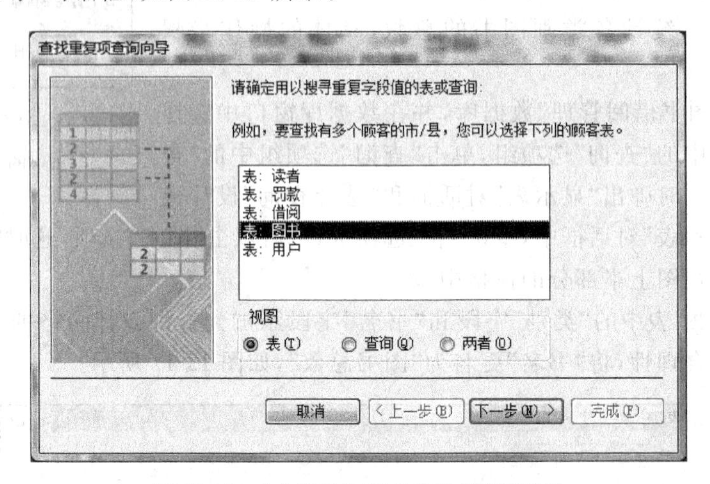

图 12-19 “查找重复项查询向导”对话框

④ 选择“图书”表，单击“下一步”按钮，弹出如图 12-20 所示的对话框。

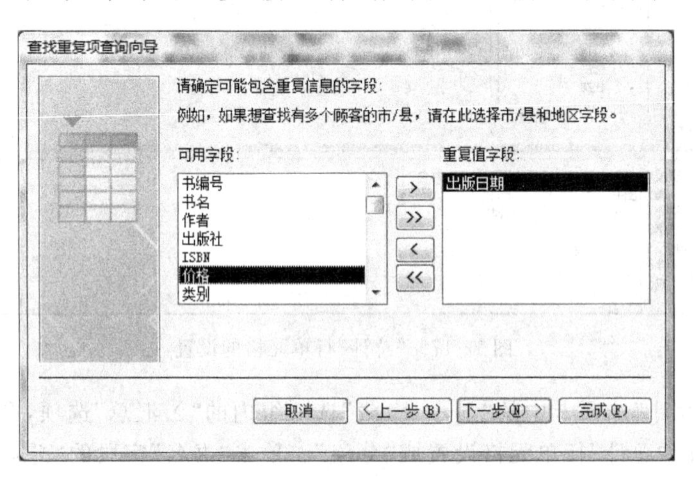

图 12-20 选择包含重复值的字段

⑤ 在“可用字段”列表框中选择包含重复值的一个或多个字段，这里选择“出版日期”，单击“下一步”按钮，弹出如图 12-21 所示的对话框。

⑥ 在“另外的查询字段”列表中选择查询中要显示的除重复字段以外的其他字段，这里选择“书名”、“作者”和“出版社”，然后单击“下一步”按钮。

⑦ 在弹出对话框的“请指定查询的名称”文本框中输入“查找重复项的查询”，然后单击“确定”按钮，查询结果如图 12-22 所示。

(5) 查找不匹配项。查询没有借阅图书的同学的基本信息，并显示姓名和单位。

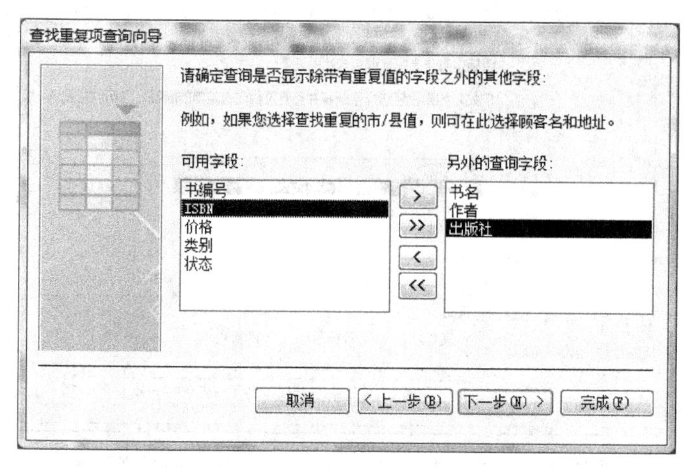

图 12-21　选择查询中要显示的除重复字段以外的其他字段

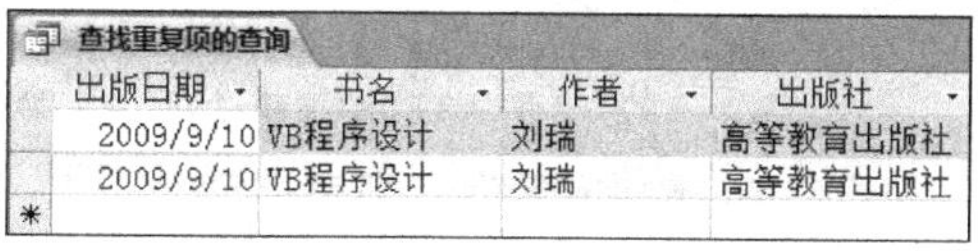

查找重复项的查询

出版日期	书名	作者	出版社
2009/9/10	VB程序设计	刘瑞	高等教育出版社
2009/9/10	VB程序设计	刘瑞	高等教育出版社
*			

图 12-22　“查找重复项的查询”的结果

① 在数据库窗口中，选择“创建”选项卡中的“查询”选项组。

② 单击“查询”选项组中的“查询向导”选项，打开“新建查询”对话框。

③ 在“新建查询”对话框中选择“查找不匹配项查询向导”，然后单击“确定”按钮，打开“查找不匹配项查询向导”对话框，弹出如图 12-23 所示的对话框。

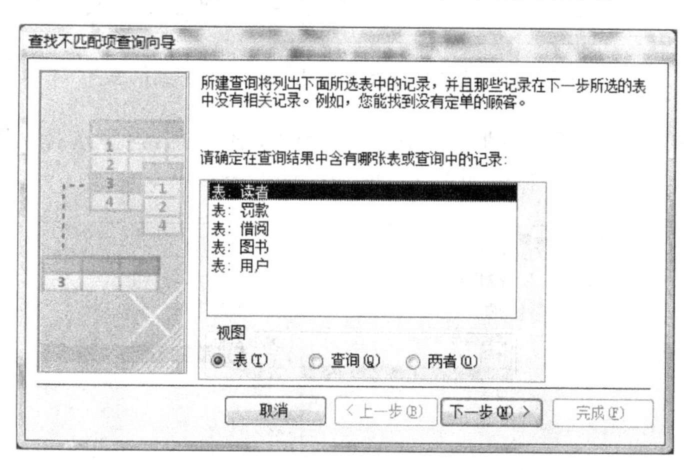

图 12-23　“查找不匹配项查询向导”对话框

④ 选择“读者”表，单击“下一步”按钮，弹出如图 12-24 所示的对话框。

⑤ 选择与“读者”表中的记录不匹配的“借阅”表，单击“下一步”按钮，弹出如图 12-25 所示的对话框。

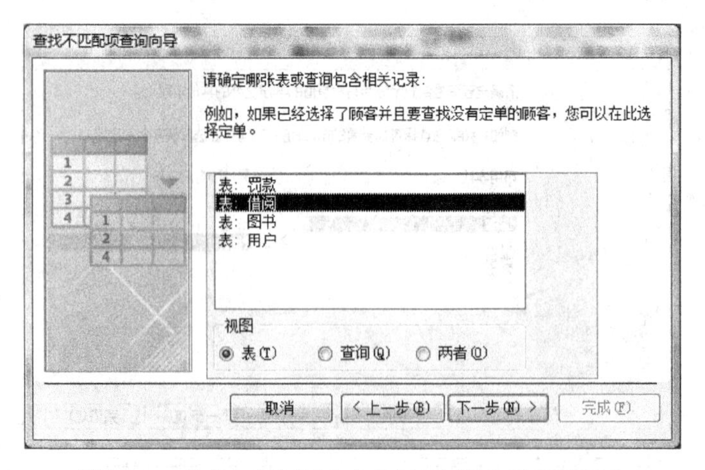

图 12-24　选择与“读者”表中的记录不匹配的“借阅”表

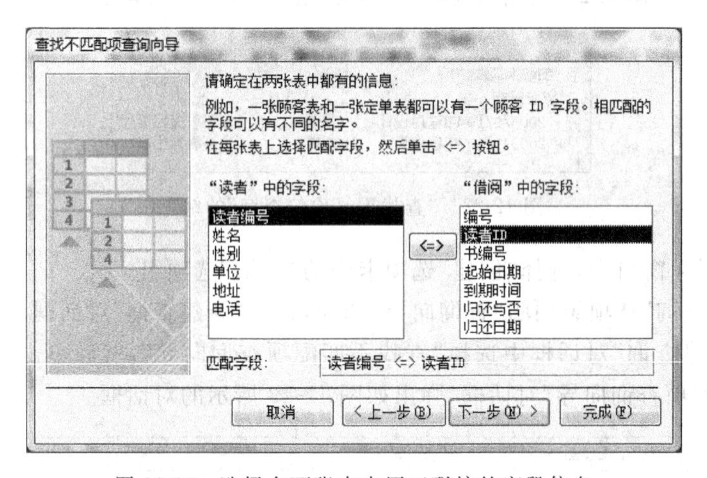

图 12-25　选择在两张表中用于联接的字段信息

⑥ 在字段列表中选择在两张表中用于联接的字段信息，这里选择“读者编号”和“读者 ID”，单击“下一步”按钮，弹出如图 12-26 所示的对话框。

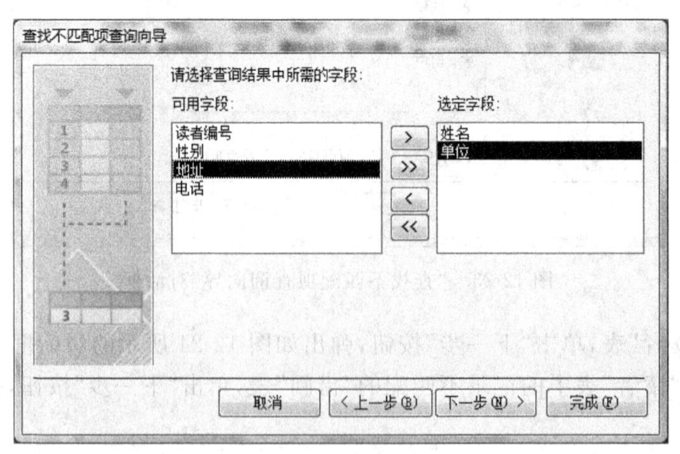

图 12-26　选择查询结果中要显示的字段

⑦ 选择查询结果中要显示的字段，这里选择“姓名”和“单位”，单击“下一步”按钮。

⑧ 输入查询的名称“查找不匹配项查询”，单击“完成”按钮，查询结果如图 12-27 所示。

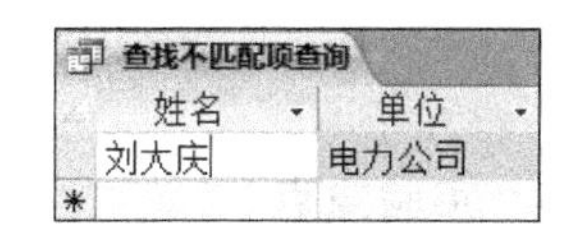

图 12-27 查找不匹配项查询的结果

(6) 利用多种方法运行创建完成的查询。

运行查询的方法有以下几种方式：

① 在数据库窗口“所有 Access 对象导航窗格”中，双击“查询”对象栏中要运行的查询。

② 在数据库窗口“所有 Access 对象导航窗格”中，右击“查询”对象栏中要运行的查询，在快捷菜单中单击“打开”命令。

③ 在查询的“设计”视图中，单击“设计”选项卡中的“结果”选项组内的“执行”选项。

④ 在查询的“设计”视图中，单击“设计”选项卡中的“结果”选项组内的“视图”选项中的“数据表视图”即可。

(7) 修改查询的方法。

重命名查询字段。将光标移动到设计网格中需要重命名的字段左边，输入新名后再输入英文冒号(:)，参见图 12-17 所示，在查询结果中，“书名”一列的字段名称改为“图书总数”。

对查询的结果进行排序。若要对查询的结果进行排序，具体的操作步骤如下：

① 在查询“设计”视图中打开该查询。

② 在对多个字段进行排序时，首先在设计网格上安排要执行排序时的字段顺序。Access 首先按最左边的字段进行排序，当排序字段出现等值情况时，再对其右边的字段进行排序，以此类推。

③ 在要排序的每个字段的“排序”单元格中，单击所需的选项即可。

4. 实验作业

(1) 分别使用查询向导创建查询和设计视图创建查询两种方法实现单表查询。查询读者的基本信息，并显示读者的姓名、性别和单位。

(2) 分别使用查询向导创建查询和设计视图创建查询两种方法实现多表查询。查询图书的在库情况，并显示图书的名称、作者、出版社和归还与否等字段。

(3) 单表条件查询。查询单价在 30 元以下的图书名称、出版社及价格。

(4) 多表条件查询。查询 2005 年 8 月 1 日以后入库的图书情况，并显示图书的名称、出版时间和归还与否等字段。

(5) 数据统计。统计各类别图书的平均价格。

(6) 查找重复项。查询入库时间相同的所有图书的基本信息，并显示图书的名称、作者、出版社和入库时间等字段。

(7) 查找不匹配项。查询没有被借阅过的图书的基本信息，并显示图书的名称、作者和出版社等字段。

(8) 练习使用多种方法运行创建完成的查询。

(9) 练习使用查询设计视图来修改查询。

实验二　创建特殊查询

实验重点

利用统计查询进行数据统计、添加计算字段、创建自定义查询、创建交叉表查询、创建参数查询。

实验难点

添加计算字段、创建交叉表查询、创建参数查询。

1. 实验目的

(1) 掌握使用查询设计视图来创建统计查询并进行数据统计。

(2) 掌握使用查询设计视图来完成添加计算字段。

(3) 掌握自定义查询的创建。

(4) 掌握交叉表查询的创建。

(5) 掌握参数查询的创建。

2. 实验要求及内容

(1) 利用查询设计视图来创建统计查询。

(2) 利用查询设计视图来完成添加计算字段。

(3) 使用查询设计视图创建自定义查询。

(4) 利用“交叉表查询向导”创建交叉表查询。

(5) 利用查询设计视图来创建参数查询。

3. 实验方法及步骤

1) 实验方法

利用“创建”选项卡中的“查询”选项组内的“查询向导”选项和“查询设计”选项、“设计”选项卡中的“显示/隐藏”选项组内的“∑汇总”选项、“设计”选项卡中的“结果”选项组内的“视图”选项和“运行”选项来完成实验内容。

2) 实验步骤

【操作要求】

(1) 利用查询设计视图来创建统计查询,统计读者人数。

(2) 利用查询设计视图来完成添加计算字段,给“图书”表添加总金额字段。

(3) 使用查询设计视图创建自定义查询,计算图书的平均借阅天数。

(4) 交叉表查询。建立如图 12-28 所示的交叉表查询。

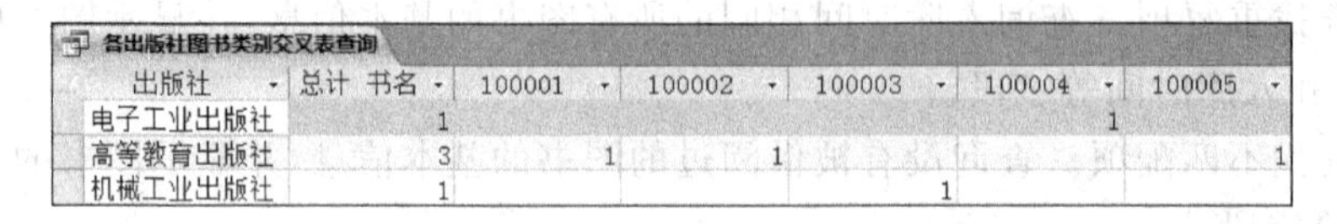

各出版社图书类别交叉表查询

出版社	总计 书名	100001	100002	100003	100004	100005
电子工业出版社	1				1	
高等教育出版社	3	1	1			1
机械工业出版社	1			1		

图 12-28　交叉表查询结果

(5) 参数查询。根据所输入的图书编号查询相应图书的基本信息,并显示图书的名称、作者和出版社等字段。

【操作步骤】

(1) 利用查询设计视图来创建统计查询，统计读者人数，具体的操作步骤如下：

① 将“读者”表中的“读者编号”字段添加到查询设计网格的“字段”行中。

② 单击“设计”选项卡中的“显示/隐藏”选项组内的“∑汇总”选项，如图 12-29 所示，设计网格中出现“总计”行，并自动将“读者编号”字段的“总计”行单元格设置成“分组”。单击“读者编号”字段的“总计”行单元格，这时它右边将显示一个下拉按钮，单击该按钮，从下拉列表框中选择“计数”函数，如图 12-30 所示。

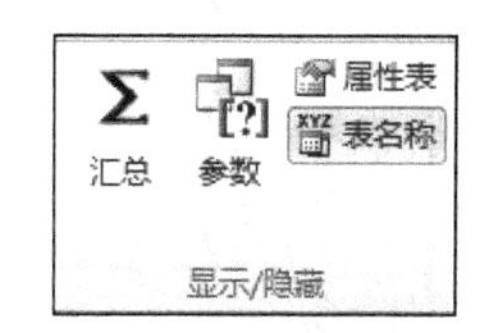

图 12-29 “显示/隐藏”选项组

③ 单击“保存”按钮，在“查询名称”对话框中输入“统计读者人数查询”，然后单击“确定”按钮即可。

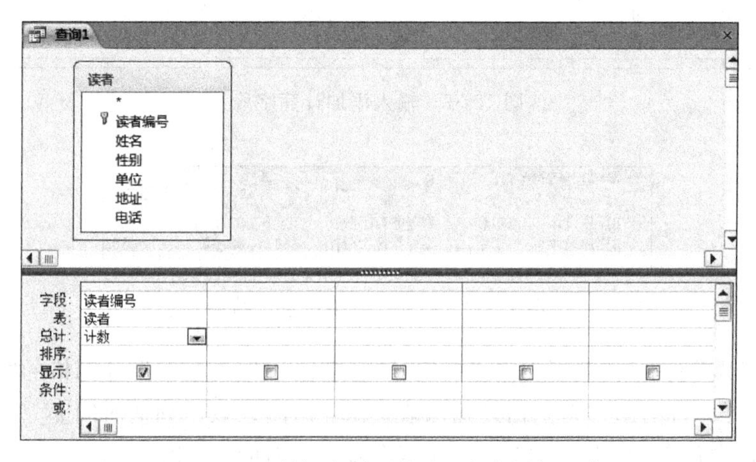

图 12-30 “总计”行单元格中选择“计算”函数

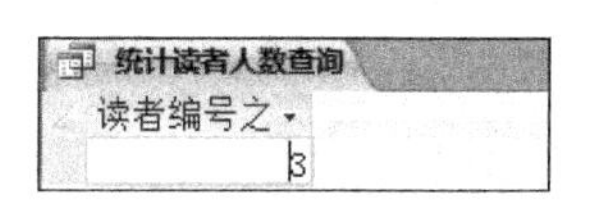

图 12-31 读者人数统计结果

④ 切换到数据表视图，读者人数统计结果如图 12-31 所示。

(2) 利用查询设计视图来完成添加计算字段，给“图书”表添加总金额字段，具体的操作步骤如下：

① 将“图书”表中的“书名”、“作者”、“出版社”、“数量”、“价格”等字段，添加到查询设计网格的“字段”行(若图书表中没有“数量”字段，则可事先在表中添加该字段后来完成以下操作)。

② 在“字段”行的第一个空白列输入表达式：总金额:[数量]×[价格]，在“书名”字段的条件行选择输入“VB 程序设计”，如图 12-32 所示。

其中：“总金额”为标题，“:”为标题与公式的分隔符(注意，必须输入英文模式下的冒号)，“[数量]×[价格]”为计算公式。

③ 单击工具栏上的“保存”按钮，在“查询名称”文本框中输入“图书总金额查询”，然后单击“确定”按钮即可，运行后的查询结果如图 12-33 所示。

(3) 使用查询设计视图创建自定义查询，计算图书的平均借阅天数，具体的操作步骤如下：

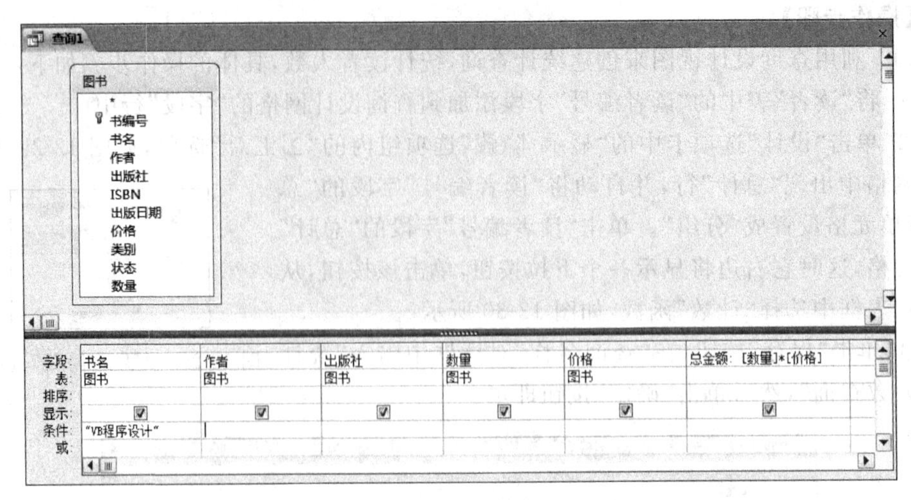

图 12-32　输入添加计算字段

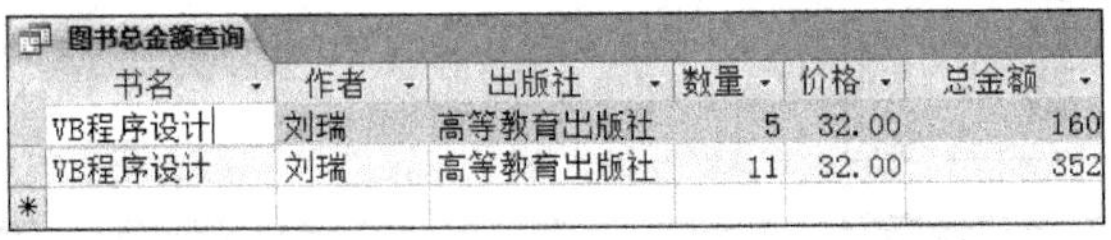

图书总金额查询

书名	作者	出版社	数量	价格	总金额
VB程序设计	刘瑞	高等教育出版社	5	32.00	160
VB程序设计	刘瑞	高等教育出版社	11	32.00	352

图 12-33　添加计算字段查询结果

① 将“借阅”表中的“读者 ID”、“书编号”等字段添加到查询设计网格的“字段”行。

② 在“字段”行的第一个空白列输入表达式：借阅天数:[到期时间]-[起始日期]。

③ 单击“设计”选项卡中的“显示/隐藏”选项组内的“∑汇总”选项，在“总计”行选择“分组”；在新添加的“借阅天数”字段的“总计”行选择“平均值”，该查询设计如图 12-34 所示。

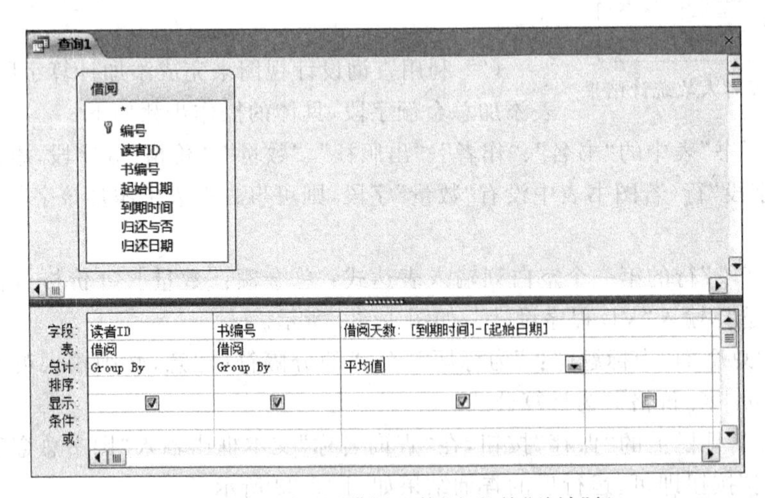

图 12-34　添加的“借阅天数”字段的“总计”行

④ 单击工具栏上的“保存”按钮，在“查询名称”文本框中输入“统计平均借阅天数查

询”，然后单击“确定”按钮即可，查询结果如图 12-35 所示。

(4) 交叉表查询。建立如图 12-28 所示的交叉表查询。

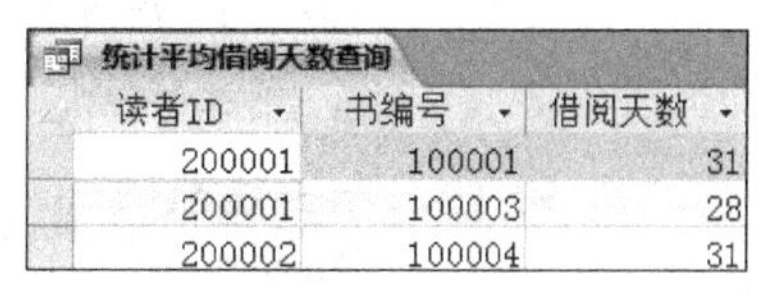

统计平均借阅天数查询

读者ID	书编号	借阅天数
200001	100001	31
200001	100003	28
200002	100004	31

图 12-35　查询结果

从如图 12-28 所示的交叉表可以看出，在其左侧显示了出版社名称，上面显示了各类别图书总数及图书编号，行、列交叉处显示了各图书编号的书在各出版社中的数量。由于该查询只涉及“图书”表，所以，可以直接将其作为数据源。具体的操作步骤如下：

① 选择数据库窗口中的“创建”选项卡内的“查询”选项组，然后单击“查询向导”选项，这时屏幕上显示“新建查询”对话框。

② 在“新建查询”对话框中，选择“交叉表查询向导”，这时屏幕上显示“交叉表查询向导”对话框，此时选择“图书”表，如图 12-36 所示，然后单击“下一步”按钮。

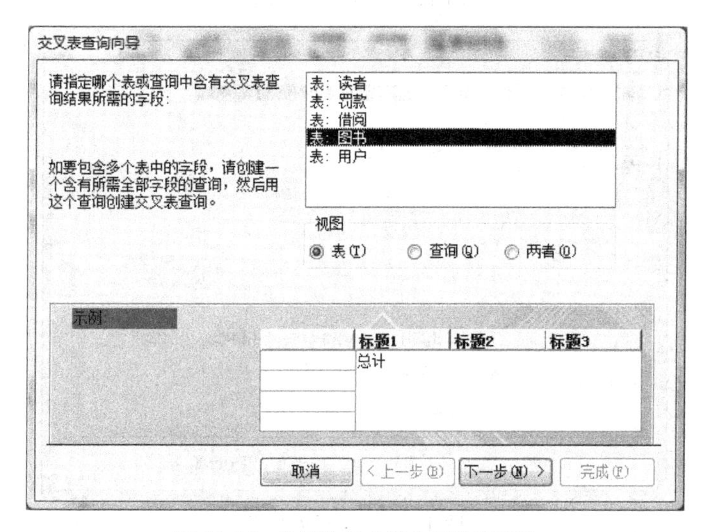

图 12-36　“交叉表查询向导”对话框

③ 选择作为行标题的字段。行标题最多可选择 3 个字段。为了在交叉表的每一行前面显示出版社名称，双击“可用字段”框中的“出版社”字段，将字段添加到“选定字段”框中，如图 12-37 所示，然后单击“下一步”按钮。

④ 选择作为列标题的字段。列标题只能选择一个字段。为了在交叉表的每一列上面显示图书编号情况，单击“书编号”字段，如图 12-38 所示，然后单击“下一步”按钮。

⑤ 确定行、列交叉处显示内容的字段。为了让交叉表统计每个出版社的图书类别个数，单击字段框中的“书名”字段，然后在“函数”框中选择 Count 函数。若要在交叉表的每行前面显示总计数，还应选中“是，包括各行小计”复选框，如图 12-39 所示，最后单击“下一步”按钮。

⑥ 在弹出对话框的“请指定查询的名称”文本框中输入所需的查询名称“各出版社图书类别交叉表查询”，然后单击“查看查询”选项按钮，再单击“完成”按钮。查询结果如图 12-28 所示。

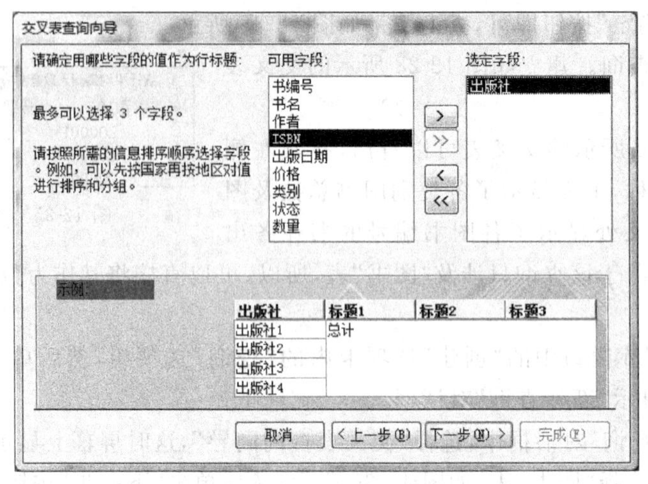

图 12-37　选择行标题

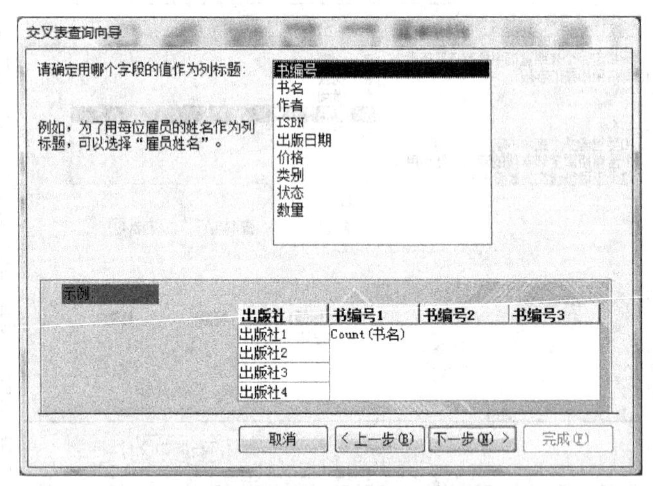

图 12-38　选择列标题

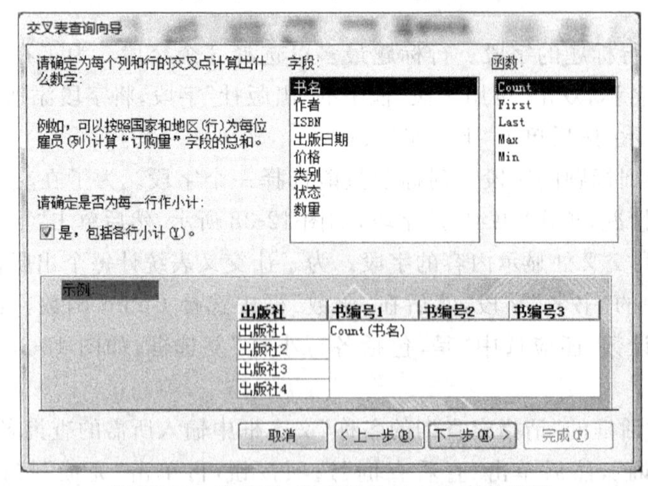

图 12-39　确定行、列交叉处显示内容的字段

(5) 参数查询。根据所输入的图书编号查询相应图书的基本信息，并显示图书的名称、作者和出版社等字段，具体的操作步骤如下：

① 打开“图书借阅管理”数据库，并在数据库窗口中选择“创建”选项卡中的“查询”选项组，单击“查询”选项组中的“查询设计”选项，同时弹出“显示表”对话框和“选择查询”设计视图窗口，在“显示表”对话框中，单击“表”选项卡，然后双击“图书”选项，这时“图书”表添加到查询“设计”视图上半部分的窗格中。

② 将“图书”表中要显示的“书编号”、“书名”、“作者”和“出版社”等字段添加到查询设计网格的“字段”行。

③ 在“书编号”字段的“条件”行单元格中，输入带方括号的文本[请输入图书编号：]作为提示信息，如图 12-40 所示。

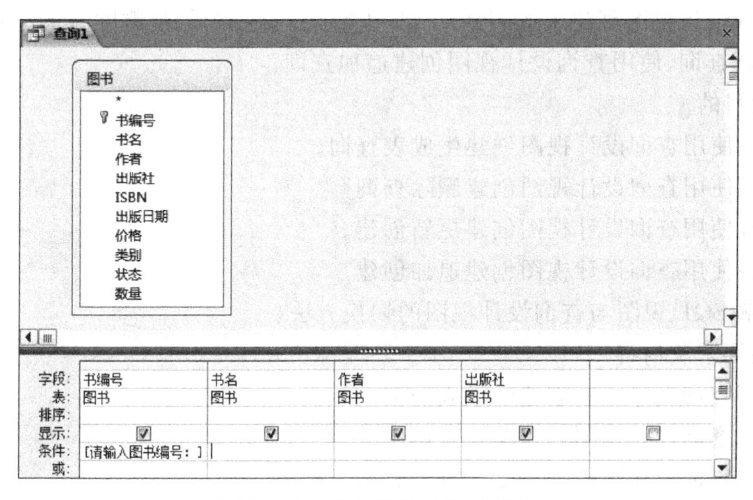

图 12-40 输入参数查询的条件

④ 单击“保存”按钮，在“查询名称”文本框中输入“参数查询”，然后单击“确定”按钮。

⑤ 单击“设计”选项卡中的“结果”选项组内的“运行”选项，弹出参数查询对话框。输入查询参数“100001”，如图 12-41 所示。

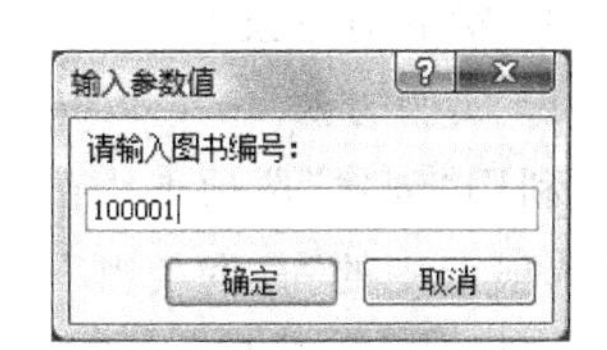

图 12-41 “输入参数值”对话框

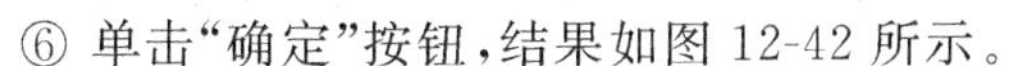

⑥ 单击“确定”按钮，结果如图 12-42 所示。

4. 实验作业

(1) 自行设计利用查询设计视图来创建统计查询。

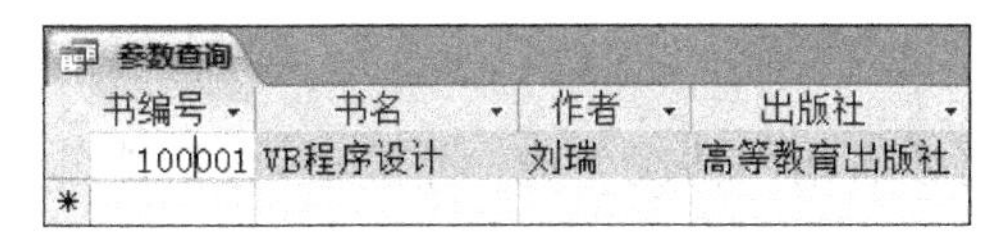

书编号	书名	作者	出版社
100001	VB程序设计	刘瑞	高等教育出版社

图 12-42 “参数查询”结果

(2) 自行设计利用查询设计视图来完成添加计算字段。

(3) 自行设计使用查询设计视图创建自定义查询。

(4) 建立交叉表查询：以单位为行标题，作者为列标题，行、列交叉处为图书编号进行计数。

（5）参数查询：根据所输入的书目编号查询相应图书的基本信息，并显示图书的名称、作者和出版社等字段。

实验三　创建操作查询

实验重点

使用查询设计视图创建生成表查询、使用查询设计视图创建删除查询、使用查询设计视图创建更新查询、使用查询设计视图创建追加查询、SQL 视图的切换方法。

实验难点

使用查询设计视图创建生成表查询、使用查询设计视图创建删除查询、使用查询设计视图创建更新查询、使用查询设计视图创建追加查询。

1．实验目的

（1）掌握使用查询设计视图创建生成表查询。

（2）掌握使用查询设计视图创建删除查询。

（3）掌握使用查询设计视图创建更新创建。

（4）掌握使用查询设计视图创建追加创建。

（5）了解 SQL 视图与查询设计视图的切换方法。

2．实验要求及内容

（1）利用查询设计视图创建生成表查询。

（2）利用查询设计视图创建删除查询。

（3）使用查询设计视图创建更新查询。

（4）使用查询设计视图创建追加查询。

（5）利用“视图”选项使 SQL 视图与查询设计视图之间进行切换。

3．实验方法及步骤

1）实验方法

利用“创建”选项卡中的“查询”选项组内的“查询向导”选项和“查询设计”选项；“设计”选项卡中的“查询类型”选项组内的“生成表”选项、“追加”选项、“更新”选项和“删除”选项、“设计”选项卡中的“结果”选项组内的“视图”选项和“运行”选项、“所有 Access 对象导航窗格”中的“查询”对象栏来完成实验内容。

2）实验步骤

【操作要求】

（1）生成表查询。将读者借书情况生成一个新表，包括姓名、性别、读者 ID 和书名等字段。

（2）删除查询。删除读者借书生成表中的书名为“VB 程序设计”记录。

（3）更新查询。将所有图书的价格下调 10％。

（4）追加查询。建立记录为“200004，李三风，男，遥感与测绘学院，安定门外外馆斜街，13561237866”的“新读者”表，并将其追加到“读者”表中。

(5) SQL 视图切换。将上述追加查询切换到 SQL 视图下观察。

【操作步骤】

(1) 生成表查询。将读者借书情况生成一个新表，包括姓名、性别、读者 ID 和书名等字段。

① 打开“图书借阅管理”数据库，并在数据库窗口中选择“创建”选项卡中的“查询”选项组，单击“查询”选项组中的“查询设计”选项，同时弹出“显示表”对话框和“选择查询”设计视图窗口。

② 在“显示表”对话框中，单击“表”选项卡，然后双击“图书”、“读者”和“借阅”，这时“图书”表、“读者”表和“借阅”表添加到查询“设计”视图上半部分的窗格中。最后，单击“关闭”按钮，关闭“显示表”对话框。

③ 将“读者”表中的“性别”字段和“姓名”字段、“图书”表中的“书名”字段、“借阅”表中的“读者 ID”字段添加到设计网格的“字段”行。

④ 然后选择“设计”选项卡中的“查询类型”选项组，单击“生成表”选项。如图 12-43 所示，这时屏幕上显示“生成表”对话框。

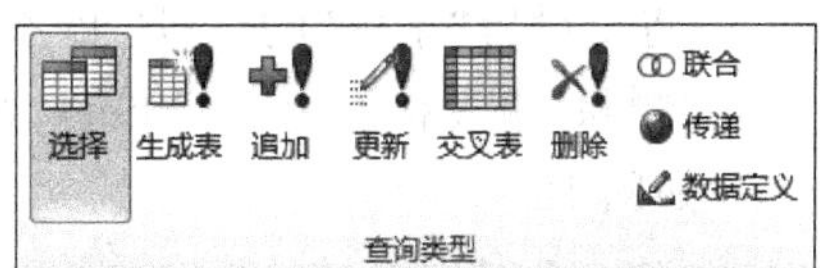

图 12-43 “查询类型”选项组

⑤ 在“表名称”文本框中输入要创建的新表名称“读者借书生成表”，然后单击“当前数据库”选项，把新表放入当前打开的“图书借阅管理”数据库中，如图 12-44 所示，然后单击“确定”按钮。

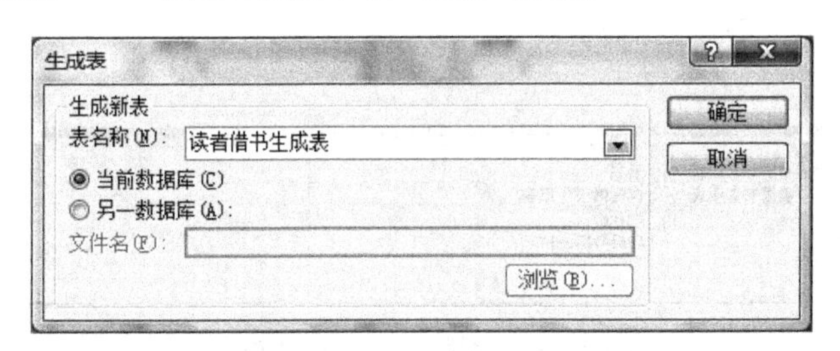

图 12-44 “生成表”对话框

⑥ 在“设计”视图中，单击“设计”选项卡中的“结果”选项组内的“运行”选项，弹出如图 12-45 所示的提示框；在该提示框中单击“是”按钮。

⑦ 单击“是”按钮，Access 2010 开始新建“读者借书生成表”。单击工具栏上的“保存”按钮，在查询名称文本框中输入“读者借书生成表查询”，然后单击“确定”按钮，保存所建的查询。生成的新表如图 12-46 所示。

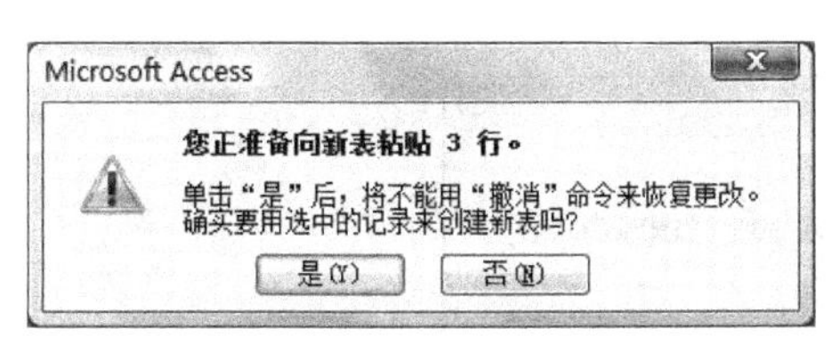

图 12-45 生成表提示框

读者借书生成表

姓名	性别	书名	读者ID
王强	男	VB程序设计	200001
王强	男	英语写作	200001
李立	女	艺术设计教程	200002
*			

图 12-46 生成表查询结果

（2）删除查询。删除读者借书生成表中的书名为“VB程序设计”记录，具体的操作步骤如下：

① 打开“图书借阅管理”数据库，并在数据库窗口中选择“创建”选项卡中的“查询”选项组，单击“查询”选项组中的“查询设计”选项，同时弹出“显示表”对话框和“选择查询”设计视图窗口；在“显示表”对话框中，单击“表”选项卡，然后双击“读者借书生成表”，这时“读者借书生成表”表添加到查询“设计”视图上半部分的窗格中。而后单击“关闭”按钮，关闭“显示表”对话框。

② 然后选择“设计”选项卡中的“查询类型”选项组，单击“删除”选项，这时在查询设计网格中显示一个“删除”行。

③ 把“读者借书生成表”表的字段列表中的“ * ”号拖动到查询设计网格的“字段”行单元格中，系统将其“删除”单元格设定为From，表明要对哪一个表进行删除操作。

④ 将要设置“条件”的字段“书名”字段拖动到查询设计网格的“字段”行单元格中，系统将其“删除”单元格设定为Where，在“书名”的“条件”行单元格中输入表达式“VB程序设计”，如图12-47所示。

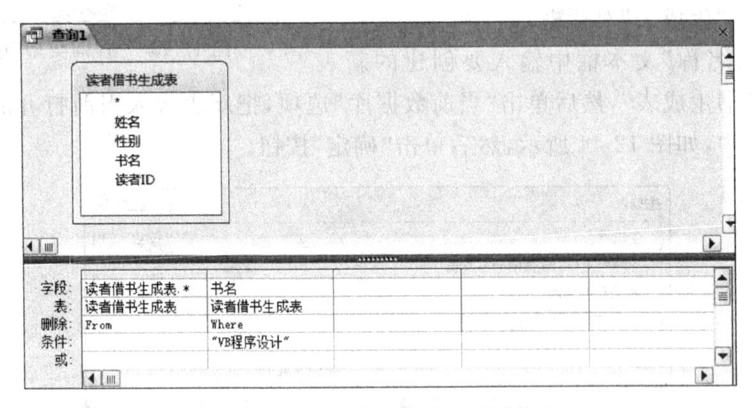

图12-47 删除查询的设计视图

⑤ 单击“设计”选项卡中的“结果”选项组内的“视图”选项，选择“数据表”视图选项，预览“删除查询”检索到的一组记录。如果预览到的一组记录不是要删除的记录，则可以再次单击“设计”选项卡中的“结果”选项组内的“视图”选项，选择“设计视图”选项，返回到“设计”视图，对查询进行修改，直到满意为止。

⑥ 在“设计”视图中，单击“设计”选项卡中的“结果”选项组内的“运行”选项，弹出如图12-48所示的提示框。

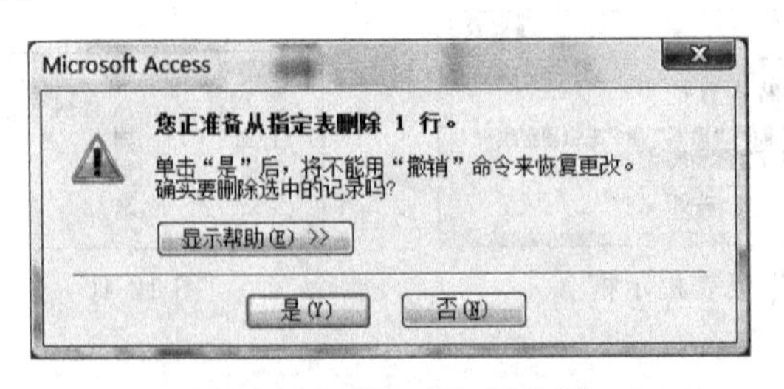

图12-48 删除查询提示框

⑦ 在该提示框中单击“是”按钮，Access 2010 开始删除属于同一组的所有记录。当单击“表”对象，然后再双击“读者借书生成表”表时，可以看到所有书名为“VB 程序设计”的记录已被删除，共删除了 1 条记录，结果如图 12-49 所示。

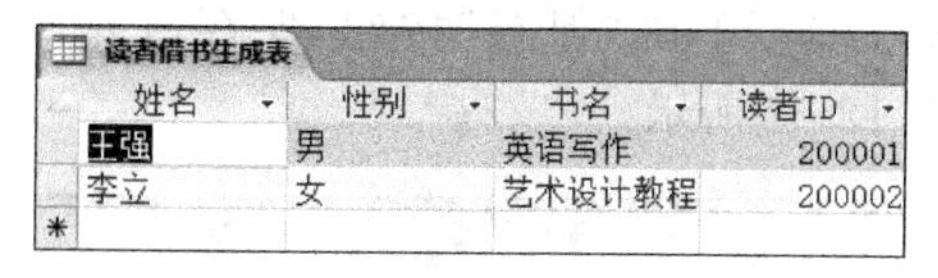

读者借书生成表

姓名	性别	书名	读者ID
王强	男	英语写作	200001
李立	女	艺术设计教程	200002

图 12-49　删除查询结果

(3) 更新查询。将所有图书的价格下调 10%。

① 打开“图书借阅管理”数据库，并在数据库窗口中选择“创建”选项卡中的“查询”选项组，单击“查询”选项组中的“查询设计”选项，同时弹出“显示表”对话框和“选择查询”设计视图窗口；在“显示表”对话框中，单击“表”选项卡，双击“图书”表后，单击“关闭”按钮，关闭“显示表”对话框。将“图书”表中的全部字段添加到查询设计网格的“字段”行。

② 然后选择“设计”选项卡中的“查询类型”选项组，单击“更新”选项，这时在查询设计网格中显示一个“更新到”行。

③ 在“价格”字段的“更新到”行单元格中输入改变字段数值的表达式：[价格] * 0.9，注意，字段名一定要加方括号[]，如图 12-50 所示。

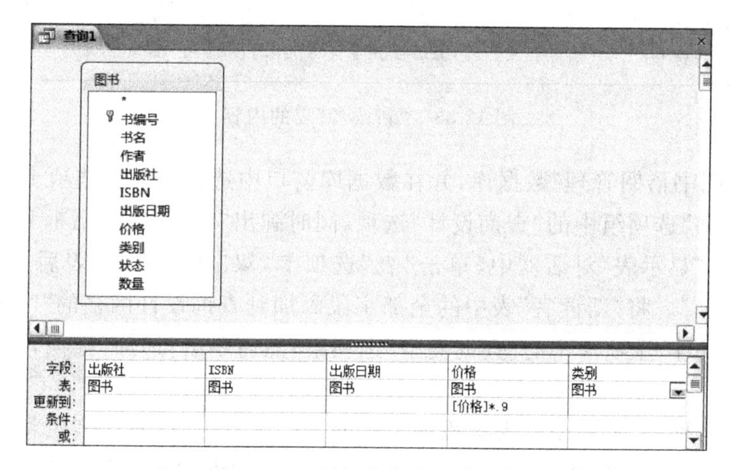

图 12-50　更新查询的设计视图

④ 单击“设计”选项卡中的“结果”选项组内的“视图”选项，选择“数据表视图”选项，能够预览到要更新的一组记录。再次单击“设计”选项卡中的“结果”选项组内的“视图”选项，选择“设计视图”选项，返回到“设计”视图，对查询进行修改。

⑤ 在“设计”视图中，单击“设计”选项卡中的“结果”选项组内的“运行”选项，弹出如图 12-51 所示的提示框。

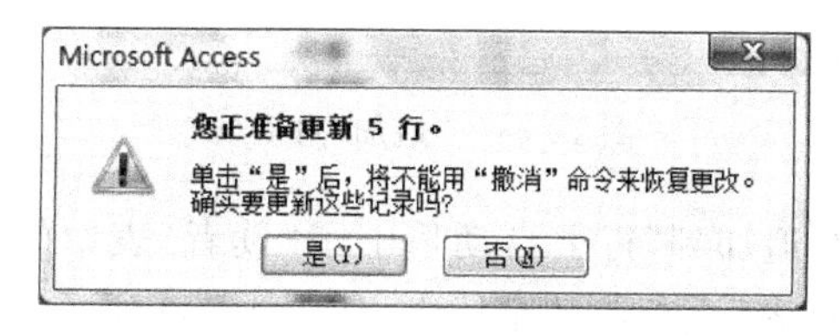

图 12-51　更新查询提示框

⑥ 在该提示框中单击“是”按钮，Access 2010 开始更新属于同一组的所有记录。单击工具栏上的“保存”按钮，保存所建的查询。再打开“图书”表时，价格已降 10%，如图 12-52 所示。

图书

书编号	书名	作者	出版社	ISBN	出版日期	价格	类别	状态	数量	单击以添加
100001	VB程序设计	刘瑞	高等教育出版社	978-7-115-19295-4	2009/9/10	28.80	计算机	Yes	5	
100002	VB程序设计	刘瑞	高等教育出版社	978-7-115-19295-4	2009/9/10	28.80	计算机	Yes	11	
100003	英语写作	李新	机械工业出版社	978-3-101-10234-9	2006/7/1	20.70	语言	No	12	
100004	艺术设计教程	王思齐	电子工业出版社	978-2-176-23145-3	2005/9/1	40.50	艺术	No	8	
100005	C语言程序设计	吴天泽	高等教育出版社	978-7-125-19395-6	2012/9/10	31.50	计算机	Yes	9	

图 12-52　更新查询结果

(4) 追加查询。建立记录为“200004，李三风，男，遥感与测绘学院，安定门外外馆斜街，13561237866”的“新读者”表，并将其追加到“读者”表中。

① 利用第 11 章的知识建立“新读者”表，其字段名称、数据类型、字段属性等内容与“读者”表完全相同，建好的表如图 12-53 所示(建议采用复制的方法来快速建立“新读者”表，仅需复制“读者”表的结构，而后输入相关数据即可)。

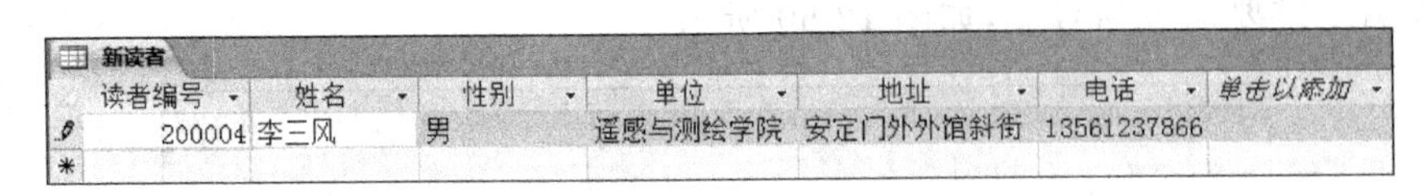

新读者

读者编号	姓名	性别	单位	地址	电话	单击以添加
200004	李三风	男	遥感与测绘学院	安定门外外馆斜街	13561237866	

图 12-53　“新读者”表的内容

② 打开“图书借阅管理”数据库，并在数据库窗口中选择“创建”选项卡中的“查询”选项组，单击“查询”选项组中的“查询设计”选项，同时弹出“显示表”对话框和“选择查询”设计视图窗口；在“显示表”对话框中，单击“表”选项卡，双击“新读者”表后，单击“关闭”按钮，关闭“显示表”。将“新读者”表中的全部字段添加到查询设计网格的“字段”行。

③ 选择“设计”选项卡中的“查询类型”选项组，然后单击“追加”选项，屏幕上显示“追加”对话框。

④ 在“表名称”文本框中输入被添加记录的表的名称为“读者”，表示将查询的记录追加到“读者”表中，然后选中“当前数据库”选项按钮，如图 12-54 所示，单击“确定”按钮。在查询设计网格中显示一个“追加到”行。

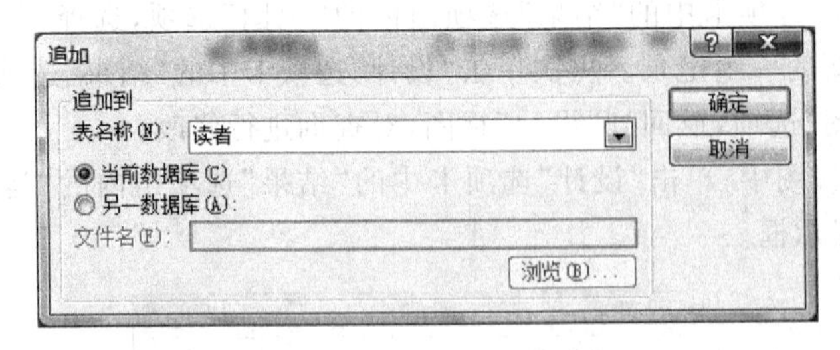

图 12-54　“追加”对话框

⑤ 在“设计网格”的“追加到”行上自动填上了“读者”表中的相应字段，以便将“新读者”表中的信息追加到“读者”表相应的字段上，如图 12-55 所示。

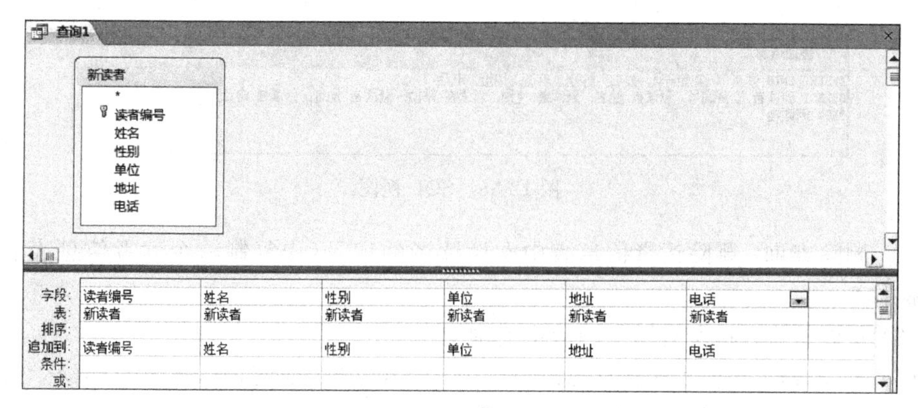

图 12-55　追加查询的设计视图

⑥ 在“设计”视图中，单击“设计”选项卡中的“结果”选项组内的“运行”选项，弹出如图 12-56 所示的提示框。

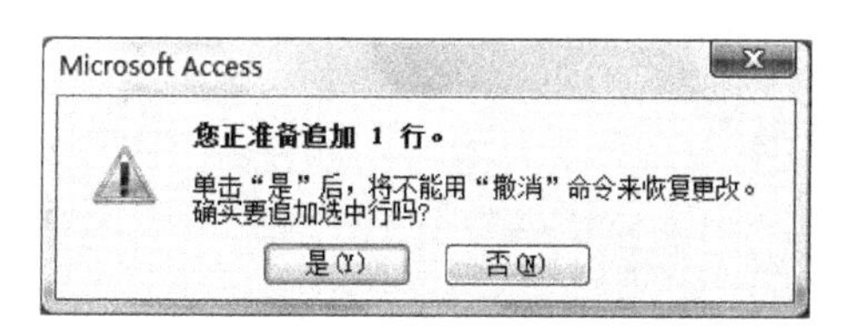

图 12-56　追加查询提示框

⑦ 在该提示框中单击“是”按钮，Access 2010 开始将符合条件的一组记录追加到指定的表中。单击工具栏上的“保存”按钮，以“追加查询”为名保存所建的查询，结果如图 12-57 所示。

读者

读者编号	姓名	性别	单位	地址	电话	单击以添加
200001	王强	男	税务局	朝内大街3号	81234567	
200002	李立	女	第一小学	通州区新华大	13123456789	
200003	刘大庆	男	电力公司	海淀区新城小	62345678	
200004	李三风	男	遥感与测绘学	安定门外外馆	13561237866	

图 12-57　追加查询结果

(5) SQL 视图切换。将上述追加查询切换到 SQL 视图下观察。

① 在数据库窗口“所有 Access 对象导航窗格”中的“查询”对象栏内找到“追加查询”后右击，在弹出的快捷菜单中选择“设计视图”命令。屏幕上显示该查询的设计视图参见图 12-55 所示。

② 将鼠标移动到工具栏最左面的“视图”选项按钮右边的下拉按钮上，单击鼠标左键，在弹出的下拉菜单中选中“SQL 视图”选项，可以将视图切换到 SQL 状态，如图 12-58 所示。

4. 实验作业

(1) 生成表查询：将图书在库情况生成一个新表，包括“图书条码”、“图书名称”、“作者”和“在库否”等字段。

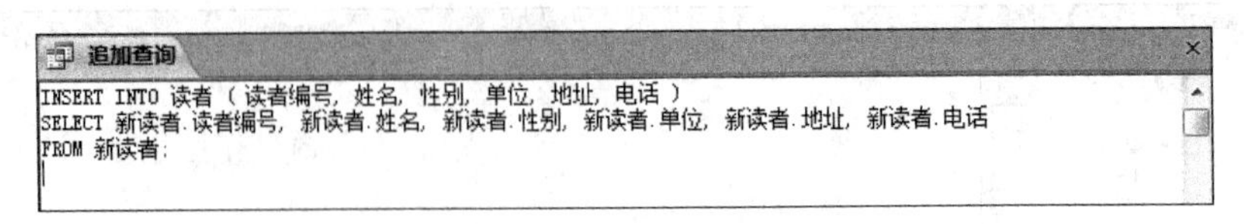

图 12-58　SQL 视图

（2）删除查询：删除读者信息表中女性读者的记录（先复制一个读者信息表后再完成该操作）。

（3）更新查询：将所有图书的价格上调 10%。

（4）追加查询。建立记录为“300004，200632200004，刘丽，女，遥感与测绘学院，否”的“新读者 2”表，并将其追加到“读者信息”表中。

（5）SQL 视图切换：将上述追加查询切换到 SQL 视图下观察。

第 13 章　关系数据库标准语言 SQL

实验一　查询语句的使用

实验重点

针对“图书借阅管理”数据库中各张数据表内的数据，使用 SQL 语言完成对该数据库中数据的各种查询和统计。其中包括单表查询和多表查询。

实验难点

使用 SQL 语言完成对该数据库中数据的多表查询。

1. 实验目的

(1) 掌握查询语句输入窗口的打开方法。

(2) 掌握使用 SQL 语言完成对数据库中数据的单表查询。

(3) 掌握使用 SQL 语言完成对数据库中数据的多表查询。

2. 实验要求及内容

(1) 打开 SQL 视图输入 SQL 语句。

(2) 使用 SQL 语句对“图书借阅管理”数据库中各张数据表进行单表查询。

(3) 使用 SQL 语句对“图书借阅管理”数据库中各张数据表进行多表查询。

3. 实验方法及步骤

1) 实验方法

利用“创建”选项卡中的“查询”选项组内的“查询设计”选项和“设计”选项卡中的“结果”选项组内的“视图”与“运行”选项来完成实验内容。

2) 实验步骤

【操作要求】

(1) 打开 SQL 查询语句输入窗口。

(2) 对“图书借阅管理”数据库中各张数据表进行单表查询。

(3) 在已建立好表间关系的基础上，对“图书借阅管理”数据库中各个数据表进行多表查询。

【操作步骤】

(1) 打开 SQL 查询语句输入窗口。

打开“图书借阅管理”数据库，并在数据库窗口中选择“创建”选项卡中的“查询”选项组，单击“查询”选项组中的“查询设计”选项，同时弹出“显示表”对话框和“选择查询”设计视图窗口。单击“关闭”按钮，关闭“显示表”对话框。在查询窗口中单击鼠标右键，弹出快捷菜单，如图 13-1 所示。选择“SQL 视图”，切换到 SQL 视图，如图 13-2 所示。

SQL 视图(Q)
数据表视图(H)
显示表(T)...
参数(M)...
查询类型(U)
SQL 特定查询(Q)
关系(R)...
属性(P)...
关闭(C)

图 13-1　在快捷菜单中选择“SQL 视图”命令

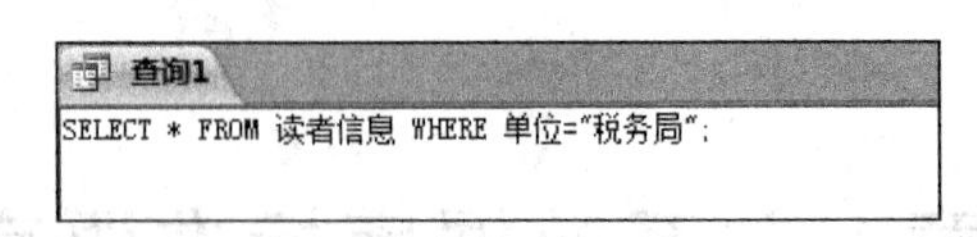

图 13-2　SQL 视图

在 SQL 视图中单击，输入 SQL 语句，然后单击“设计”选项卡中的“结果”选项组内的“运行”选项即可执行相应的语句。

(2) 对“图书借阅管理”数据库中各张数据表进行单表查询。

① 查询所有读者的信息。

在 SQL 视图中输入如下语句并执行：

```
SELECT * FROM 读者;
```

查询结果如图 13-3 所示。

读者编号	姓名	性别	单位	地址	电话
200001	王强	男	税务局	朝内大街3号	81234567
200002	李立	女	第一小学	通州区新华大	13123456789
200003	刘大庆	男	电力公司	海淀区新城小	62345678
200004	李三风	男	遥感与测绘学	安定门外外馆	13561237866

图 13-3　查询结果(1)

② 从读者表中查询男性读者的所有信息。

如 SQL 视图中输入如下语句并执行：

```
SELECT * FROM 读者 WHERE 性别="男";
```

查询结果如图 13-4 所示。

读者编号	姓名	性别	单位	地址	电话
200001	王强	男	税务局	朝内大街3号	81234567
200003	刘大庆	男	电力公司	海淀区新城小	62345678
200004	李三风	男	遥感与测绘学	安定门外外馆	13561237866

图 13-4　查询结果(2)

③ 从借阅表中查询未归还的读者 ID 和书编号。

在 SQL 视图中输入如下语句并执行：

```
SELECT 读者 ID,书编号 FROM 借阅 WHERE not 归还与否;
```

查询结果如图 13-5 所示。

④ 从图书表中统计所有图书的单价之和。

在 SQL 视图中输入如下语句并执行：

```
SELECT SUM(价格)AS 单价之和 FROM 图书;
```

查询结果如图 13-6 所示。

读者ID	书编号
200001	100003
200002	100004
*	

图 13-5　查询结果(3)

单价之和
150.3

图 13-6　查询结果(4)

⑤ 从图书表中统计图书的价格超过 35 元的图书数量。

在 SQL 视图中输入如下语句并执行：

```
SELECT COUNT(*) AS 数量 FROM 图书 WHERE 价格>35;
```

查询结果如图 13-7 所示。

⑥ 从借阅表中统计每位读者的读者 ID 以及借阅图书的数量。

在 SQL 视图中输入如下语句并执行：

```
SELECT 读者 ID,COUNT(*) AS 数量 FROM 借阅 GROUP BY 读者 ID;
```

查询结果如图 13-8 所示。

数量
1

图 13-7　查询结果(5)

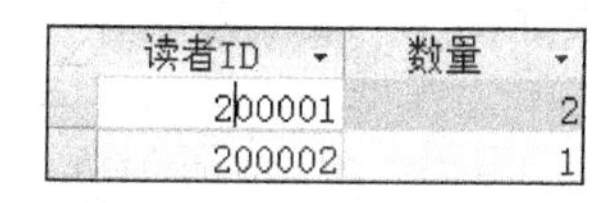

读者ID	数量
200001	2
200002	1

图 13-8　查询结果(6)

⑦ 从图书表中统计图书数量在两本或两本以上的书名及图书的数量。

在 SQL 视图中输入如下语句并执行：

```
SELECT 书名,COUNT(*) AS 图书数量 FROM 图书 GROUP BY 书名 HAVING COUNT(*)>=2;
```

查询结果如图 13-9 所示。

书名	图书数量
VB程序设计	2

图 13-9　查询结果(7)

(2) 在已建立好表间关系的基础上，对“图书借阅管理”数据库中各张数据表进行多表查询。

① 从借阅表和图书表中查询每本书的图书编号、书名、作者、出版社及读者 ID 等信息。

在 SQL 视图中输入如下语句并执行：

```
SELECT 图书.书编号,图书.书名,图书.作者,图书.出版社,借阅.读者 ID FROM 图书,借阅
WHERE 图书.书编号=借阅.书编号;
```

查询结果如图 13-10 所示。

书编号	书名	作者	出版社	读者ID
100001	VB程序设计	刘瑞	高等教育出版社	200001
100003	英语写作	李新	机械工业出版社	200001
100004	艺术设计教程	王思齐	电子工业出版社	200002

图 13-10　查询结果(8)

② 从借阅表和读者表中查询借阅图书的读者编号、姓名和单位，要求重复的信息只列一个。

在 SQL 视图中输入如下语句并执行：

```
SELECT DISTINCT 读者.读者编号,姓名,单位 FROM 读者 INNER JOIN 借阅 ON 读者.读者编号=
借阅.读者 ID;
```

查询结果如图 13-11 所示。

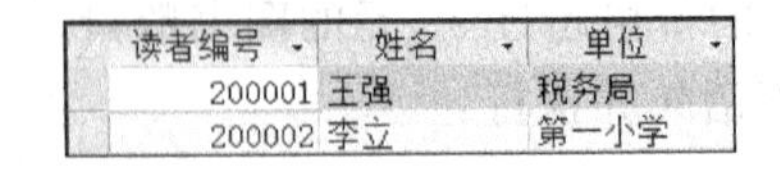

读者编号	姓名	单位
200001	王强	税务局
200002	李立	第一小学

图 13-11　查询结果(9)

③ 查询出每位读者的读者 ID、姓名、单位以及所借图书的图书编号和书名。
在 SQL 视图中输入如下语句并执行：

```
SELECT 图书.书编号, 图书.书名, 借阅.读者 ID, 读者.姓名, 读者.单位 FROM 读者 INNER
JOIN (图书 INNER JOIN 借阅 ON 图书.书编号=借阅.书编号) ON 读者.读者编号=借阅.读
者 ID;
```

查询结果如图 13-12 所示。

书编号	书名	读者ID	姓名	单位
100001	VB程序设计	200001	王强	税务局
100003	英语写作	200001	王强	税务局
100004	艺术设计教程	200002	李立	第一小学
*				

图 13-12　查询结果(10)

④ 统计每位读者借阅图书的数量,列出读者的读者编号、姓名和借阅图书的数量。
在 SQL 视图中输入如下语句并执行：

```
SELECT 读者编号,姓名,COUNT(*) AS 借阅图书数量 FROM 读者 INNER JOIN 借阅 ON 读者.读者
编号=借阅.读者 ID GROUP BY 读者编号,姓名;
```

查询结果如图 13-13 所示。

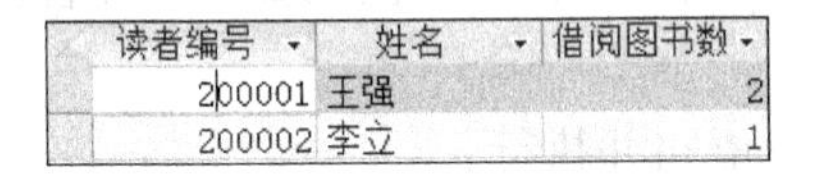

读者编号	姓名	借阅图书数
200001	王强	2
200002	李立	1

图 13-13　查询结果(11)

4. 实验作业

根据要求编写 SQL 语句,完成相应的查询。

(1) 从图书表中查询所有图书的信息。

(2) 从图书表中查询“VB 程序设计”类的书名、作者和出版日期等信息。

(3) 从图书表中统计所有图书的平均价格。

(4) 从读者表中统计男性借阅图书的编号和数量。

(5) 从借阅表和图书表中统计每种图书的名称、数量以及借阅情况。

(6) 统计每种图书的借出数量,要求列出图书名称、作者和到期时间。

实验二　数据定义和数据操作语言的使用

实验重点

完成建立表、修改表结构、删除表、添加数据、修改数据和删除数据等操作。

实验难点

针对数据表完成添加数据、修改数据和删除数据等操作。

1. 实验目的

(1) 掌握使用 SQL 语句建立表结构。

(2) 掌握使用 SQL 语句修改表结构。

(3) 掌握使用 SQL 语句删除表。

(4) 掌握使用 SQL 语句对现有数据表添加数据。

(5) 掌握使用 SQL 语句对现有数据表修改数据。

(6) 掌握使用 SQL 语句对现有数据表删除数据。

2. 实验要求及内容

(1) 使用 SQL 语句建立多个指定数据表。

(2) 使用 SQL 语句修改多个指定数据表内的相关数据。

(3) 使用 SQL 语句删除指定表。

(4) 使用 SQL 语句对指定表添加数据。

(5) 使用 SQL 语句对指定表修改数据。

(6) 使用 SQL 语句对指定表删除数据。

3. 实验方法及步骤

1) 实验方法

利用“创建”选项卡中的“查询”选项组内的“查询设计”选项和“设计”选项卡中的“结果”选项组内的“视图”与“运行”选项来完成实验内容。

2) 实验步骤

【操作要求】

(1) 使用 SQL 语句建立读者信息表、书目编码表、借阅信息表、图书信息表和图书档案表。

(2) 使用 SQL 语句修改图书信息表和书目编码表中相关数据。

(3) 使用 SQL 语句删除指定表。

(4) 使用 SQL 语句对图书档案表、读者信息表、书目编码表、借阅信息表添加数据。

(5) 使用 SQL 语句对读者信息表修改数据。

(6) 使用 SQL 语句对借阅信息表删除数据。

【操作步骤】

(1) 使用 SQL 语句建立读者信息表、书目编码表、借阅信息表、图书信息表和图书档案表。

① 建立读者信息表。

在 SQL 视图中输入如下语句并执行：

```
CREATE TABLE 读者信息 (图书证号 char(6),学号 char(12),姓名 char(8),性别 char(2),院系 char(20),是否挂失 yesno);
```

查询执行结果如图 13-14 所示。

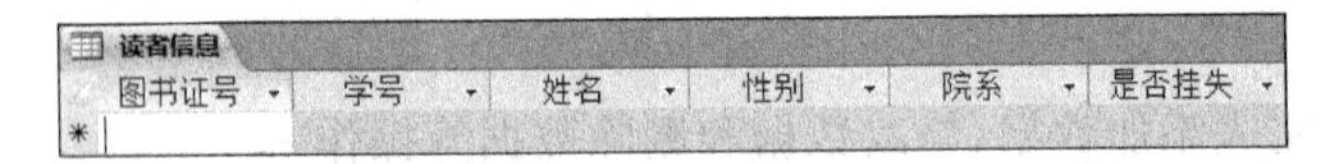

图 13-14　读者信息表

② 建立书目编码表。同时，将图书条码设为主键。

在 SQL 视图中输入如下语句并执行：

```
CREATE TABLE 书目编码 (图书条码 char(9) PRIMARY KEY,书目编号 char(7),借出次数 short,在库否 yesno);
```

查询执行结果如图 13-15 所示。

图 13-15　书目编码表

③ 建立借阅信息表。

在 SQL 视图中输入如下语句并执行：

```
CREATE TABLE 借阅信息 (图书条码 char(9),图书证号 char(6),借阅时间 time,归还时间 time);
```

查询执行结果如图 13-16 所示。

图 13-16　借阅信息表

④ 建立图书信息表。

在 SQL 视图中输入如下语句并执行：

```
CREATE TABLE 图书信息 (书目编号 char(7),书名 char(40),作者 char(8),出版社 char(20));
```

查询执行结果如图 13-17 所示。

图 13-17　图书信息表

⑤ 建立图书档案表。

在 SQL 视图中输入如下语句并执行：

```
CREATE TABLE 图书档案(书目编号 char(7),类别 char(20),书名 char(30),作者 char(16),出版社 char(30),出版时间 date,单价 single,页数 single,入库时间 date,简介 memo,备注 memo);
```

查询执行结果如图 13-18 所示。

图 13-18　图书档案表

(2) 使用 SQL 语句修改图书信息表和书目编码表中相关数据。

① 将图书信息表中的作者字段的长度改为 20。

在 SQL 视图中输入如下语句并执行：

```
ALTER TABLE 图书信息 ALTER 作者 char(20);
```

查询执行前结果如图 13-19 所示，执行后结果如图 13-20 所示。

字段名称	数据类型
书目编号	文本
书名	文本
作者	文本
出版社	文本

常规　查阅

字段大小	8
格式	
输入掩码	
标题	
默认值	
有效性规则	
有效性文本	
必填字段	否
允许空字符串	是
索引	无
Unicode 压缩	否
输入法模式	开启
输入法语句模式	无转化
智能标记	

图 13-19　查询执行前结果

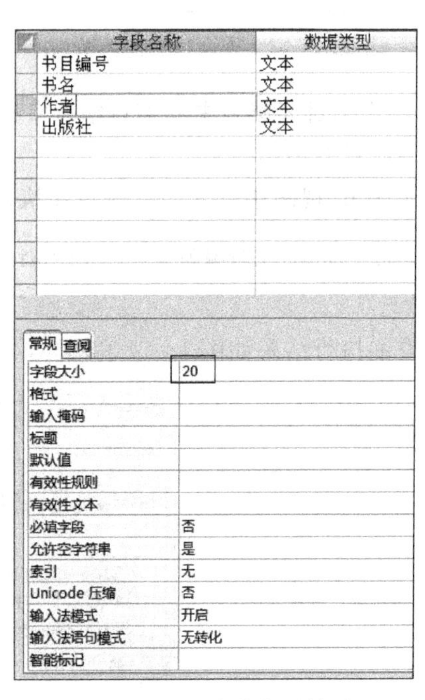

图 13-20　查询执行后结果

② 在图书信息表原有字段后面添加字段单价，字段数据类型为单精度浮点型。

在 SQL 视图中输入如下语句并执行：

```
ALTER TABLE 图书信息 ADD 单价 single;
```

查询执行前结果如图 13-17 所示，执行后结果如图 13-21 所示。

③ 将图书信息表中的书目编号字段设为表的主键。

图书信息

书目编号	书名	作者	出版社	单价
*				

图 13-21　添加字段后的查询结果

在 SQL 视图中输入如下语句并执行：

```
ALTER TABLE 图书信息 ALTER 书目编号 char(7) PRIMARY KEY;
```

查询执行前结果如图 13-22 所示，执行后结果如图 13-23 所示。

字段名称	数据类型
书目编号	文本
书名	文本
作者	文本
出版社	文本
单价	数字

图 13-22　查询执行前结果

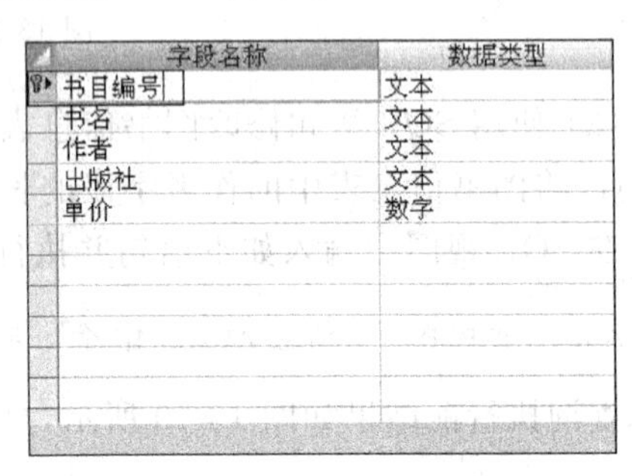

字段名称	数据类型
书目编号	文本
书名	文本
作者	文本
出版社	文本
单价	数字

图 13-23　执行后结果

④ 将书目编码表中的书目编号字段设为该表的外部键，并指定与图书信息表中书目编号字段具有参照关系。

在 SQL 视图中输入如下语句并执行：

```
ALTER TABLE 书目编码 ADD CONSTRAINT 书目编号 FOREIGN KEY(书目编号) REFERENCES 图书信息;
```

查询执行结果如图 13-24 和图 13-25 所示。

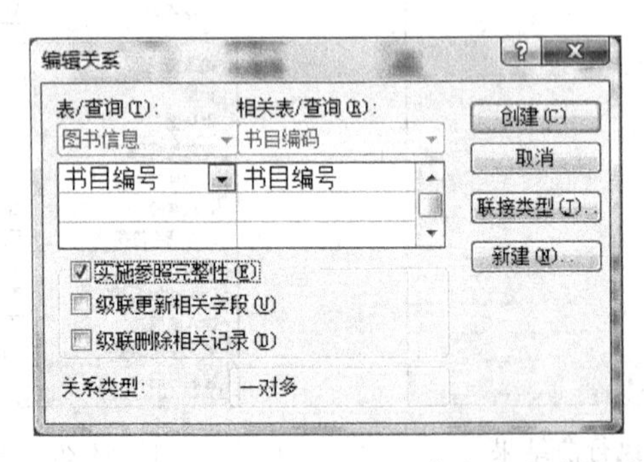

图 13-24　书目编号字段被设置为外部键，且与图书信息表中书目编号字段具有参照关系

⑤ 删除图书信息表中的出版社字段。

在 SQL 视图中输入如下语句并执行：

```
ALTER TABLE 图书信息 DROP 出版社;
```

查询执行前结果如图 13-21 所示，执行后结果如图 13-26 所示。

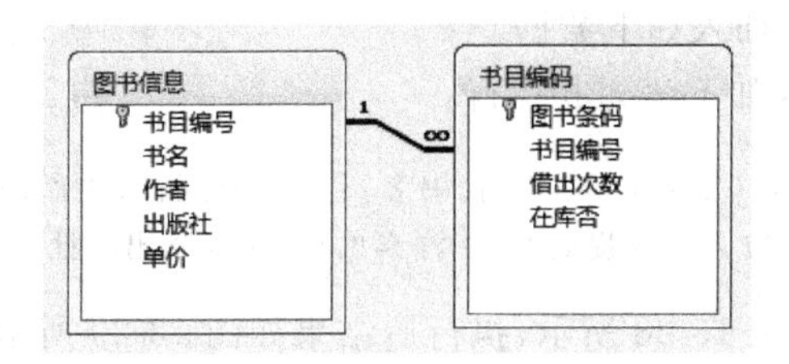

图 13-25　图书信息表与书目编码表通过“书目编号”字段建立了一对多关系

图书信息

书目编号	书名	作者	单价	单击以添加
*				

图 13-26　执行删除字段后的查询结果

⑥ 删除书目编码表中的外键约束“书目编号”对图书信息表的参照约束。

在 SQL 视图中输入如下语句并执行：

```
ALTER TABLE 书目编码 DROP CONSTRAINT 书目编号;
```

查询执行前结果如图 13-25 所示，执行后结果如图 13-27 所示。

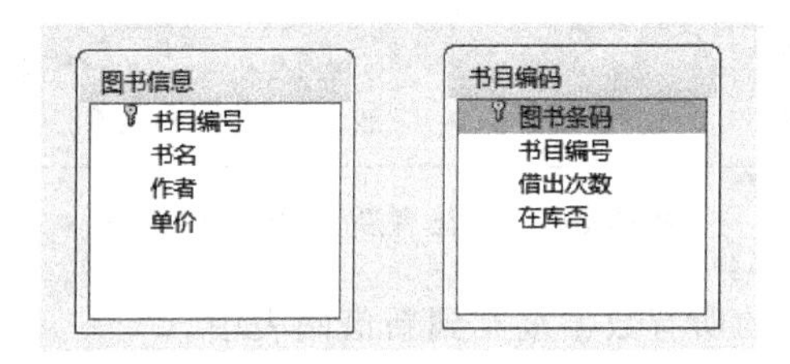

图 13-27　删除书目编码表中的外键约束“书目编号”对图书信息表的参照约束

(3) 使用 SQL 语句删除指定表。

删除图书信息表。

在 SQL 视图中输入如下语句并执行：

```
DROP TABLE 图书信息;
```

使用 SQL 语句对图书档案表、读者信息表、书目编码表、借阅信息表添加数据。

① 在图书档案表中插入如下数据。

在 SQL 视图中输入如下语句并执行：

```
INSERT INTO 图书档案 VALUES("2900101","计算机","计算机基础","李武英","清华大学出版
社",# 2008-10-1# ,28.5,360,# 2009-1-1# ,null,null);
```

查询执行前结果如图 13-18 所示，执行后结果如图 13-28 所示。

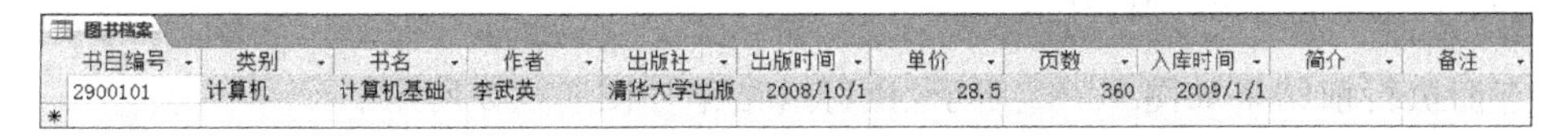
图书档案

书目编号	类别	书名	作者	出版社	出版时间	单价	页数	入库时间	简介	备注
2900101	计算机	计算机基础	李武英	清华大学出版	2008/10/1	28.5	360	2009/1/1		
*										

图 13-28　图书档案表添加记录后的结果

② 在图书档案表中插入如下数据。

在 SQL 视图中输入如下语句并执行：

```
INSERT INTO 图书档案(书目编号,类别,书名,作者,出版社,出版时间) VALUES("1300001",
"计算机","OFFICE2007入门与提高","王洋喜","清华大学出版社",# 2005-2-1# );
```

查询执行前结果如图 13-28 所示，执行后结果如图 13-29 所示。

图书档案

书目编号	类别	书名	作者	出版社	出版时间	单价	页数	入库时间	简介	备注
2900101	计算机	计算机基础	李武英	清华大学出版	2008/10/1	28.5	380	2009/1/1		
1300001	计算机	OFFICE2007入	王洋喜	清华大学出版	2005/2/1					
*										

图 13-29　图书档案表添加第二条记录后的结果

③ 将读者信息表中的数据全部插入到“读者新”表中。

在 SQL 视图中输入如下语句并执行：

```
INSERT INTO 读者新 (图书证号,学号,姓名,性别,院系, 是否挂失) SELECT 图书证号,学号,姓
名,性别,院系, 是否挂失 FROM 读者信息;
```

查询执行结果如图 13-30 所示。

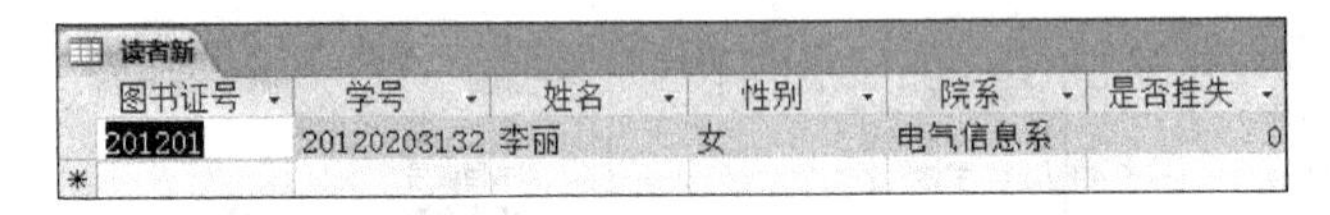

读者新

图书证号	学号	姓名	性别	院系	是否挂失
201201	20120203132	李丽	女	电气信息系	0
*					

图 13-30　给“读者新”表中添加记录

④ 将借阅信息表中的所有数据复制到新借阅表中。

在 SQL 视图中输入如下语句并执行：

```
INSERT INTO 新借阅(图书条码, 图书证号, 借阅时间, 归还时间) SELECT 图书条码,图书证号,
借阅时间,归还时间 FROM 借阅信息;
```

查询执行结果如图 13-31 所示。

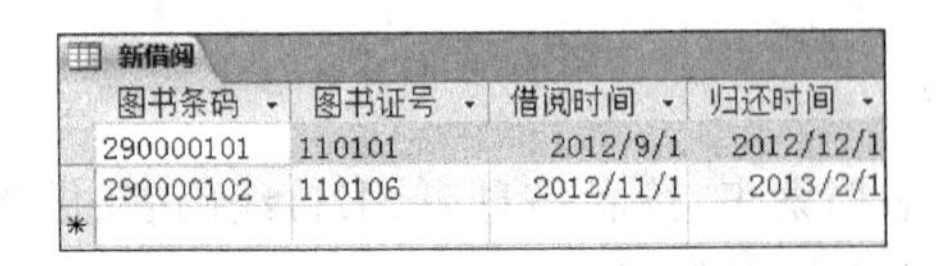

新借阅

图书条码	图书证号	借阅时间	归还时间
290000101	110101	2012/9/1	2012/12/1
290000102	110106	2012/11/1	2013/2/1
*			

图 13-31　将借阅信息表中数据复制到新借阅表的查询结果

(5) 使用 SQL 语句对读者信息表修改数据。

① 将读者信息表中是否挂失字段的值全部改为否(是的值为−1;否的值为 0)。

在 SQL 视图中输入如下语句并执行：

```
UPDATE 读者信息 SET 是否挂失=NO;
```

查询执行前结果如图 13-32 所示，执行后结果如图 13-33 所示。

② 将读者信息表中图书证号为“200901020302”的条目中“是否挂失”字段的值改为“是”。

读者信息

图书证号	学号	姓名	性别	院系	是否挂失
201201	2012020313201	李丽	女	电气信息系	0
201202	2012020314201	张扬	男	语言文化系	0
201203	2012020315201	王刚	男	艺术设计系	0
201204	2012020316201	赵英	女	艺术教育系	0

图 13-32　查询执行前结果

读者信息

图书证号	学号	姓名	性别	院系	是否挂失
201201	2012020313201	李丽	女	电气信息系	0
201202	2012020314201	张扬	男	语言文化系	0
201203	2012020315201	王刚	男	艺术设计系	0
201204	2012020316201	赵英	女	艺术教育系	0

图 13-33　查询执行后结果(1)

在 SQL 视图中输入如下语句并执行：

```
UPDATE 读者信息 SET 是否挂失=YES WHERE 图书证号=" 2012020314201";
```

查询执行前结果如图 13-33 所示，执行后结果如图 13-34 所示。

读者信息

图书证号	学号	姓名	性别	院系	是否挂失
201201	2012020313201	李丽	女	电气信息系	0
201202	2012020314201	张扬	男	语言文化系	-1
201203	2012020315201	王刚	男	艺术设计系	0
201204	2012020316201	赵英	女	艺术教育系	0

图 13-34　查询执行后结果(2)

(6) 使用 SQL 语句对借阅信息表、读者信息表删除数据。

① 从借阅信息表中删除图书条码为“290000101”且图书证号为“110101”的借阅信息。

在 SQL 视图中输入如下语句并执行：

```
DELETE FROM 借阅信息 WHERE 图书条码="290000101" AND 图书证号= "110101";
```

查询执行前结果如图 13-31 所示，执行后结果如图 13-35 所示。

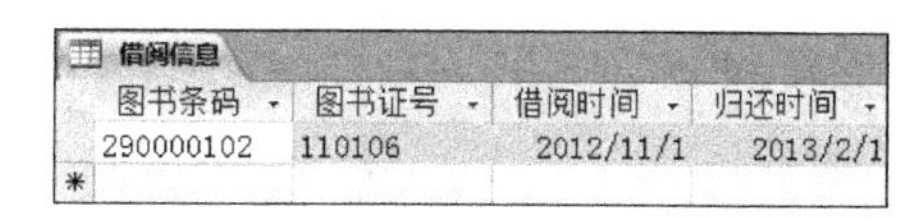

借阅信息

图书条码	图书证号	借阅时间	归还时间
290000102	110106	2012/11/1	2013/2/1

图 13-35　查询执行后结果(3)

② 从读者信息表中删除图书证号为“200902”的读者信息。

在 SQL 视图中输入如下语句并执行：

```
DELETE FROM 读者信息 WHERE 图书证号="201202";
```

查询执行前结果如图 13-34 所示，执行后结果如图 13-36 所示。

③ 从借阅信息表中删除所有的借阅信息。

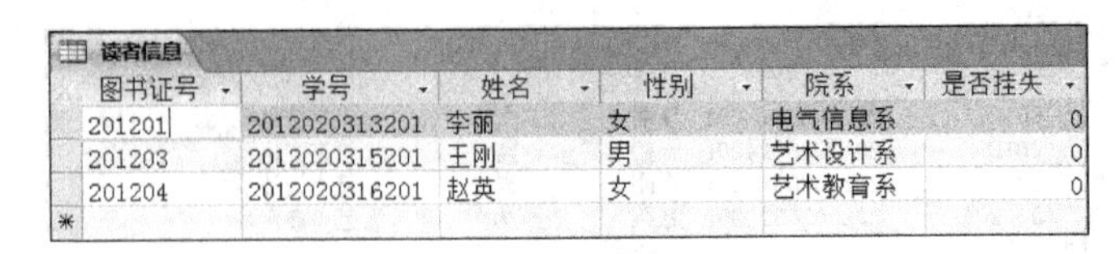
读者信息

图书证号	学号	姓名	性别	院系	是否挂失
201201	2012020313201	李丽	女	电气信息系	0
201203	2012020315201	王刚	男	艺术设计系	0
201204	2012020316201	赵英	女	艺术教育系	0

图 13-36 查询执行后的结果(4)

在 SQL 视图中输入如下语句并执行：

```
DELETE FROM 借阅信息;
```

查询执行前结果如图 13-35 所示，执行后结果如图 13-37 所示。

借阅信息

图书条码	图书证号	借阅时间	归还时间

图 13-37　查询执行后的结果(5)

4. 实验作业

根据要求编写 SQL 语句，完成相应的操作(若操作中所涉及的表或数据没有，学生可自行添加后再完成操作)。

(1) 用命令建立"历史图书档案"表，其结构与图书档案一致。

(2) 将"历史图书档案"表中的类别字段的长度改为 20。

(3) 将"历史图书档案"表中的书目编号字段设为表的主键。

(4) 在"历史图书档案"表的原字段后，添加新字段页数，字段数据类型为整型。

(5) 将数据""1300001","计算机","OFFICE2007 入门与提高","王洋喜","清华大学出版社",#2005-2-1#"插入历史图书档案表中。

(6) 将"历史图书档案"表中的所有数据一次性插入图书档案表中。

(7) 将"历史图书档案"表中备注字段的值改为"2009 年 1 月存档"。

(8) 将"历史图书档案"表中书目编号 smbh 为"1300001"的书名字段的值改为"心理学概论"。

(9) 将"历史图书档案"表中书目编号为"1300001"的数据删除。

(10) 将"历史图书档案"表中的所有数据删除。

第14章 窗　　体

实验一　窗体的创建和数据处理

实验重点

使用窗体工具创建窗体，使用窗体向导创建窗体，使用设计视图创建和设计窗体，利用窗体操纵数据。

实验难点

使用设计视图创建和设计窗体。

1. 实验目的

(1) 掌握使用窗体工具创建窗体的方法。

(2) 掌握使用窗体向导创建窗体的方法。

(3) 熟练掌握使用设计视图创建和设计窗体的方法。

(4) 掌握创建窗体的不同方法。

(5) 掌握利用窗体操纵数据的方法。

2. 实验要求及内容

(1) 使用窗体工具创建"用户信息"窗体。

(2) 使用窗体向导创建"借阅信息"窗体。

(3) 使用设计视图创建"图书信息"窗体，并进行窗体布局和界面的设计。

(4) 在创建好的这些窗体中，查看数据，排序和查找数据，完成数据的添加、删除和修改等操作。

3. 实验方法及步骤

1) 实验方法

使用"创建"选项卡上"窗体"选项组内的"窗体"选项、"其他窗体"选项、"窗体设计"选项、"设计"选项卡上"工具"选项组内的"添加现有字段"选项、"排列"选项卡中的"调整大小和排序"选项组内的"大小/空格"选项、"排列"选项卡中的"调整大小和排序"选项组内的"对齐"选项、"设计"选项卡中的"主题"选项组内的"主题"选项或"颜色"选项或"字体"选项、"设计"选项卡中的"视图"选项组内的"视图"选项、"开始"选项卡中的"记录"选项组内的 "删除记录"选项、"开始"选项卡中的"查找"选项组内的"查找"选项、"开始"选项卡中的"排序和筛选"选项组来完成窗体的创建，并进行记录的添加、删除、修改等操作。

2) 实验步骤

【操作要求】

(1) 使用窗体工具创建"用户信息"窗体。

(2) 使用窗体向导创建"借阅信息"窗体。

(3) 使用设计视图创建"图书信息"窗体，并对窗体进行设计。

(4) 在“图书信息”窗体中，查看数据，排序和查找数据，完成数据的添加、删除和修改等操作。

【操作步骤】

(1) 使用窗体工具创建“用户信息”窗体，具体的操作步骤如下：

① 打开“图书借阅管理”数据库。

② 在导航窗格中选择要显示在窗体上的“用户”表。

③ 单击“创建”选项卡中的“窗体”选项组内的“窗体”选项，打开该窗体的布局视图，如图 14-1 所示。

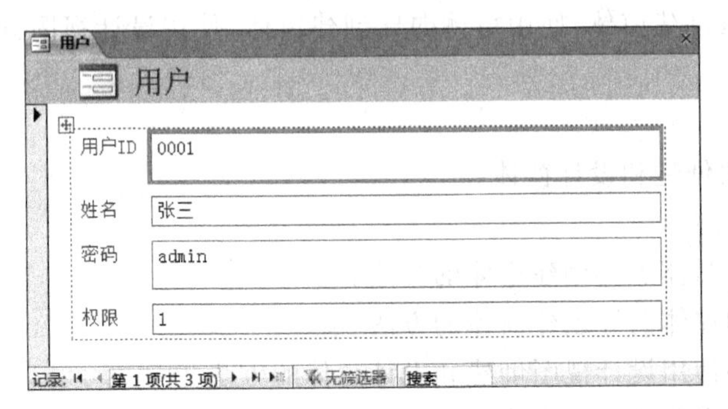

图 14-1　布局视图

④ 单击快速访问工具栏上的“保存”按钮，打开“另存为”对话框，如图 14-2 所示。

⑤ 在“另存为”对话框中，在“窗体名称”文本框中输入“用户信息”，单击“确定”按钮即可。

⑥ 此时，在导航窗格中显示已创建好的“用户信息”窗体，如图 14-3 所示。

利用窗体工具创建窗体后，也可以在布局视图或设计视图中修改该窗体以便更好地满足实际需要。

(2) 使用窗体向导创建“借阅信息”窗体，具体的操作步骤如下：

① 打开“图书借阅管理”数据库。

② 单击“创建”选项卡中“窗体”选项组内的“窗体向导”选项，“窗体”选项组，如图 14-4 所示。

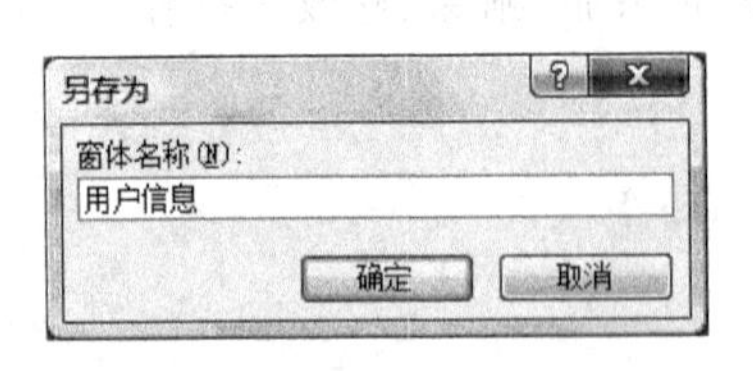

图 14-2　“另存为”对话框

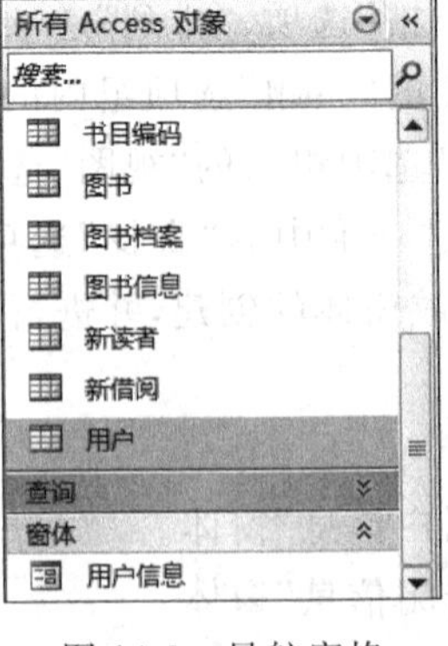

图 14-3　导航窗格

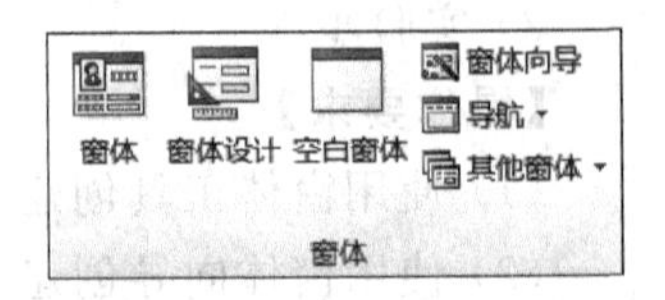

图 14-4　“窗体”选项组

③ 选择“窗体向导”选项后，出现“窗体向导”(选择字段)对话框，如图 14-5 所示。

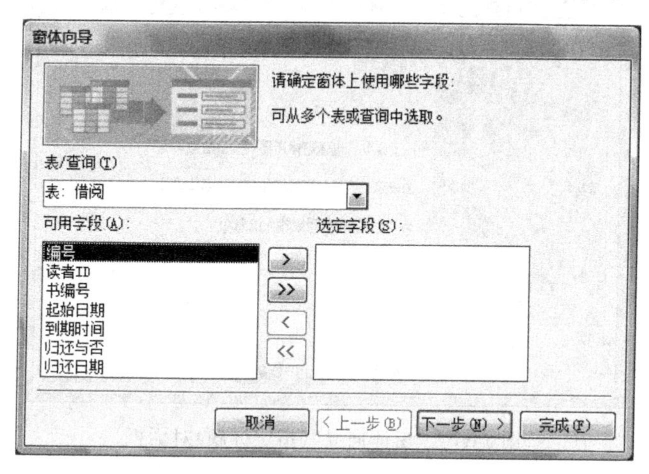

图 14-5 “窗体向导”(选择字段)对话框

④ 在“窗体向导”(选择字段)对话框中. 在“表/查询”下拉列表框中选择“借阅”表，单击 >> 按钮，将所有的可用字段都添加到“选定字段”列表框中，然后单击“下一步”按钮，出现“窗体向导”(确定窗体布局)对话框，如图 14-6 所示。

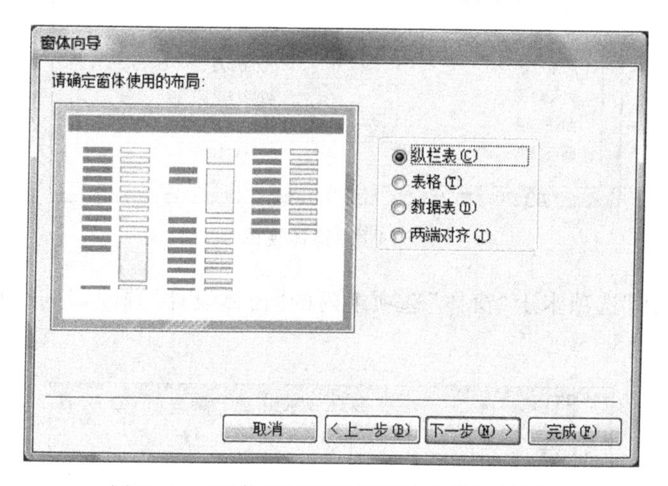

图 14-6 “窗体向导”(确定窗体布局)对话框

⑤ 在“窗体向导”(确定窗体布局)对话框中，选择窗体使用的布局，即选择“纵栏表”单选按钮，然后“下一步”按钮，出现“窗体向导”(指定标题)对话框，如图 14-7 所示。

⑥ 在“窗体向导”(指定标题)对话框中，在“请为窗体指定标题：”文本框中输入“借阅信息”，选择“打开窗体查看或输入信息”单选按钮，然后单击“完成”按钮，打开窗体视图，如图 14-8 所示。

(3) 使用设计视图创建“图书信息”窗体，并对窗体进行设计，具体的操作步骤如下：

① 打开“图书借阅管理”数据库。

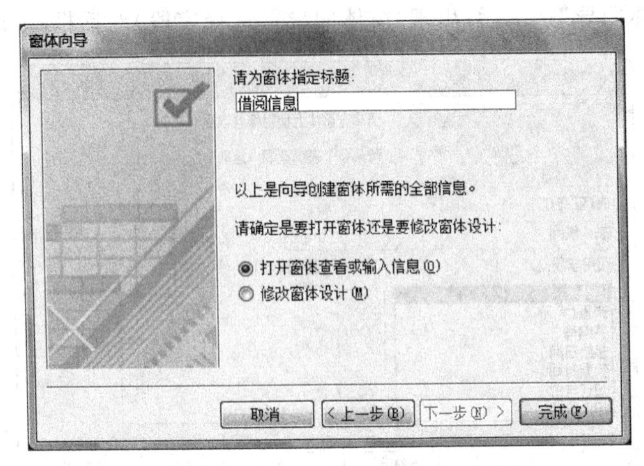

图 14-7 “窗体向导”(指定标题)对话框

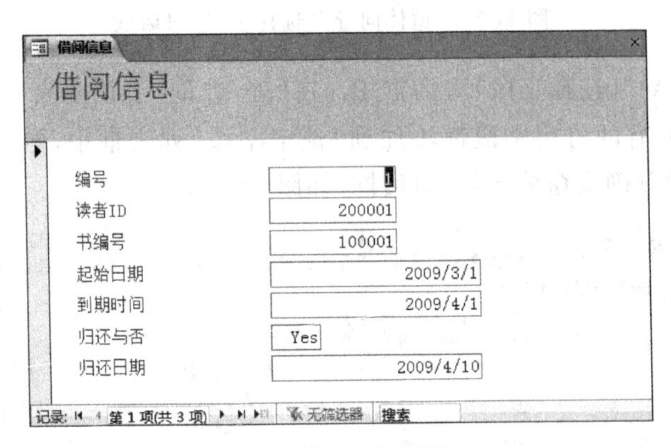

图 14-8 窗体视图

② 单击“创建”选项卡上“窗体”选项组内的“窗体设计”选项,打开窗体的设计视图,如图 14-9 所示。

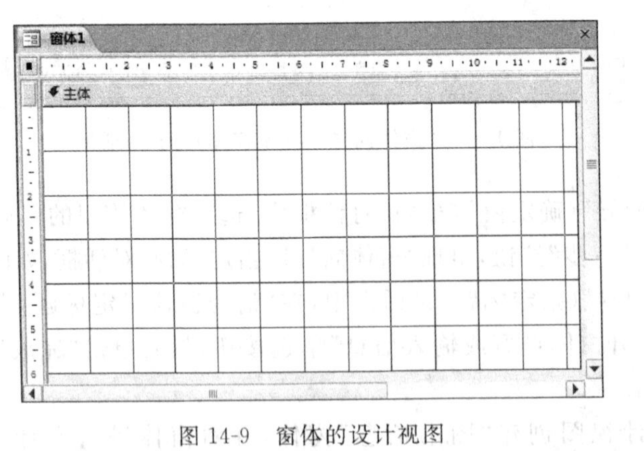

图 14-9 窗体的设计视图

③ 在窗体的设计视图中,单击“设计”选项卡中的“工具”选项组内的“添加现有字段”

选项，打开“字段列表”窗格，如图 14-10 所示。

④ 在“字段列表”窗格中，单击“图书”表前面的“展开(+)”图标，展开“图书”表的所有字段。双击或拖拽“书编号”字段，将该字段添加到设计视图中，同样地，将“书名”字段、“作者”字段、“出版社”字段、“ISBN”字段、“出版日期”字段、“价格”字段、“类别”字段、“状态”字段和“数量”字段添加到设计视图中，如图 14-11 所示。

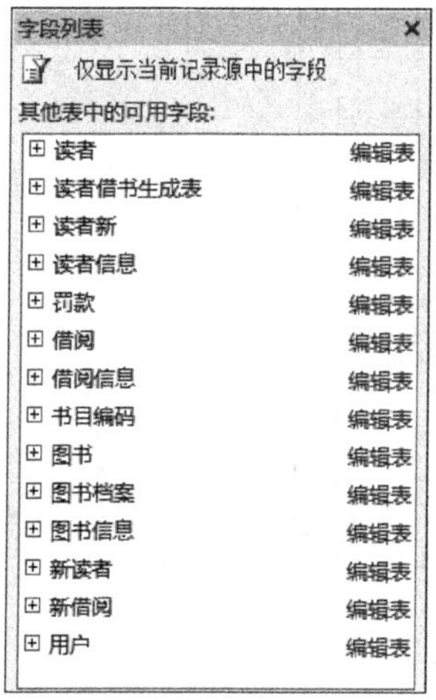

字段列表
仅显示当前记录源中的字段
其他表中的可用字段:
⊞ 读者 编辑表
⊞ 读者借书生成表 编辑表
⊞ 读者新 编辑表
⊞ 读者信息 编辑表
⊞ 罚款 编辑表
⊞ 借阅 编辑表
⊞ 借阅信息 编辑表
⊞ 书目编码 编辑表
⊞ 图书 编辑表
⊞ 图书档案 编辑表
⊞ 图书信息 编辑表
⊞ 新读者 编辑表
⊞ 新借阅 编辑表
⊞ 用户 编辑表

图 14-10 “字段列表”窗格

图 14-11 在设计视图中添加字段

⑤ 在窗体的设计视图中，选择所有的控件，单击“排列”选项卡中的“调整大小和排序”选项组的“大小/空格”选项，在出现的下拉列表中选择选项垂直相等。选择左侧标签控件，单击“排列”选项卡中的“调整大小和排序”选项组内的“对齐”选项，在出现的下拉列表中选择选项靠左对齐。选择右边文本框控件，单击“排列”选项卡中的“调整大小和排序”选项组内的“对齐”选项，在出现的下拉列表中选择选项靠右对齐，如图 14-12 所示。

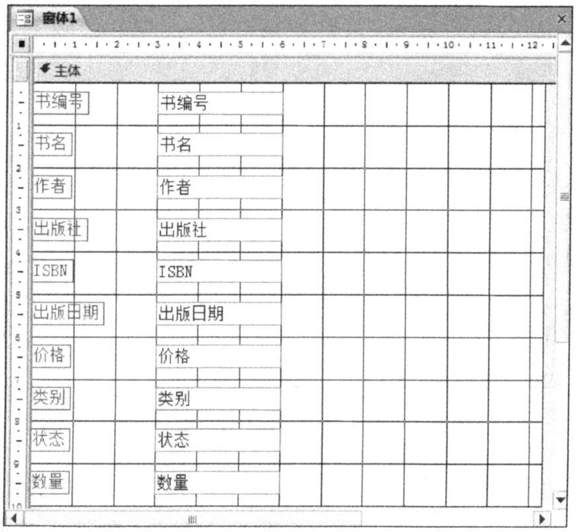

窗体1
主体
书编号 书编号
书名 书名
作者 作者
出版社 出版社
ISBN ISBN
出版日期 出版日期
价格 价格
类别 类别
状态 状态
数量 数量

图 14-12 在设计视图中对齐控件

⑥ 在窗体的设计视图中，分别设置标签控件和文本框控件，在“开始”选项卡中的“文本格式”选项组中设置相应选项，标签控件设置为“隶书”、加粗；文本框控件设置为红色、居中，效果如图 14-13 所示。

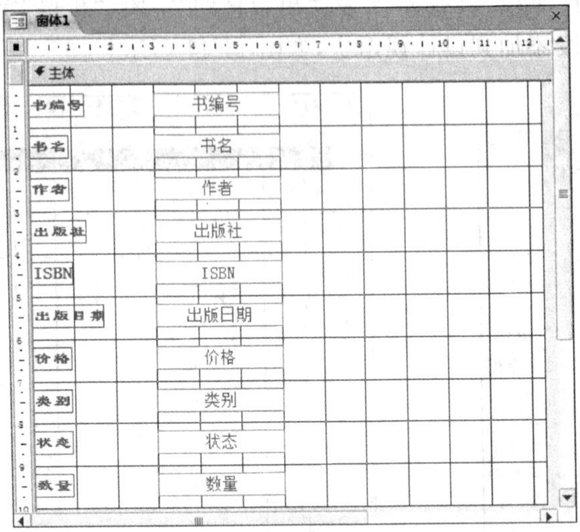

图 14-13　设置窗体的格式

⑦ 单击快速访问工具栏上的“保存”按钮，打开“另存为”对话框。

⑧ 在“另存为”对话框中，在“窗体名称”文本框中输入“图书信息”，单击“确定”按钮即可。

⑨ 单击“设计”选项卡中的“视图”选项组内的“视图”选项，打开该窗体的窗体视图，如图 14-14 所示。

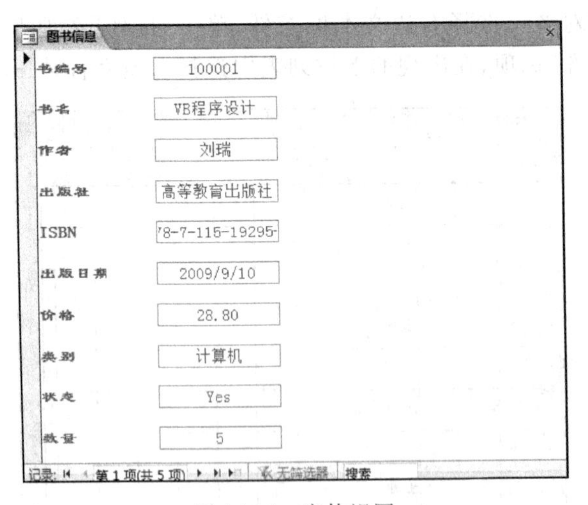

图 14-14　窗体视图

⑩ 也可以直接使用系统提供的预定义格式。切换到窗体的设计视图，单击“设计”选项卡中的“主题”选项组内的“主题”选项，打开下拉菜单，在其中选择一种预定义好的格

式，则窗体格式会随之发生变化。

(4) 在“图书信息”窗体中，查看数据，排序和查找数据，完成数据的添加、删除和修改等操作，具体的操作步骤如下：

① 打开“图书信息”窗体，切换到窗体视图。

② 窗体下方的导航按钮如图 14-15 所示。

记录: 第 1 项(共 5 项) 无筛选器 搜索

图 14-15　导航按钮

③ 单击导航按钮中的“下一条记录”和“上一条记录”按钮，可以在记录之间转换，进行记录的浏览。

④ 在“当前记录”文本框中输入数值，可以直接定位记录的位置。

⑤ 单击按钮，系统自动添加一条新记录，为每个字段输入新值，单击“开始”选项卡上“记录”选项组中的“保存”选项，系统将把新记录保存下来。

⑥ 将当前记录定位到要删除的记录处，然后单击“开始”选项卡中的“记录”选项组内的“删除”下拉菜单中“删除记录”选项，即可将该记录从数据表中删除。

⑦ 查找书名叫“VB 程序设计”的图书：在“图书信息”窗体中，将光标定位在“书名”字段中。单击“开始”选项卡中的“查找”选项组内的“查找”选项，出现“查找和替换”对话框，如图 14-16 所示。

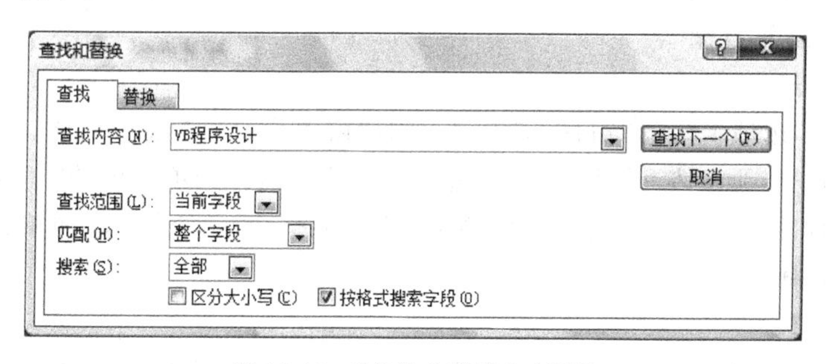

图 14-16　“查找和替换”对话框

⑧ 在“查找内容”文本框中输入“VB 程序设计”，查找范围选择“当前字段”，然后单击“查找下一个”按钮，如果找到相应的记录，则会定位到该记录上，并以反显方式显示所找到的字段值。

⑨ 在“图书信息”窗体中按照“价格”排列记录：将“图书信息”窗体切换到窗体视图，在窗体上单击要作为排序依据的“价格”字段。

⑩ 选择“开始”选项卡中的“排序和筛选”选项组，单击“降序”按钮，此时，窗体中的记录将按照价格从高到低排列。

如果要恢复原来的记录顺序，可单击“清除所有排序”按钮恢复原来的次序。

4. 实验作业

在“图书借阅管理”数据库中，以“图书信息”表为数据源，在窗体的设计视图中设计窗体，在窗体页眉节中添加标签控件，在主体节中添加“书名”、“作者”、“出版日期”和“出版社”等字段，将“出版社”字段设计为组合框，在窗体上添加记录导航按钮。

实验二　设计窗体

实验重点

设计窗体、窗体控件的功能、控件的添加、控件的编辑、窗体及控件属性的设置、控件布局的调整。

实验难点

控件的使用、窗体及控件属性的设置。

1. 实验目的

(1) 掌握窗体设计的方法。

(2) 了解各种控件的用途。

(3) 掌握如何向窗体中添加控件，并对控件的属性进行设置。

(4) 掌握对控件的布局进行调整的方法。

2. 实验要求及内容

(1) 创建一个“登录”窗体，窗体上放置两个非绑定型文本框和两个命令按钮，文本框分别用于输入用户名和密码，命令按钮分别为“确定”按钮和“退出”按钮。

(2) 创建两个相关的窗体：“选择图书编号”窗体和“图书借阅历史信息”窗体。

3. 实验方法及步骤

1) 实验方法

使用“创建”选项卡中的“窗体”选项组内的“窗体设计”选项、“创建”选项卡中的“窗体”选项组内的“其他窗体”选项、“设计”选项卡中的“工具”选项组内的“属性表”选项、“设计”选项卡中的“控件”选项组、利用设计视图创建窗体，并向窗体中添加相关控件。

2) 实验步骤

【操作要求】

(1) 创建一个“登录”窗体，窗体上放置两个非绑定型文本框和两个命令按钮，文本框分别用于输入用户名和密码，命令按钮分别为“确定”按钮和“退出”按钮。

(2) 创建两个相关的窗体：“选择图书编号”窗体和“图书借阅历史信息”窗体。使用窗体向导创建“图书借阅历史信息”窗体，并在设计视图中调整布局。在设计视图中创建名为“选择图书编号”的独立窗体。运行时先打开“选择图书编号”窗体，在组合框中选定值后单击“确定”按钮，弹出“图书借阅历史信息”窗体，其中显示的借阅信息与“选择图书编号”窗体组合框中选定的值相对应。

【操作步骤】

(1) 创建一个“登录”窗体，窗体上放置两个非绑定型文本框和两个命令按钮，文本框分别用于输入用户名和密码，命令按钮分别为“确定”按钮和“退出”按钮，具体的操作步骤如下：

① 打开“图书借阅管理”数据库。

② 单击“创建”选项卡中的“窗体”选项组内的“窗体设计”选项，打开窗体的设计视图，如图 14-9 所示。

③ 在主体节中，使用鼠标拖拽的方法调整窗体的大小至合适尺寸。

④ 单击“设计”选项卡中的“工具”选项组内的“属性表”选项，打开窗体的属性表，在属性表中将所选内容的类型选择为“窗体”，如图 14-17 所示。

⑤ 设置窗体的属性，将“标题”设置为“请输入用户名和密码”，其余格式属性设置如图 14-18 所示。

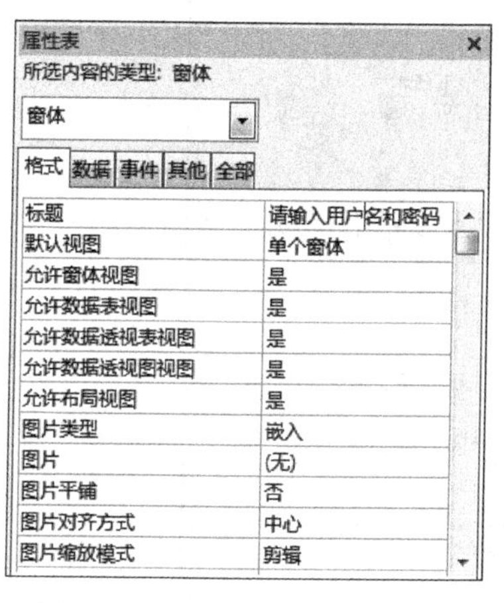

图 14-17　设置窗体格式属性 1

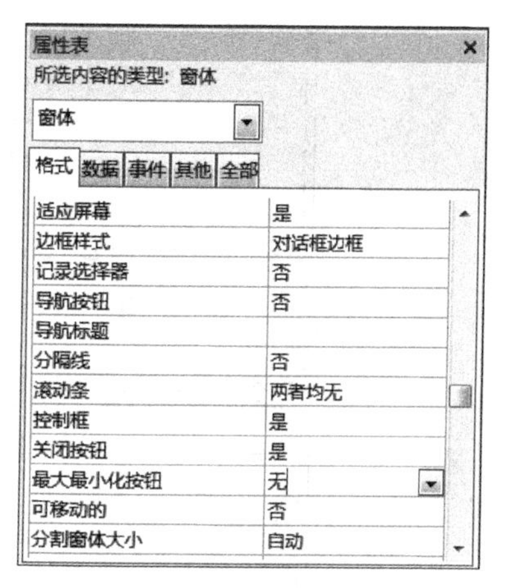

图 14-18　设置窗体格式属性 2

⑥ 设置属性表中“其他”选项卡中的相关属性：“弹出方式”设置为“是”，“模式”设置为“是”，如图 14-19 所示。

⑦ 单击“设计”选项卡中的“控件”选项组内的“文本框”选项，将鼠标移动到窗体上，鼠标变成创建文本框形状，在合适的位置按下鼠标左键，然后拖动鼠标形成一个矩形区域，这个区域就是文本框的尺寸，如图 14-20 所示。同时打开“文本框向导”（设置文本格式）对话框，如图 14-21 所示。

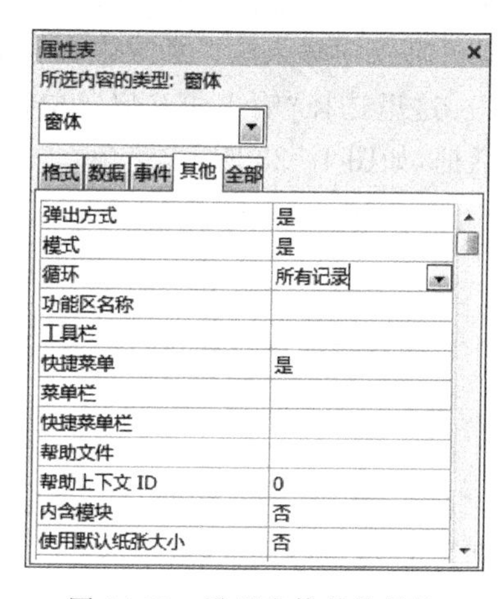

图 14-19　设置窗体其他属性

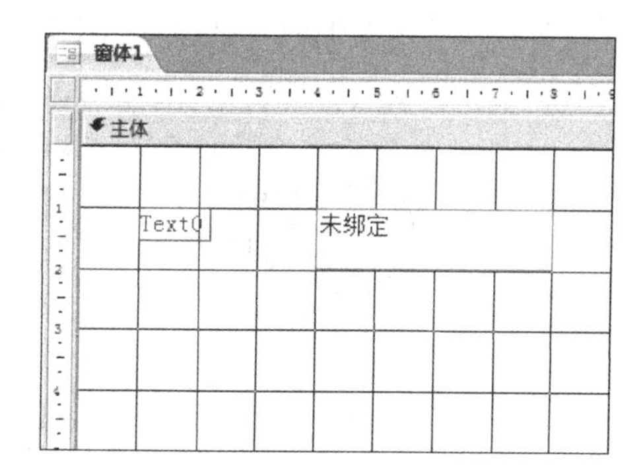

图 14-20　添加文本框

⑧ 在“文本框向导”（设置文本格式）对话框中，选择字体、字号、字形及特殊效果，然后单击“下一步”按钮，打开“文本框向导”（输入法模式设置）对话框，如图 14-22 所示。

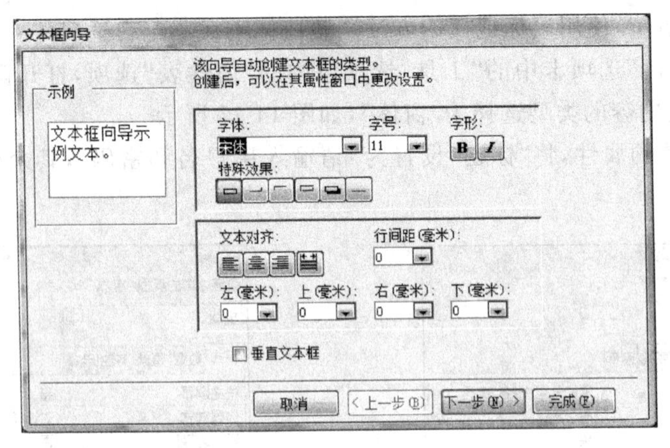

图 14-21 “文本框向导”(设置文本格式)对话框

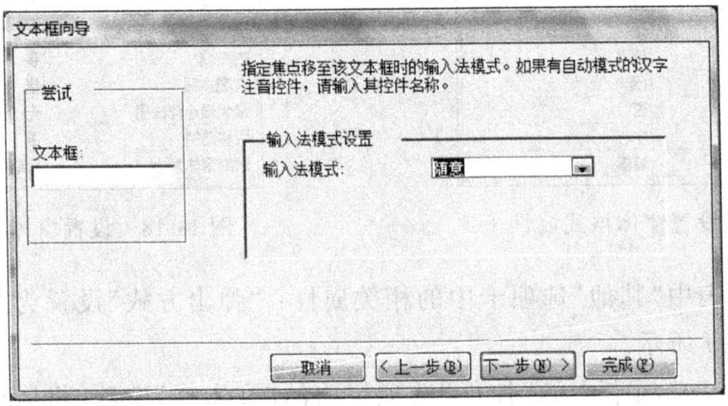

图 14-22 “文本框向导”(输入法模式设置)对话框

⑨ 在此对话框中,设置文本框的输入法,单击“输入法模式”下拉列表框,有 3 个选项:“随意”、“输入法开启”和“输入法关闭”。如果确定文本框要输入汉字,那么就选择“输入法开启”,这样当光标移到该文本框上后,会自动开启汉字输入法。如果在文本框中要输入数字或日期,则要选择“随意”或“输入法关闭”。这里选择“输入法开启”,单击“下一步”按钮,打开“文本框向导”(输入文本框名称)对话框,如图 14-23 所示。

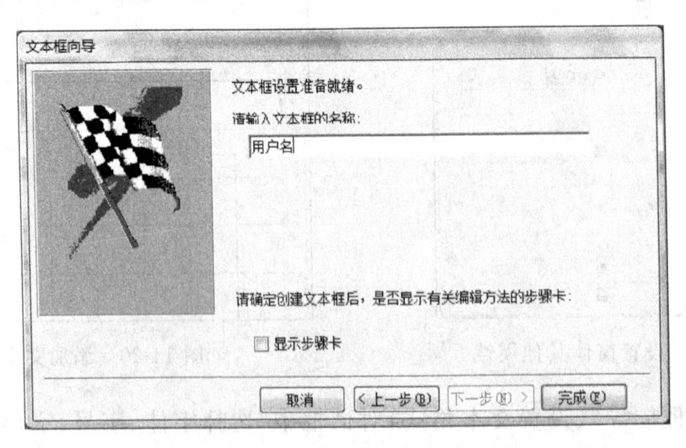

图 14-23 “文本框向导”(输入文本框名称)对话框

⑩ 在这个对话框中，输入“用户名：”，单击“完成”按钮，输入用户名的文本框创建完毕，此时设计视图中的文本框如图 14-24 所示。

⑪ 重复上述步骤，在窗体上再创建一个文本框，用于输入密码，其中输入法模式选择“输入法关闭”；文本框的名称设置为“密码”。

⑫ 选中“密码”文本框，选择属性表中的“数据”选项卡，单击“输入掩码”文本框，文本框右边会出现“生成器”按钮，如图 14-25 所示。

图 14-24　设计好的第一个文本框

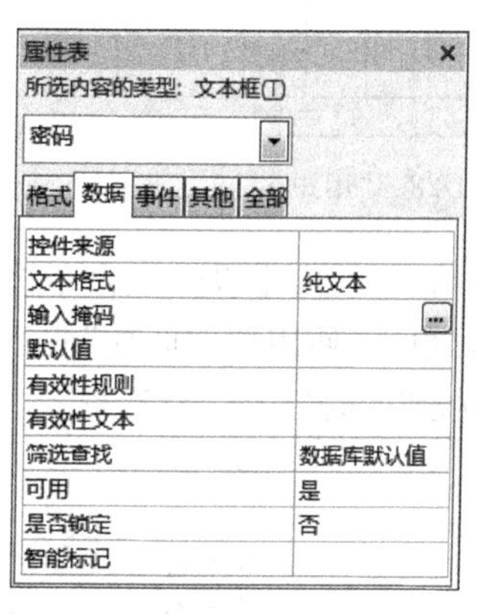

图 14-25　文本框的属性表

⑬ 单击“生成器”按钮，打开“输入掩码向导”对话框，如图 14-26 所示。

⑭ 在“输入掩码向导”对话框中，选中“输入掩码”列表框中的“密码”选项，单击“完成”按钮。此时“文本框”属性表中的“输入掩码”框中的值显示为“密码”，如图 14-27 所示。这样，我们就在窗体的设计视图中创建了两个带有标签的文本框，一个用来输入用户名，一个用来输入密码，如图 14-28 所示。

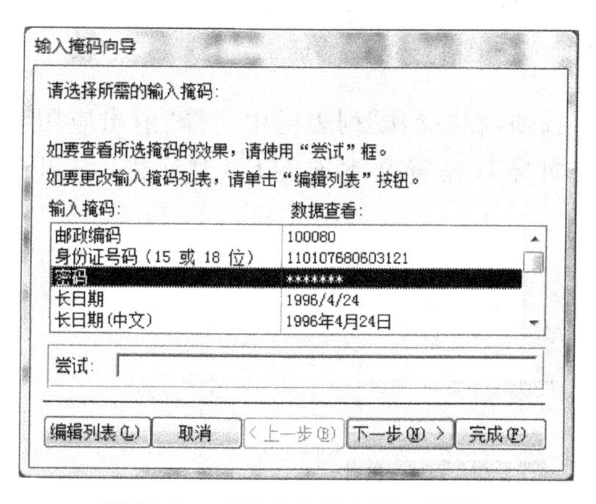

图 14-26　“输入掩码向导”对话框

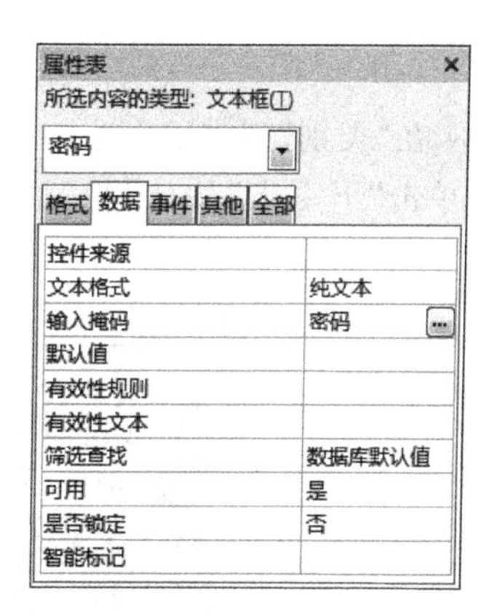

图 14-27　设置文本框的输入掩码

⑮ 确保“控件”工具栏上的“使用控件向导”按钮没有被选中，单击工具栏上的“命令按钮”控件，将鼠标移动到窗体上，鼠标变成创建命令按钮形状，在合适的位置处单击，将在窗体中创建一个如图 14-29 所示的命令按钮。

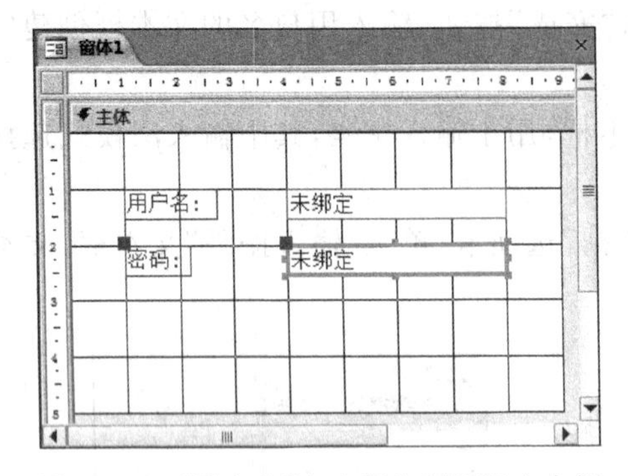

图 14-28 “用户名”文本框和“密码”文本框

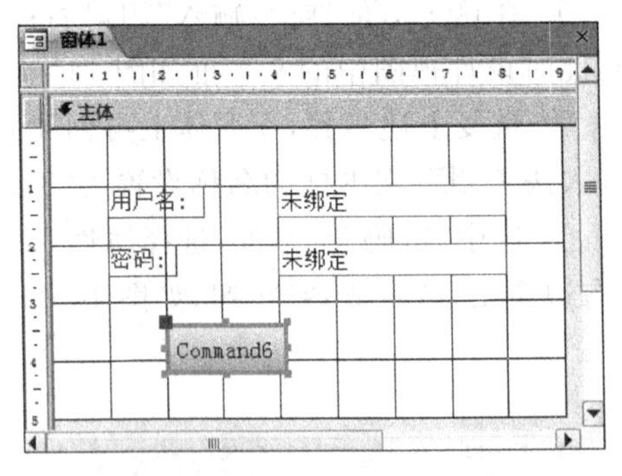

图 14-29 添加命令按钮

⑯ 在属性表中设置该命令按钮的“标题”属性为“确定”。

⑰ 单击“使用控件向导”按钮后，向窗体的适当位置添加第二个命令按钮，打开“命令按钮向导”(选择操作)对话框，如图 14-30 所示。

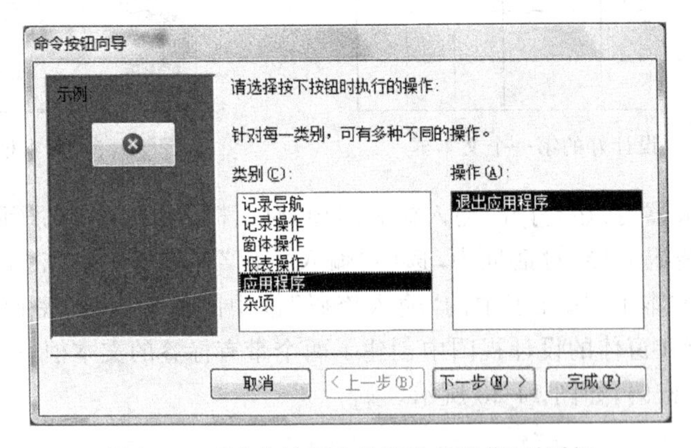

图 14-30 “命令按钮向导”(选择操作)对话框

⑱ 在“类别”列表框中选择“应用程序”选项，在“操作”列表框中选择“退出应用程序”选项，单击“下一步”按钮，打开“命令按钮向导”(设置文本或图片)对话框，如图 14-31 所示。

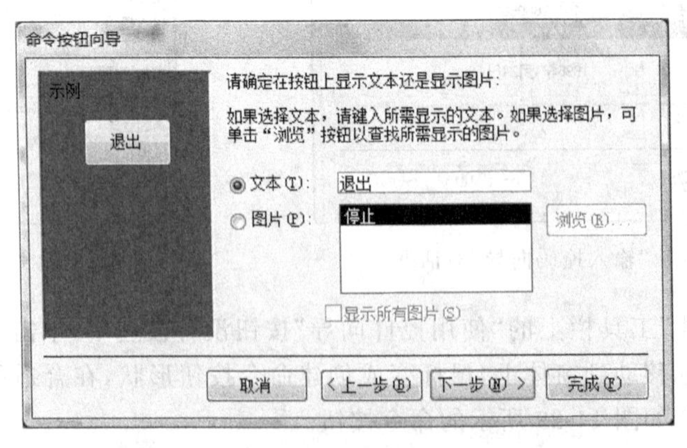

图 14-31 “命令按钮向导”(设置文本或图片)对话框

⑲ 选择“文本”单选按钮，文本内容输入“退出”。单击“下一步”按钮，打开“命令按钮向导”(指定按钮名称)对话框，如图 14-32 所示。

⑳ 输入按钮名称为 cmdExit，单击“完成”按钮，调整窗体中文本框和命令按钮的大小和位置，窗体视图如图 14-33 所示。

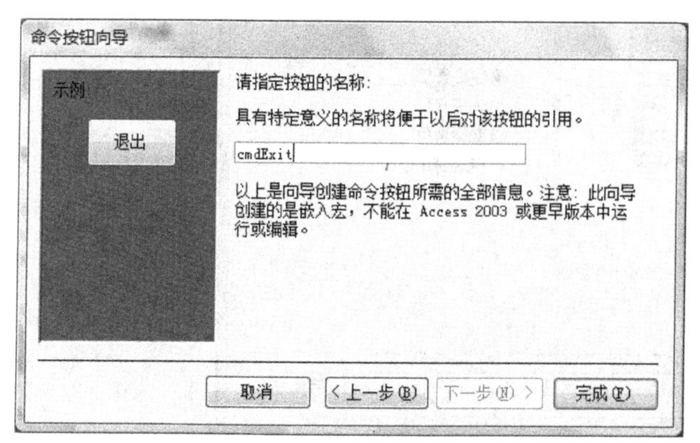

图 14-32 “命令按钮向导”(指定按钮名称)对话框

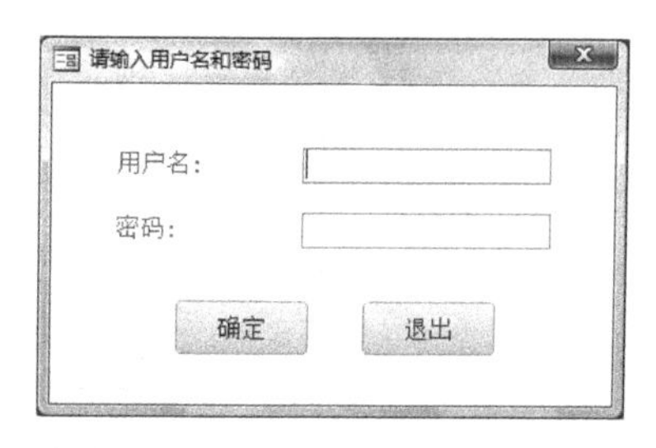

图 14-33 窗体视图

㉑ 单击“保存”按钮，在“另存为”对话框中输入窗体名称“登录”后，单击“确定”按钮，保存窗体。

(2) 创建两个相关的窗体：“选择图书编号”窗体和“图书借阅历史信息”窗体。使用窗体向导创建“图书借阅历史信息”窗体，并在设计视图中调整布局。在设计视图中创建名为“选择图书编号”的独立窗体。运行时先打开“选择图书编号”窗体，在组合框中选定值后单击“确定”按钮，弹出“图书借阅历史信息”窗体，其中显示的借阅信息与“选择图书编号”窗体组合框中选定的值相对应。具体的操作步骤如下：

① 在数据库窗口中，选择“借阅”表对象。

② 单击“创建”选项卡中的“窗体”选项组内的“窗体向导”选项。打开“窗体向导”(选择字段)对话框，如图 14-34 所示。

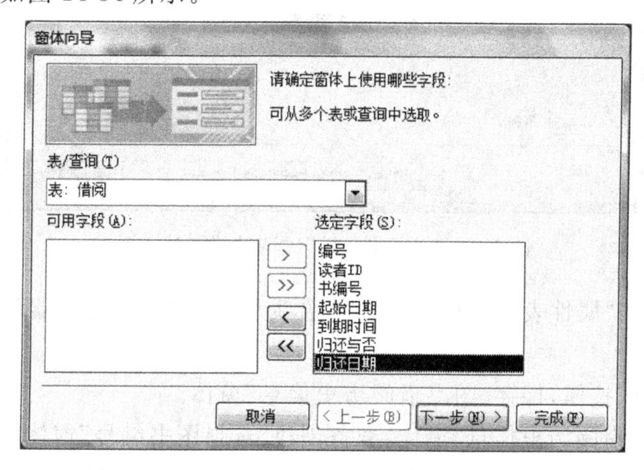

图 14-34 “窗体向导”(选择字段)对话框

③ 单击[>>]按钮，选定“借阅”表中的全部字段，然后单击“下一步”按钮，打开“窗体向导”(确定窗体布局)对话框，如图 14-35 所示。

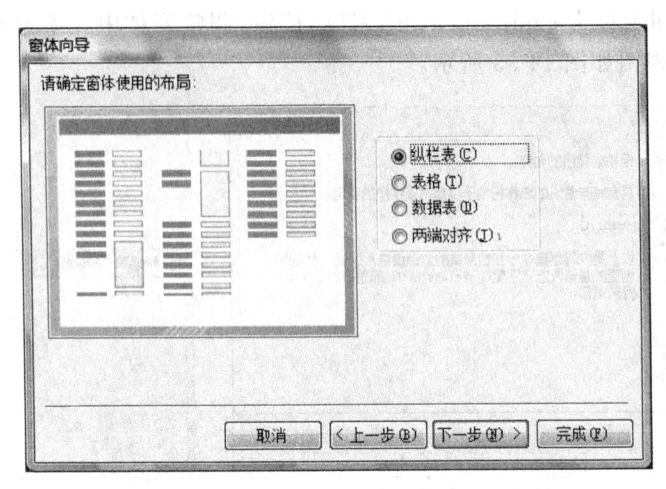

图 14-35 “窗体向导”(确定窗体布局)对话框

④ 选择“纵栏表”布局，单击“下一步”按钮，在“窗体向导”(指定标题)对话框中，如图 14-36 所示，在“请为窗体指定标题：”文本框中输入“图书借阅历史信息”，选择“修改窗体设计”单选按钮，然后单击“完成”按钮，打开窗体设计视图，如图 14-37 所示。

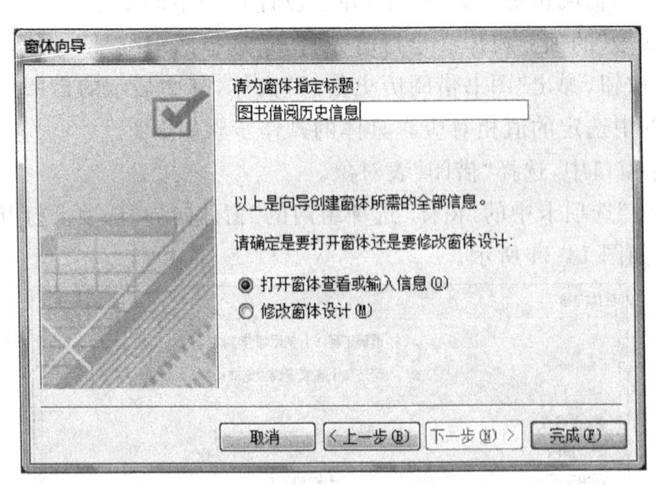

图 14-36 “窗体向导”(指定标题)对话框

⑤ 打开窗体的“属性表”窗口，在“格式”选项卡下将“记录选择器”属性设为“否”，如图 14-38 所示。

⑥ 单击“保存”按钮，保存“图书借阅历史信息”窗体。

⑦ 关闭“图书借阅历史信息”窗体，准备创建“选择图书编号”窗体。

⑧ 单击“创建”选项卡中的“窗体”选项组内的“窗体设计”按钮，打开窗体的设计视图。

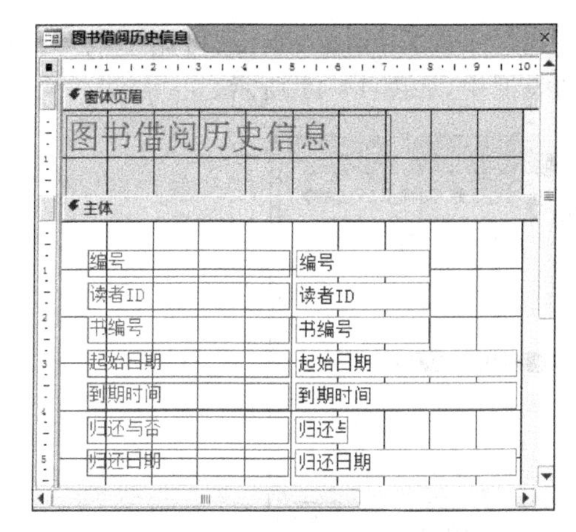

图 14-37 “图书借阅历史信息”窗体设计视图

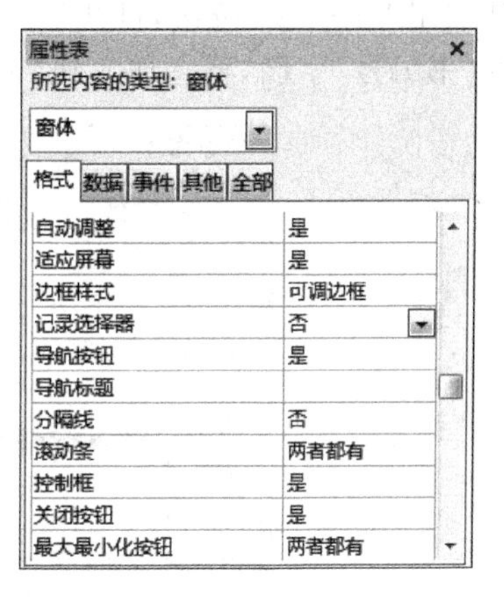

图 14-38 “图书借阅历史信息”窗体属性设置

⑨ 调整窗体的大小，然后在确保“控件向导”被锁定的情况下，用鼠标选定“控件”选项组中的组合框控件，在窗体中合适的位置处单击，弹出“组合框向导”(确定获取数值方式)对话框，如图 14-39 所示。

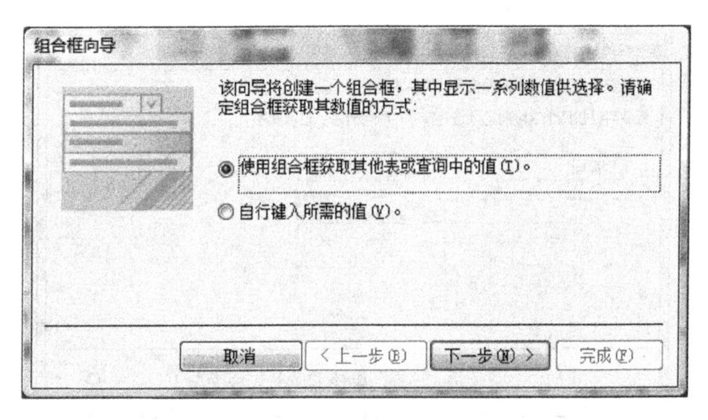

图 14-39 “组合框向导”(确定获取数值方式)对话框

⑩ 选中“使用组合框查阅表或查询中的值”单选按钮，单击“下一步”按钮，打开“组合框向导”(选择表或查询)对话框，在列表框中选择“表：借阅”选项，如图 14-40 所示。

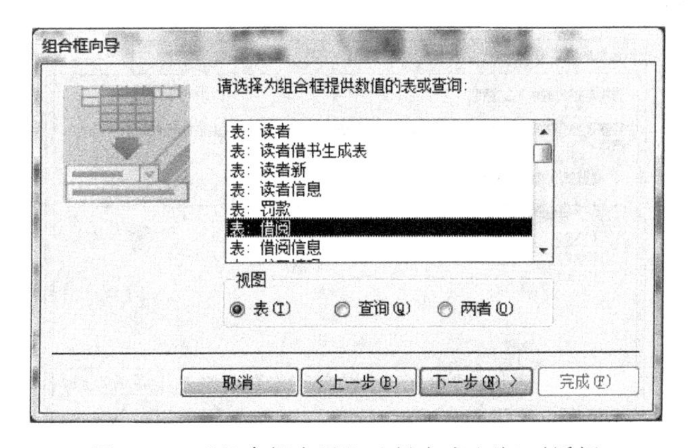

图 14-40 “组合框向导”(选择表或查询)对话框

⑪ 单击"下一步"按钮，打开"组合框向导"(选择字段)对话框，双击"可用字段"列表框中的"书编号"字段，将它加入到"选定字段"列表框中，如图 14-41 所示。

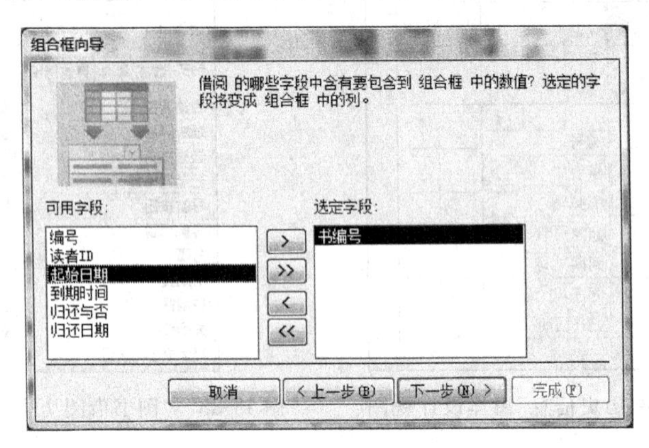

图 14-41 "组合框向导"(选择字段)对话框

⑫ 单击"下一步"按钮，打开如图 14-42 所示的"组合框向导"(确定排序次序)对话框，选择按"书编号"字段的升序排序。

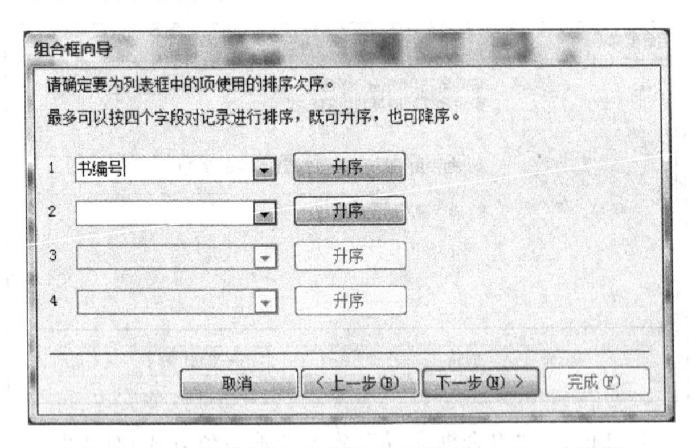

图 14-42 "组合框向导"(确定排序次序)对话框

⑬ 单击"下一步"按钮，打开如图 14-43 所示的"组合框向导"(指定列宽)对话框，指定组合框中列的宽度。

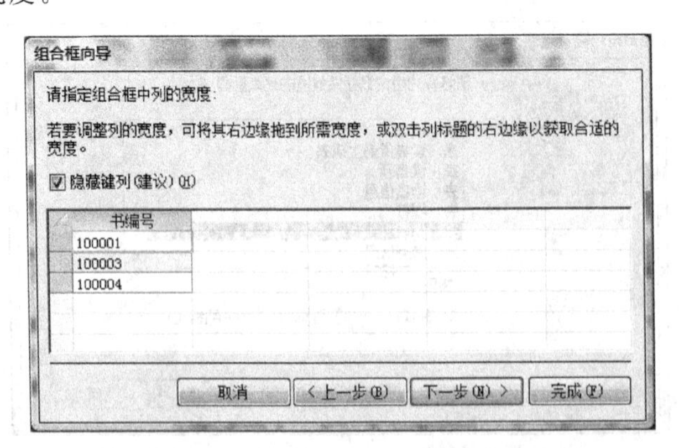

图 14-43 "组合框向导"(指定列宽)对话框

⑭ 单击“下一步”按钮，打开“组合框向导”(指定标签)对话框，给组合框指定标签为“请选择书编号”，如图 14-44 所示，单击“完成”按钮。

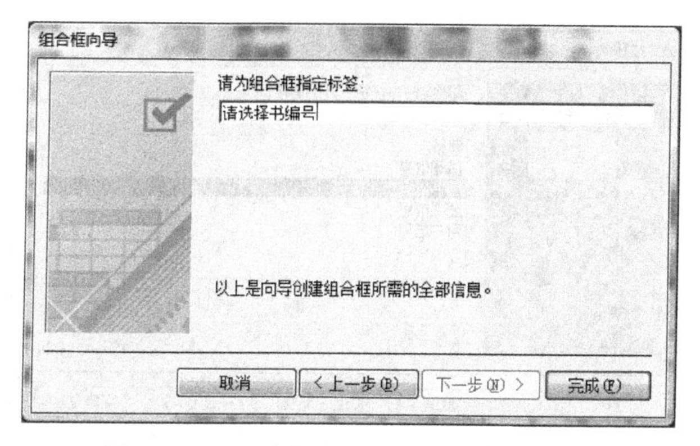

图 14-44 “组合框向导”(指定标签)对话框

⑮ 添加完组合框的窗体设计视图如图 14-45 所示，下面为窗体添加两个命令按钮。

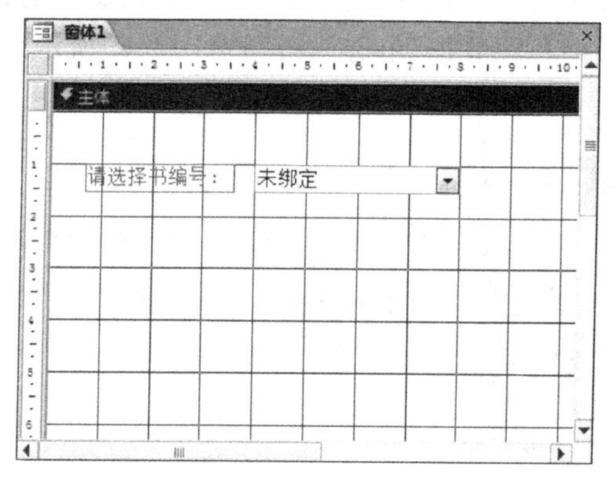

图 14-45 添加完组合框的窗体设计视图

⑯ 在确保“控件向导”被锁定的情况下，用鼠标选定“控件”选项组中的命令按钮控件，在窗体中合适的位置单击，打开“命令按钮向导”(选择操作)对话框，在“类别”列表框中选择“窗体操作”选项，在“操作”列表框中选中“打开窗体”选项，如图 14-46 所示。

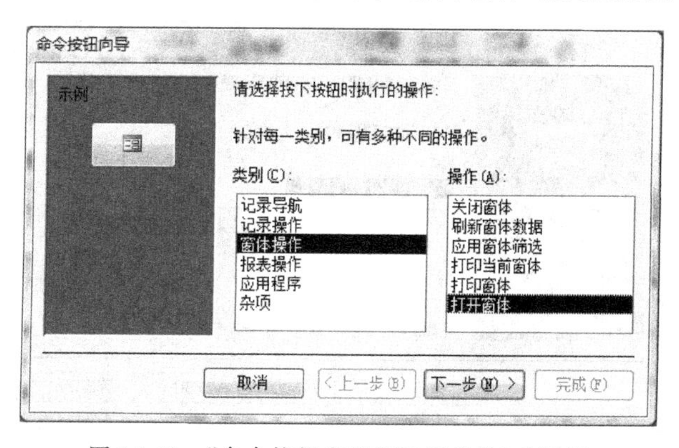

图 14-46 “命令按钮向导”(选择操作)对话框

⑰ 单击"下一步"按钮，打开"命令按钮向导"(选择打开的窗体)对话框，在列表框中选择"图书借阅历史信息"窗体，如图 14-47 所示。

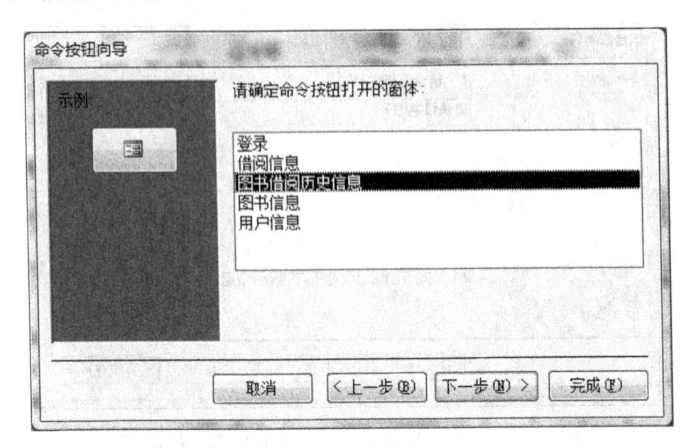

图 14-47 "命令按钮向导"(选择打开的窗体)对话框

⑱ 单击"下一步"按钮，打开"命令按钮向导"(显示在窗体的特定信息)对话框，选中"打开窗体并查找要显示的特定数据"单选按钮，如图 14-48 所示。

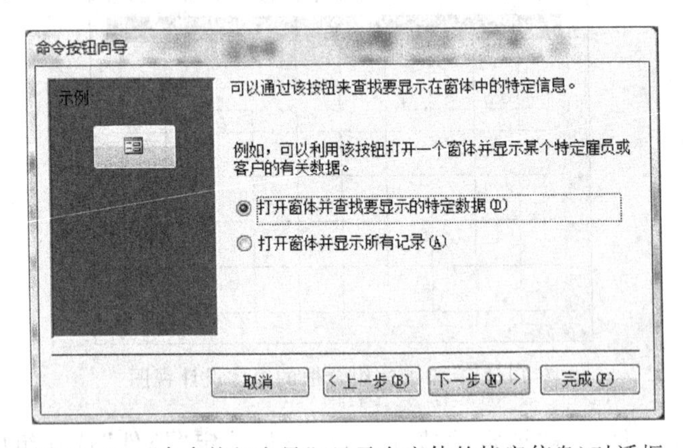

图 14-48 "命令按钮向导"(显示在窗体的特定信息)对话框

⑲ 单击"下一步"按钮，打开如图 14-49 所示"命令按钮向导"(指定匹配字段)对话

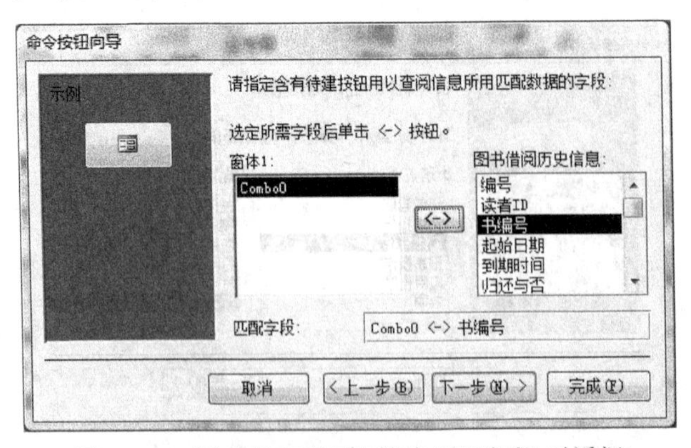

图 14-49 "命令按钮向导"(指定匹配字段)对话框

框，在“窗体 1”列表框中选择唯一的组合框名称，在“图书借阅历史信息”列表框中选择“书编号”，单击<->按钮创建匹配字段。

⑳ 单击“下一步”按钮，打开“命令按钮向导”(确定文本或图片)对话框，选中“文本”单选按钮并在文本框中输入“确定”，如图 14-50 所示。

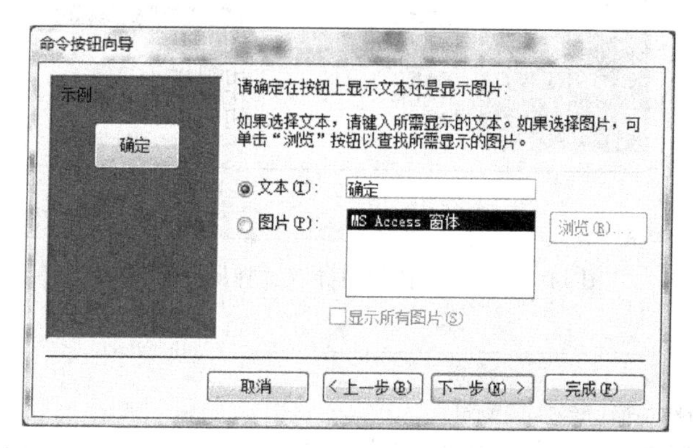

图 14-50 “命令按钮向导”(确定文本或图片)对话框

㉑ 单击“下一步”按钮，打开“命令按钮向导(命名)”对话框，如图 14-51 所示，指定命令按钮的名称。单击“完成”按钮，窗体设计视图的效果如图 14-52 所示。

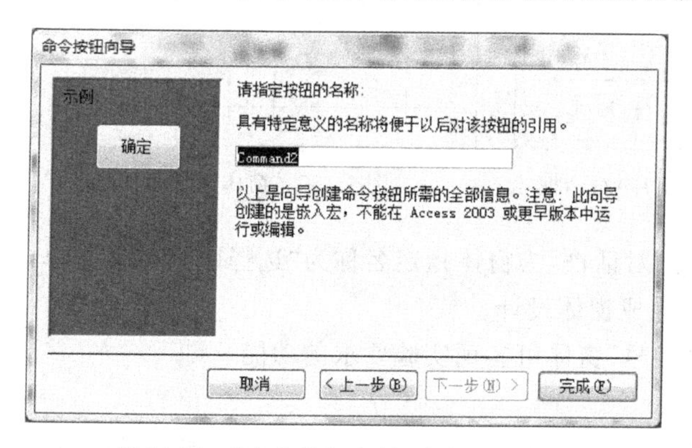

图 14-51 “命令按钮向导(命名)”对话框

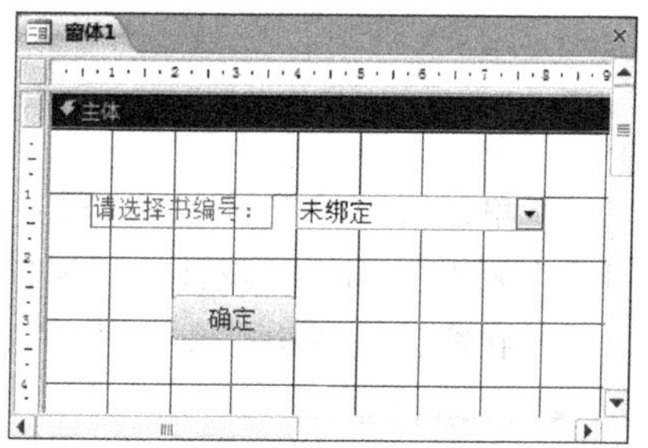

图 14-52 窗体设计视图

㉒ 在确保“控件向导”被锁定的情况下，用鼠标选定“控件”选项组中的命令按钮控件，在窗体中合适的位置处单击，打开“命令按钮向导”(选择操作)对话框，在“类别”列表框中选择“窗体操作”选项，在“操作”列表框中选中“关闭窗体”选项，如图 14-53 所示。

㉓ 单击“下一步”按钮，打开“命令按钮向导”(确定文本或图片)对话框，选中“文本”单选按钮并在文本框中输入“退出”，如图 14-54 所示。

㉔ 单击“下一步”按钮，打开“命令按钮向导”(命名)对话框，指定命令按钮的名称，单击“完成”按钮，窗体设计视图的效果如图 14-55 所示。

㉕ 打开窗体的属性表窗口，将“格式”选项卡下的“记录选择器”和“导航按钮”属性都设为“否”。

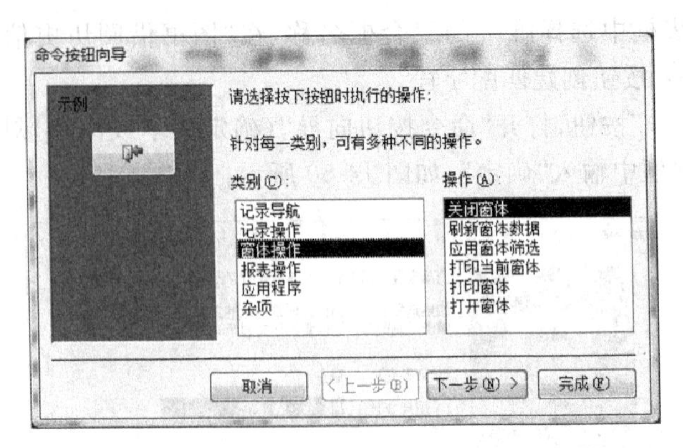

图 14-53 “命令按钮向导”(选择操作)对话框

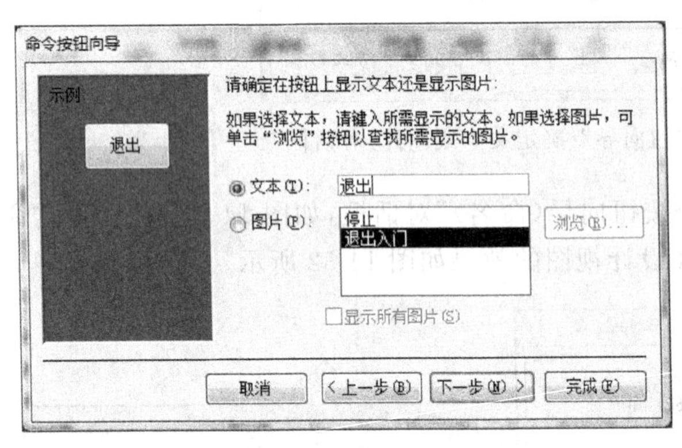

图 14-54 “命令按钮向导”(确定文本或图片)对话框

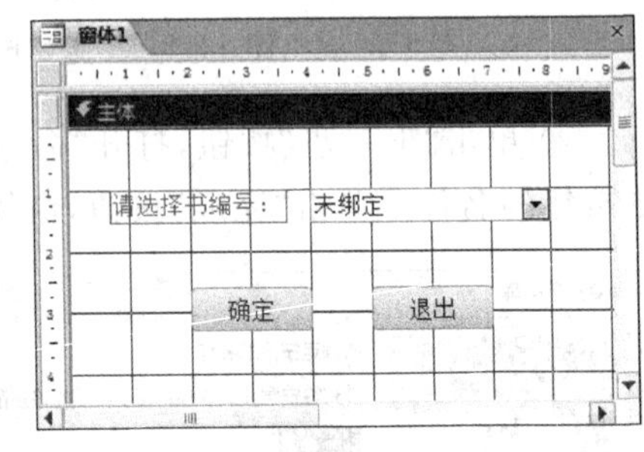

图 14-55 窗体设计视图

㉖ 单击“保存”按钮，打开“另存为”对话框，为窗体指定名称为“选择图书编号”，单击“确定”按钮，关闭窗体设计视图窗口，完成窗体设计。

㉗ 在窗体视图中打开“选择图书编号”窗体可实现实验要求的功能。

4. 实验作业

在“图书借阅管理”数据库中，创建“超期罚款”窗体，该窗体可在归还图书时，自动计算超期罚款金额。

实验三 导航窗体的设计和创建子窗体

实验重点

创建导航窗体，利用设计窗体，窗体控件的功能及控件属性的设置，控件布局的安排，创建子窗体。

实验难点

控件的使用，创建子窗体，创建导航窗体。

1. 实验目的

(1) 掌握创建导航窗体的方法。

(2) 掌握如何向窗体中添加控件,并对控件的属性进行设置。

(3) 掌握对控件的布局进行调整的方法。

(4) 掌握创建子窗体的方法。

2. 实验要求及内容

(1) 为"图书借阅管理"数据库创建导航窗体。

(2) 创建子窗体。

3. 实验方法及步骤

1) 实验方法

使用"创建"选项卡中的"窗体"选项组内的"导航窗体"选项创建导航窗体;使用"设计"选项卡中的"控件"选项组内的"子窗体/子报表"选项创建子窗体。

2) 实验步骤

【操作要求】

(1) 创建导航窗体,调用"用户信息"窗体,"借阅信息"窗体和"图书信息"窗体。

(2) 创建主-子窗体,要求主窗体显示"读者"表的基本信息,子窗体显示"借阅"表的"书编号"和"起始日期"、"到期日期"等字段。

【操作步骤】

(1) 创建导航窗体,调用"用户信息"窗体,"借阅信息"窗体和"图书信息"窗体。具体的操作步骤如下:

① 打开"图书借阅管理"数据库。

② 选择"创建"选项卡中的"窗体"选项组的"导航窗体"选项,在"导航窗体"选项下拉列表中选择"垂直标签,左侧"选项,如图 14-56 所示。

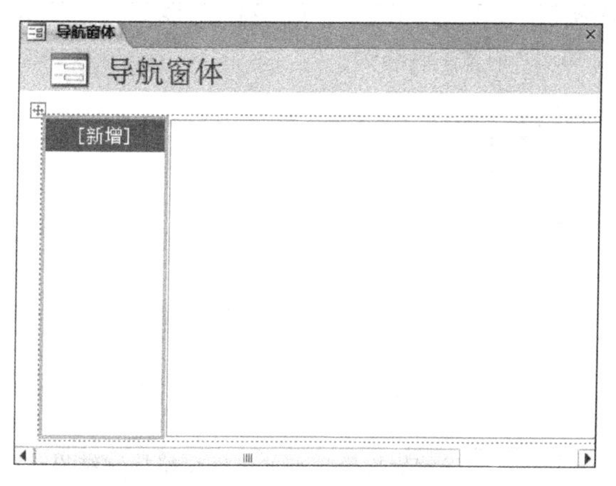

图 14-56　导航窗体界面

③ 将"所有 Access 对象"导航窗格"窗体"内部的"用户信息"窗体,"借阅信息"窗体和"图书信息"窗体依次拖拽到导航窗体的"增加"按钮处,即可完成导航窗体的创建,创建完成后的结果如图 14-57 所示。

若要修改已创建的导航窗体,应首先在"布局视图"中打开该导航窗体,然后再进行各种编辑操作。

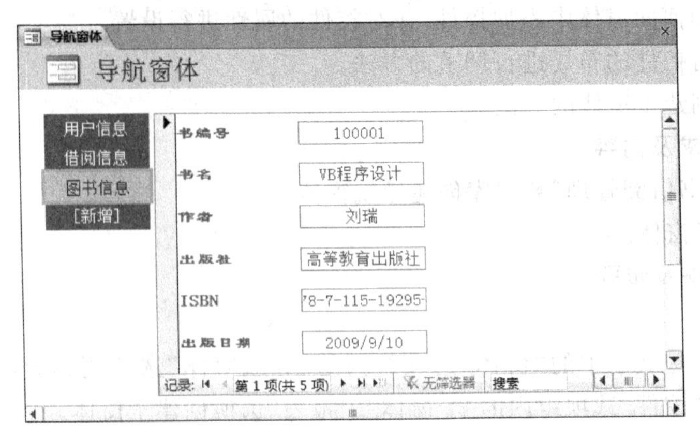

图 14-57　导航窗体结果

- 编辑标签顶部的导航窗格。

用户在创建新的导航窗体时 Access 在默认情况下会向窗体页眉添加标签导航窗格。若要编辑此标签，具体的操作步骤如下：

① 在布局视图中打开导航窗体。

② 用鼠标指向窗体页眉中的标签导航窗格，并单击选中它，之后可根据要求进行编辑。

③ 例如将标签导航窗格中的文字从“导航窗体”改为“图书借阅管理系统”，操作方法是单击窗体页眉中的标签以选中它，然后再次单击就可以将光标放在标签中了。然后修改文字，最后按 Enter 键完成编辑工作。完成后结果如图 14-58 所示。

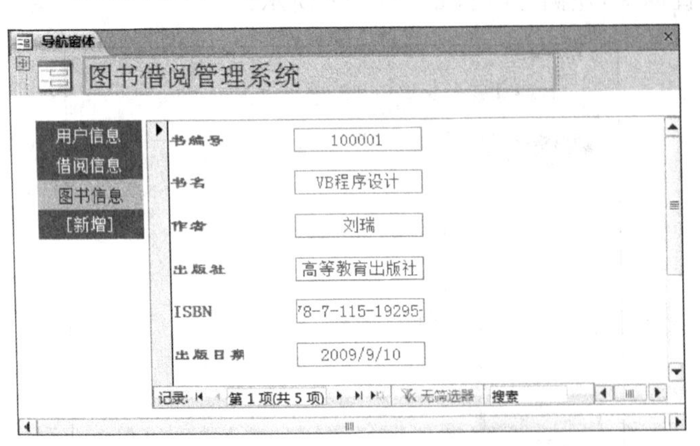

图 14-58　编辑标签顶部的导航窗格标题结果

- 编辑窗体标题。

如果设置了数据库，以作为在多个窗口叠放时利用窗体标题来进行区分的对象。若要编辑窗体标题，具体的操作步骤如下：

① 在布局视图中打开导航窗体。

② 在窗体空白位置处右击，在打开的快捷菜单中选择“表单属性”命令。

③ 在属性表任务窗格中选择“格式”选项卡内的“标题”属性，输入新的标题以满足我

们的需要，如图 14-59 所示。而后选择“全部”选项卡内的“名称”属性，输入新的名称以替代窗体标题栏的内容，如图 14-60 所示。完成后结果如图 14-61 所示。

属性表

所选内容的类型：窗体

窗体

格式 | 数据 | 事件 | 其他 | 全部

标题	图书借阅管理系统
默认视图	单个窗体
允许窗体视图	是
允许数据表视图	否
允许数据透视表视图	否
允许数据透视图视图	否
允许布局视图	是
图片类型	嵌入
图片	(无)
图片平铺	否
图片对齐方式	中心
图片缩放模式	剪辑

图 14-59 “标题”属性设置的内容

属性表

所选内容的类型：子窗体/子报表(F)

NavigationSubform

格式 | 数据 | 事件 | 其他 | 全部

名称	图书借阅管理系统
可见	是
宽度	12.698cm
高度	12.698cm
上边距	0.582cm
左	3.28cm
边框样式	实线
边框宽度	Hairline
边框颜色	背景 1，深色 35%
特殊效果	平面
上网格线样式	透明
下网格线样式	透明
左网格线样式	透明

图 14-60 “名称”属性设置的内容

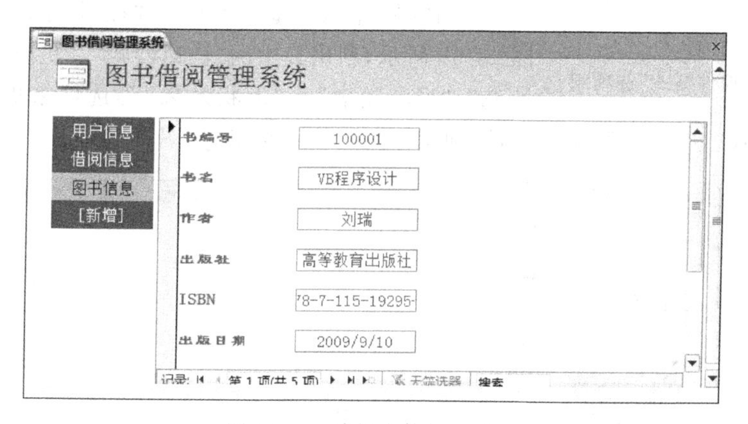

图 14-61 编辑窗体标题结果

- 将一个 Office 主题应用到数据库。

Office 主题提供了在一个数据库中更改其所使用的字体和颜色的快速方法。这些主题不仅仅只是应用于一个当前已打开的数据库中的所有对象。若要使用 Office 主题，具体的操作步骤如下：

① 在布局视图中打开导航窗体。

② 在“设计”选项卡上的“主题”选项组中，如果用户只想改变颜色而不改变字体，则选择“颜色”选项即可；如果用户只想改变字体而不改变颜色，则选择“字体”选项即可；如果用户既想改变颜色又想改变字体，则选择“主题”选项。

③ 这里我们选择“主题”选项，选择一种自己满意的主体后，切换到窗体视图查看结果，如图 14-62 所示。

- 给导航按钮更改颜色或改变其形状。

利用“快速样式”选项可以快速更改导航按钮的颜色或形状。用户可以将唯一样式应

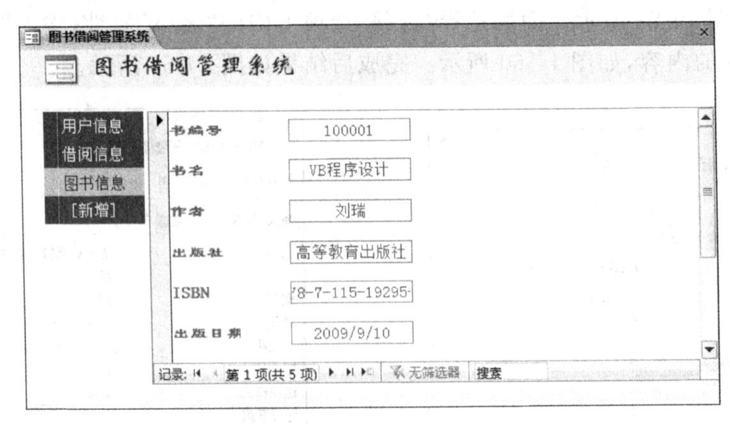

图 14-62　将 Office 主题应用到数据库的效果

用于每个按钮，也可将相同的样式应用于所有按钮，具体的操作步骤如下：

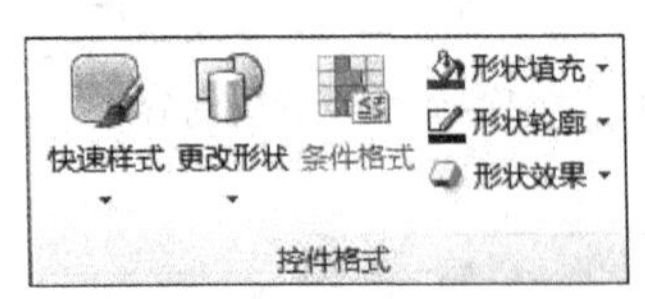

图 14-63　“控件格式”选项组

① 在布局视图中打开导航窗体。

② 选择要更改颜色或形状的导航按钮。

③ 选择“格式”选项卡中的“控件格式”选项组，如图 14-63 所示，利用其中的“快速样式”、“更改形状”、“形状填充”、“形状轮廓”和“形状效果”等选项来更改导航按钮的颜色或形状。更改后保存，并切换到窗体视图查看结果，如图 14-64 所示。

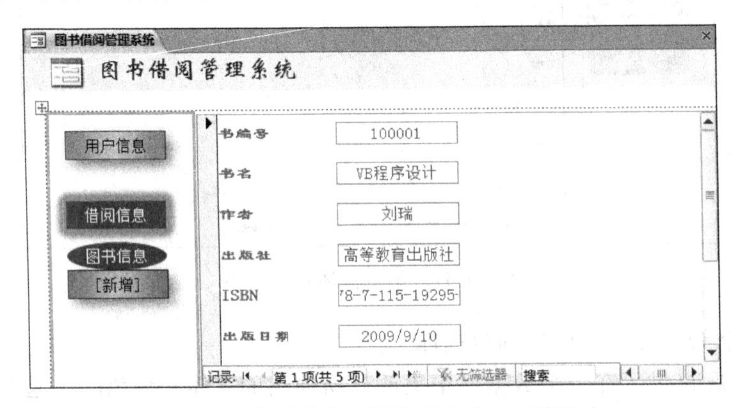

图 14-64　给导航按钮更改颜色或改变其形状

• 将导航窗体设置为默认的显示窗体。

导航窗体通常用作切换面板或主页以显示数据库，它的意义在于可以在默认情况下打开数据库。此外，因为在浏览器中不能访问导航窗格中的对象，故将其设置为默认在 Web 页面中显示的窗体，这是创建 Web 数据库中的一个非常重要的步骤。具体的操作步骤如下：

① 选择“文件”选项卡中的“帮助”选项，并在右侧单击“选项”选项，如图 14-65 所示。

② 在打开的“Access 选项”对话框左侧单击“当前数据库”选项。

在“显示窗体”下拉列表中选择用户要默认打开的窗体，这里选择名为“图书借阅管理

图 14-65 “文件”选项卡中的“帮助”选项

系统”的导航窗体，如图 14-66 所示，设置完毕后，单击“确定”按钮。关闭数据库，再打开以测试设置效果。

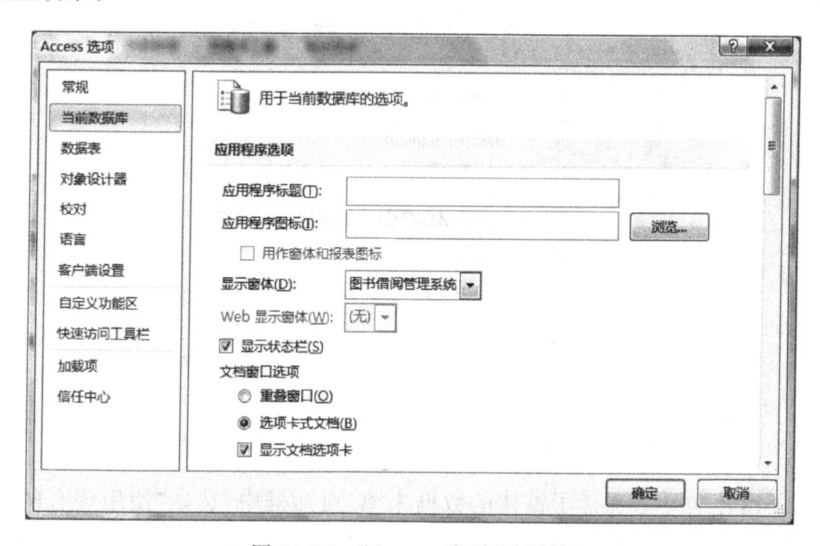

图 14-66 “Access 选项”对话框

(2) 创建主-子窗体，要求主窗体显示“读者”表的基本信息，子窗体显示“借阅”表的“书编号”、“起始日期”、“到期日期”等字段。具体的操作步骤如下：

① 打开“图书借阅管理”数据库。

② 在导航窗格中右击“读者基本信息”窗体，在弹出的快捷菜单中选择“设计视图”命令，打开该窗体的设计视图，如图 14-67 所示。

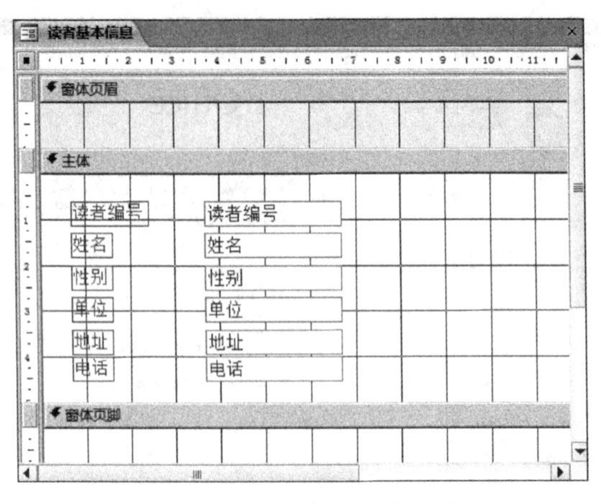

图 14-67　窗体的设计视图

③ 单击“设计”选项卡上“控件”选项组的“使用控件向导”按钮，使控件向导处于锁定状态。

④ 单击“设计”选项卡上“控件”选项组的“子窗体/子报表”按钮，将鼠标指针放置在窗体主体节上，按住鼠标左键不放，拖出一个空白框，系统将自动打开“子窗体向导”(选择子窗体的数据来源)对话框，如图 14-68 所示。

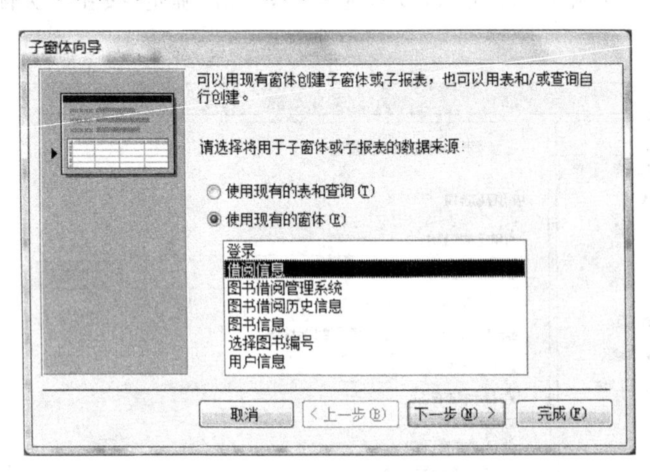

图 14-68　“子窗体向导”(选择子窗体的数据来源)对话框

⑤ 在“子窗体向导”(选择子窗体的数据来源)对话框中，选择“使用现有的窗体”单选按钮，在列表框中选择“借阅信息”窗体，然后单击“下一步”按钮，出现“子窗体向导”(选择链接字段)对话框，如图 14-69 所示。

⑥ 在“子窗体向导”(选择链接字段)对话框中，确定主窗体链接到该子窗体的字段，选择“从列表中选择”单选按钮，在列表框中选择“用读者编号显示借阅”选项，单击“下一步”按钮，出现“子窗体向导”(指定子窗体名称)对话框，如图 14-70 所示。

⑦ 在“子窗体向导”(指定子窗体名称)对话框中，指定子窗体的名称，在文本框中输入“借阅信息子窗体”，单击“完成”按钮，回到窗体的设计视图，如图 14-71 所示。

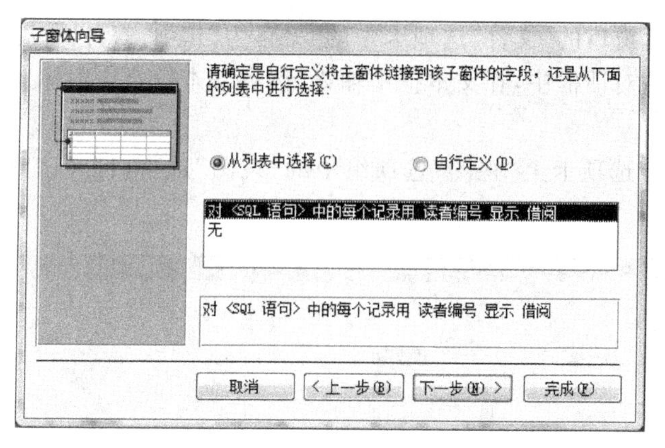

图 14-69 “子窗体向导”(选择链接字段)对话框

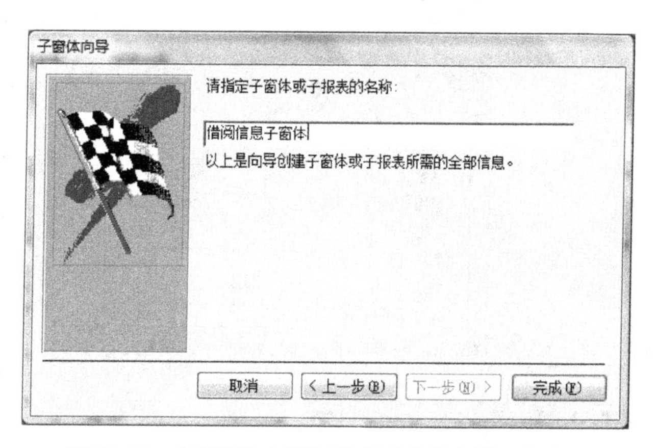

图 14-70 “子窗体向导”(指定子窗体名称)对话框

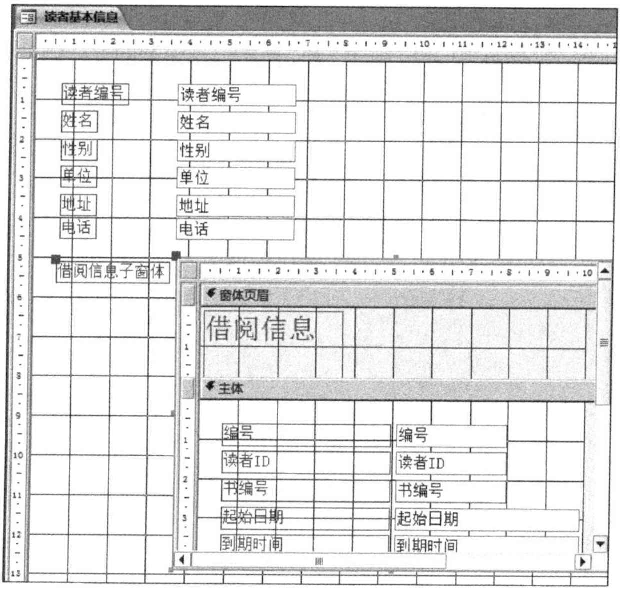

图 14-71 主-子窗体的设计视图

⑧ 选择数据库窗口的“文件”选项卡中的“另存为”选项，打开“另存为”对话框。

⑨ 在“另存为”对话框中，在文本框中输入“读者基本信息主窗体”，单击“确定”按钮，保存窗体。

⑩ 单击“设计”选项卡上“视图”选项组中的“视图”选项，打开该窗体的窗体视图，如图 14-72 所示。

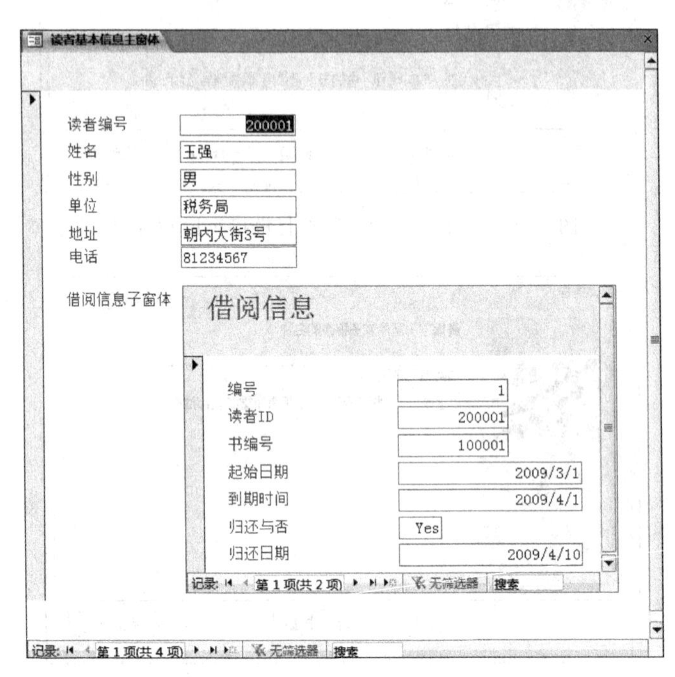

图 14-72　主-子窗体的窗体视图

4. 实验作业

在“图书借阅管理”数据库中，以“图书”和“借阅”表为数据源，创建子窗体。

第 15 章　报　　表

实验一　报表的创建

实验重点

掌握快速创建报表、创建空白报表、创建标签报表的方法，掌握使用报表向导创建报表的方法，并学会在报表设计视图中创建复杂报表或对已建立好的报表进行修改编辑。

实验难点

运用报表设计视图新建报表以及对现有报表进行修改。

1. 实验目的

(1) 掌握快速创建报表的方法。

(2) 掌握创建空白报表的方法。

(3) 掌握创建标签报表的方法。

(4) 掌握使用报表向导创建报表的方法。

(5) 掌握使用报表“设计视图”创建一般报表的方法。

(6) 掌握使用报表“设计视图”修改报表的方法。

2. 实验要求及内容

(1) 熟练掌握快速创建报表的方法。

(2) 熟练掌握创建空白报表的方法。

(3) 熟练掌握创建标签报表的方法。

(4) 熟练掌握基于报表向导的方法创建一般报表。

(5) 掌握使用报表“设计视图”创建一般报表的方法。

(6) 掌握在设计视图下对已建立的报表进行修改编辑。

【实验内容】

实验方法及步骤

1) 实验方法

使用“创建”选项卡中的“报表”选项组内的“报表”选项、“标签”选项、“空报表”选项、“报表向导”选项、“报表设计”选项，“设计”选项卡中的“工具”选项组内的“属性表”选项来创建报表。

2) 实验步骤

【操作要求】

(1) 快速创建“图书借阅管理”数据库中“读者”表的报表。

(2) 快速在“图书借阅管理”数据库创建一张空白报表。

(3) 利用标签向导为每一个“读者”制作一张借书证(标签报表)。

(4) 使用“报表向导”来创建一个报表，输出读者的基本情况及所借书的基本情况。

(5) 使用报表“设计视图”创建“读者图书”的表格式报表，并在设计视图中练习编辑报表的各种操作。

【操作步骤】

(1) 快速创建“图书借阅管理”数据库中“读者”表的报表，具体的操作步骤如下：

① 选定“读者”表对象，以此作为数据源。

② 单击“创建”选项卡中的“报表”选项组内的“报表”选项，如图 15-1 所示。

报表向导
标签
报表
报表设计
空报表
报表

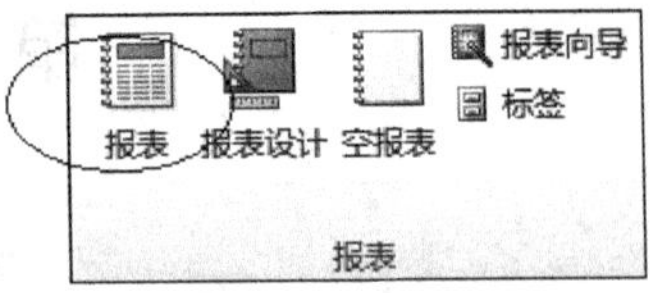

图 15-1 “创建”选项卡中的“报表”选项组内的“报表”选项

③ 立刻会生成“读者”表的快速报表，如图 15-2 所示。

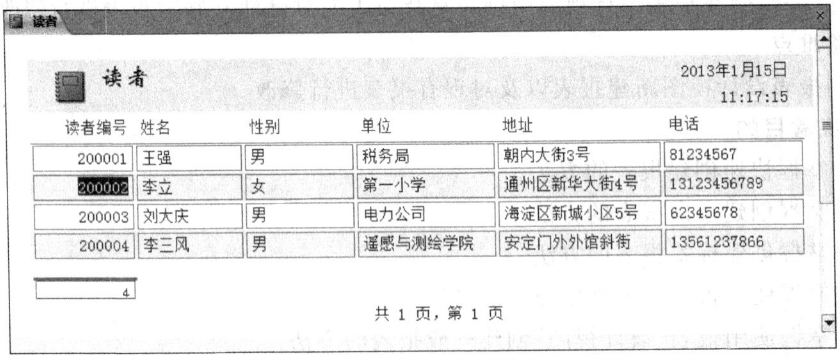

读者
读者
2013年1月15日
11:17:15
读者编号 姓名 性别 单位 地址 电话
200001 王强 男 税务局 朝内大街3号 81234567
200002 李立 女 第一小学 通州区新华大街4号 13123456789
200003 刘大庆 男 电力公司 海淀区新城小区5号 62345678
200004 李三风 男 遥感与测绘学院 安定门外外馆斜街 13561237866
4
共 1 页，第 1 页

图 15-2 快速生成的学生表的报表

④ 单击“保存”按钮，弹出“另存为”对话框，输入报表名称，单击“确定”按钮保存报表。

(2) 快速在“图书借阅管理”数据库创建一个空白报表，具体的操作步骤如下：

点击报表选项组中的空报表按钮 可以快速建立一个空白报表，该选项的使用表明报表的建立可从一个空白报表入手，在建立了空白报表的同时，右侧出现字段列表窗格，可提供空白报表的多个数据源的字段进行选择，如图 15-3 所示，待日后选择好所需字段后，即可使得空白报表成为一个令人满意的报表。

报表1
字段列表
仅显示当前记录源中的字段
其他表中的可用字段:
读者
编辑表
读者编号
姓名
性别
单位
地址
电话
读者借书生成表
读者新
读者信息
罚款
借阅
借阅信息

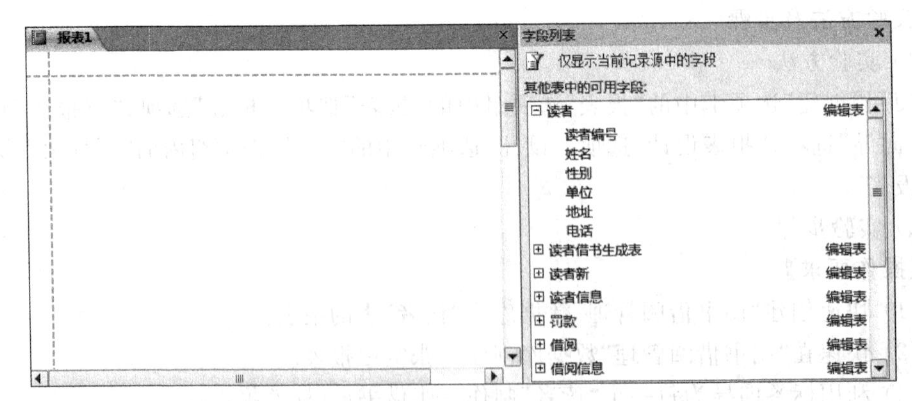

图 15-3 空白报表

(3) 利用标签向导为每一个“读者”制作一张借书证(标签报表),具体的操作步骤如下:

① 选定“读者”表对象,以此作为数据源。

② 单击“创建”选项卡中的“报表”选项组内的“标签”选项 标签 ,打开“标签向导”之指定标签尺寸对话框,并选择 C2245 选项,如图 15-4 所示。

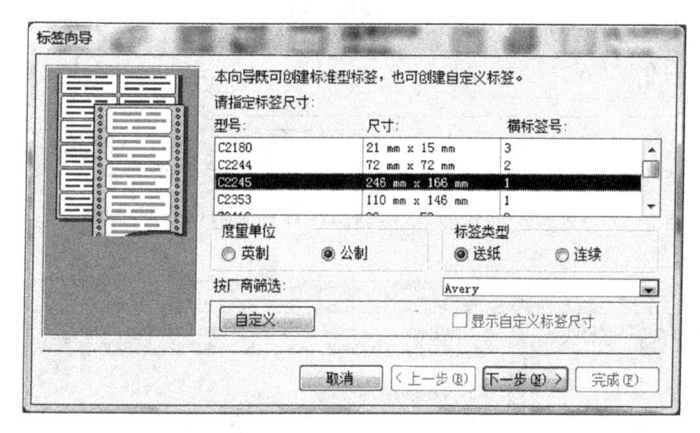

图 15-4 “标签向导”之指定标签尺寸对话框

③ 单击“下一步”按钮,打开“标签向导”之选择文本字体和颜色对话框,在这里可以设置标签的字体、字形、字号和字符颜色,如图 15-5 所示。

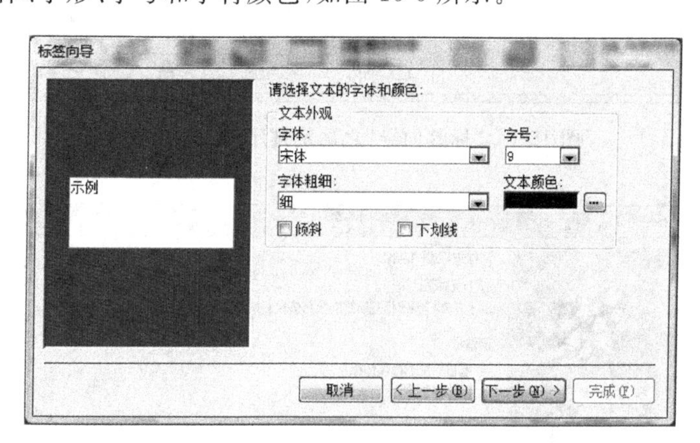

图 15-5 “标签向导”之选择文本字体和颜色对话框

④ 单击“下一步”按钮,打开“标签向导”之确定邮件标签的内容对话框,在这里用户可以输入各种计算能够识别的字符(包括空格在内),也可以选择数据源中的字段作为标签的内容,设置完的结果如图 15-6 所示。

⑤ 单击“下一步”按钮,打开“标签向导”之确定排序字段对话框,这里选择按“读者编号”字段进行排序,如图 15-7 所示。

⑥ 单击“下一步”按钮,打开“标签向导”之指定报表名称对话框,这里命名为“借书证标签”,在“请选择”选项中选择“查看标签的打印预览”选项,如图 15-8 所示。

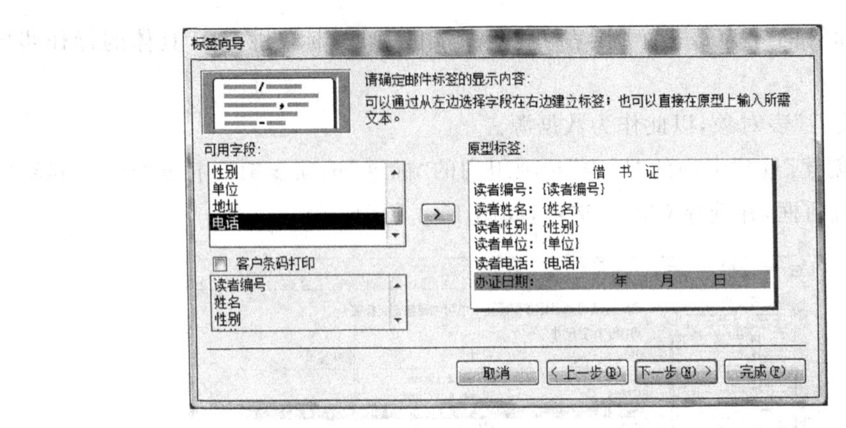

图 15-6 “标签向导”之确定邮件标签的内容对话框

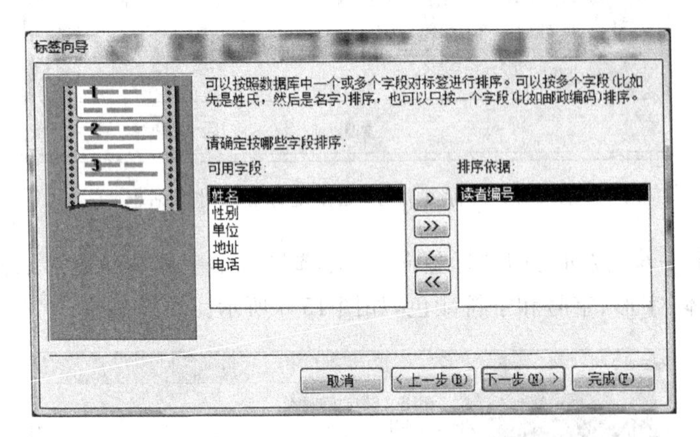

图 15-7 “标签向导”之确定排序字段对话框

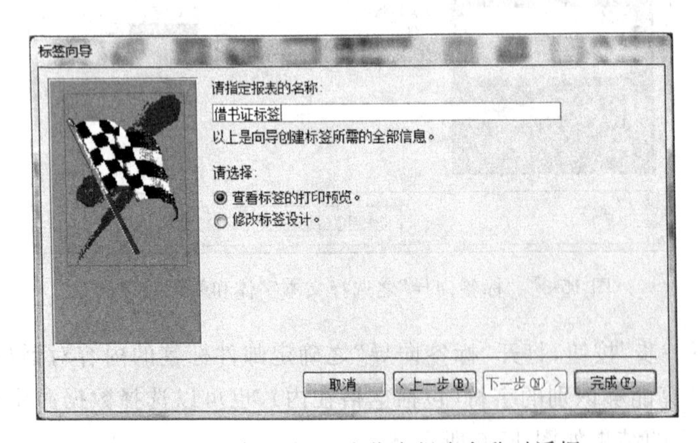

图 15-8 “标签向导”之指定报表名称对话框

⑦ 单击“完成”按钮，可以看到制作完成的标签效果，如图 15-9 所示。

(4) 使用“报表向导”来创建一个报表，输出读者的基本情况及所借书的基本情况，具体的操作步骤如下：

① 在数据库窗口中，已建立“读者借阅信息”查询，结果如图 15-10 所示。

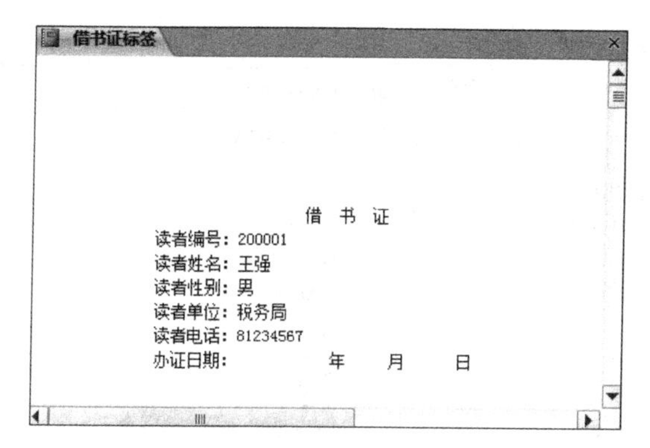

图 15-9　制作完成的标签效果

读者借书查询

读者编号	姓名	性别	单位	借阅.书编号	起始日期	到期时间	归还与否	图书.书编号	书名	作者	出版社
200001	王强	男	税务局	100001	2009/3/1	2009/4/1	Yes	100001	VB程序设计	刘瑞	高等教育出版社
200001	王强	男	税务局	100003	2010/2/1	2010/3/1	No	100003	英语写作	李新	机械工业出版社
200002	李立	女	第一小学	100004	2009/3/2	2009/4/2	No	100004	艺术设计教程	王思齐	电子工业出版社

图 15-10　“读者借阅信息”查询内容

② 在数据库窗口中，单击左侧数据源列表中的“读者借阅信息”查询。

③ 单击“创建”选项卡中的“报表”选项组内的“报表向导”选项 报表向导，打开“报表向导”，如图 15-11 所示。

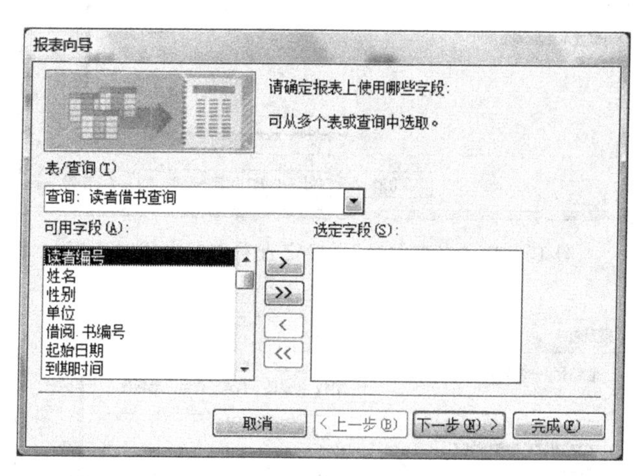

图 15-11　“报表向导”之确定报表使用字段对话框

④ 在“报表向导”之确定报表使用字段对话框中，在“表/查询”下拉列表框中指定报表数据源，并依次选择所有字段，如图 15-12 所示。

⑤ 单击“下一步”按钮，打开“报表向导”之确定查看数据方式对话框，在该对话框中指定查看数据的方式。在该对话框左侧的列表框中选择“通过图书”选项，效果如图 15-13 所示。

⑥ 单击“下一步”按钮，打开“报表向导”之是否添加分组对话框，在该对话框中指定分组级别，如图 15-14 所示，如不指定分组级别，则直接单击“下一步”按钮。

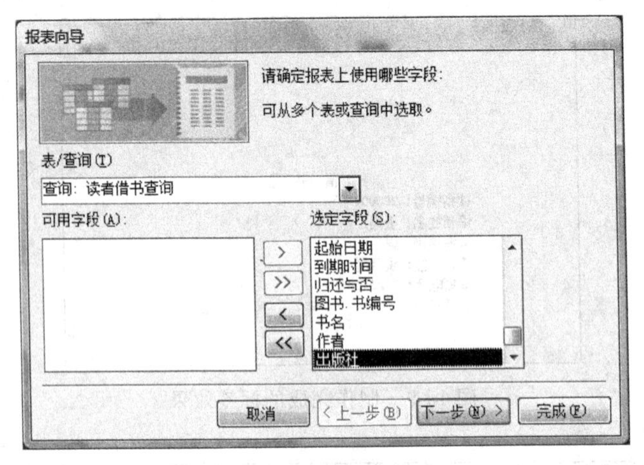

图 15-12　选择所需字段

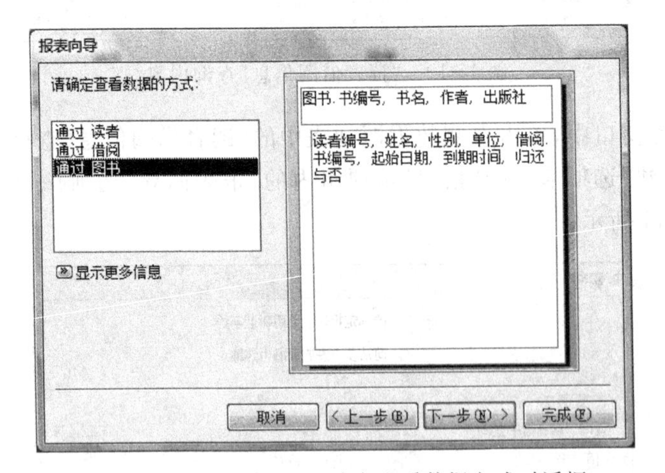

图 15-13　“报表向导”之确定查看数据方式对话框

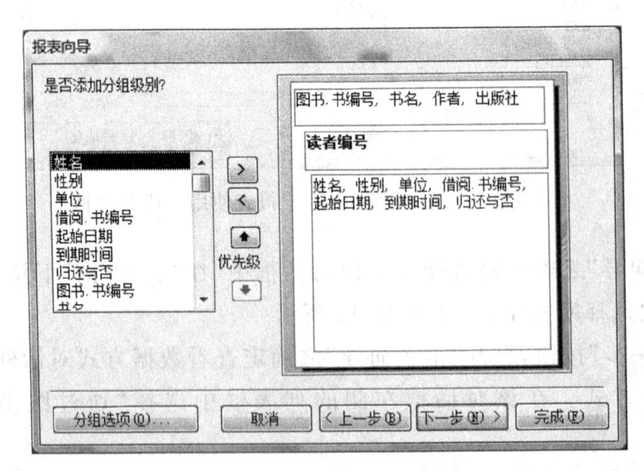

图 15-14　指定分组级别

⑦ 单击“下一步”按钮，屏幕显示“报表向导”之排序和汇总字段对话框，在该对话框中指定记录的排序次序。在第一个下拉列表框中选择“借阅.书编号”作为记录排序字段，如图 15-15 所示。

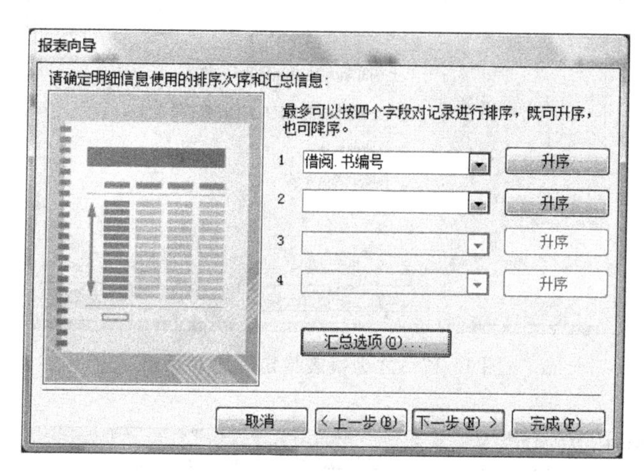

图 15-15 “报表向导”之排序和汇总字段对话框

⑧ 单击“下一步”按钮，屏幕显示“报表向导”之确定报表布局方式对话框，在该对话框中指定选择报表的布局样式和方向。这里“布局”选择“递阶”选项，“方向”选择“纵向”选项，如图 15-16 所示。

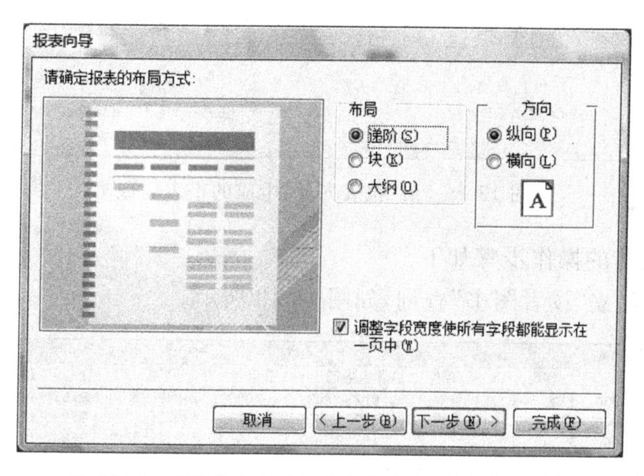

图 15-16 “报表向导”之确定报表布局方式对话框

⑨ 单击“下一步”按钮，屏幕显示“报表向导”之为报表指定标题对话框，在该对话框中指定报表的标题为“读者图书信息”，如图 15-17 所示。

⑩ 单击“完成”按钮，屏幕显示由“报表向导”生成的报表，用户可以使用垂直和水平滚动条来预览窗体，如图 15-18 所示。

当在“报表视图”中查看到的报表格式不满意时，可以切换到“布局视图”对所显示的字段宽度给以调整，直至满意为止。

(5) 使用报表“设计视图”创建“读者借书”的表格式报表并在设计视图中练习编辑报

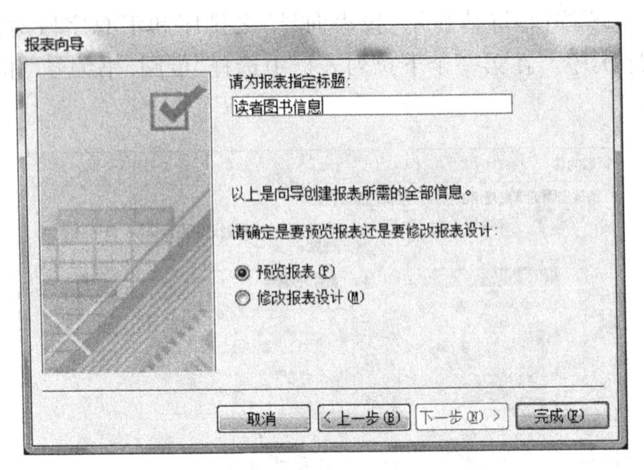

图 15-17　之为报表指定标题对话框

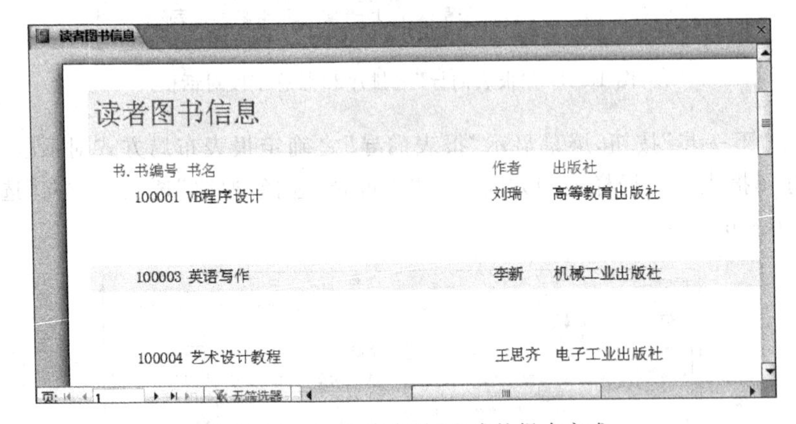

图 15-18　由“报表向导”生成的报表完成

表的各种操作，具体的操作步骤如下：

① 数据库已建立“读者图书”查询，如图 15-19 所示。

读者图书查询

读者编号	姓名	单位	电话	书编号	书名	ISBN
200001	王强	税务局	81234567	100001	VB程序设计	978-7-115-19295-4
200001	王强	税务局	81234567	100003	英语写作	978-3-101-10234-9
200002	李立	第一小学	13123456789	100004	艺术设计教程	978-2-176-23145-3
*						

图 15-19　已建立的“读者图书”查询

② 在数据库窗口中，单击左侧数据源列表中的“读者图书”查询。

③ 单击“创建”选项卡中的“报表”选项组内的“报表设计”选项，打开“报表设计”视图。

④ 单击“报表选择器”，单击“设计”选项卡中的“工具”选项组内的“属性表”选项，打开报表的“属性”对话框，在报表“属性”对话柜中，单击“数据”选项卡，可以在“记录源”属性后面的下拉列表框中选样已有的表或查询作为报表的记录源，也可以单击下拉列表框

后面的[...]按钮，在打开的“查询生成器”窗口中创建新的查询作为报表的记录源。这里单击下拉列表框，选择“读者图书”查询作为报表的记录源，如图 15-20 所示。

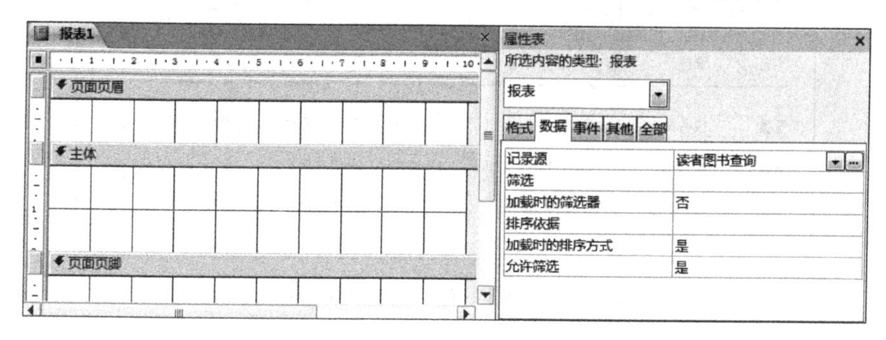

图 15-20 “报表设计”及“记录源”属性窗口

⑤ 右击“设计视图”网格区，在打开的快捷菜单选择“报表页眉/页脚”命令，添加报表页眉/页脚节。

⑥ 单击控件选项组中的日期时间控件 、矩形框控件、标签控件。日期时间控件 用来在报表页眉节中添加一个日期时间控件，标签用来输入窗体标题“读者图书表”，矩形框控件用于修饰，调整矩形控件、标签控件和日期控件的位置，效果如图 15-21 所示。

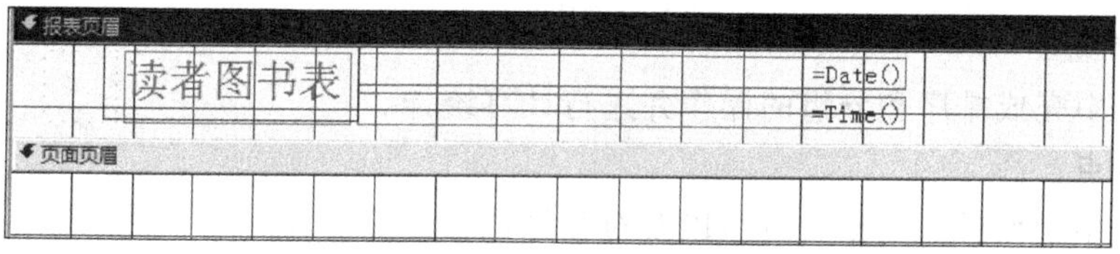

图 15-21 报表页眉节中添加的控件

设置标签格式属性：“标题”为读者图书表，“字体名称”为黑体，“字号”为 26，“文字对齐”为居中。设置矩形格式属性：“高度”为 1.2cm，“宽度”为 4.2cm，“边框样式”为透明。

⑦ 从控件选项组向页面页眉中添加 6 个标签控件，标签标题属性分别输入“姓名”、“单位”、“电话”、“书编号”、“书名”、“ISBN”，再向页面页眉中添加 1 个直线控件，并调整标签控件和直线控件的位置，效果如图 15-22 所示。

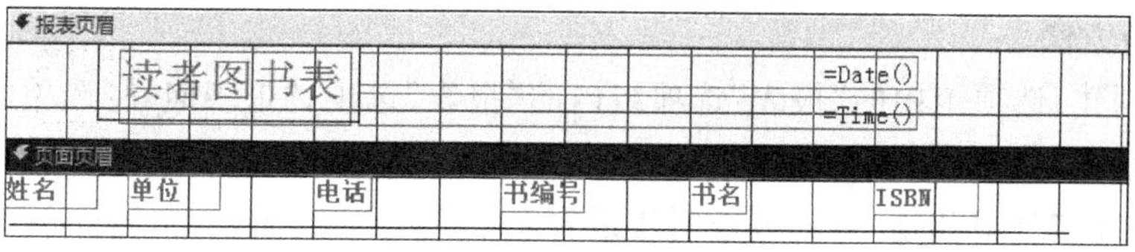

图 15-22 页面页眉中添加的 6 个标签控件

⑧ 然后在“主体”节中添加 6 个对应字段的文本框控件并调整好位置。最后在“设计视图”或“布局视图”中调整报表页面页眉节和主体节的高度，以合适的尺寸容纳其中的控件。切换到“打印预览”视图显示报表，如图 15-23 所示。然后以“读者图书”命名保存该报表。

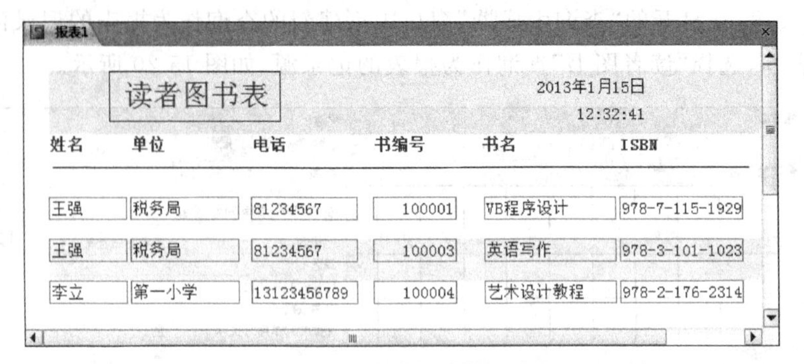

图 15-23　完成后的“读者图书”报表

4. 实验作业

(1) 快速创建“图书借阅管理”数据库中“读者”表的报表。

(2) 创建“图书借阅管理”数据库中“读者”表的标签报表。

(3) 利用“报表向导”创建“图书借阅管理”数据库“借阅”表的报表。

实验二　高级报表的设计

实验重点

在报表中完成排序和分组的操作并进行计算统计。

实验难点

在报表中如何进行数据的分组以及对数据进行计算统计。

1. 实验目的

(1) 掌握在报表中排序和分组的方法。

(2) 掌握在报表中进行计算统计的方法。

2. 实验内容及要求

(1) 利用查询结果进行分组、排序后创建报表。

(2) 修改报表,并统计每人借书本数。

3. 实验方法及步骤

1) 实验方法

使用“创建”选项卡中的“报表”选项组内的“报表”选项、“报表向导”选项、“报表设计”选项、“设计”选项卡中的“工具”选项组内的“属性表”选项、“设计”选项卡中的“分组和汇总”选项组内的“分组和排序”选项来创建报表。

2) 实验步骤

【操作要求】

(1) 使用设计视图创建一个名为“读者借书查询”的查询,用于从图书借阅管理数据库中显示读者借阅图书的情况,然后创建一个报表,以“读者借书查询”作为数据源,在报表中按照读者编号对记录分组,按照起始日期降序排列记录。

(2) 在布局视图中修改以上报表,计算出每人借书本数。

【操作步骤】

(1) 以“读者借书查询”的查询为数据源，如图 15-10 所示，快速创建“图书借阅管理”数据库中“读者借书查询”查询的报表，具体的操作步骤如下：

① 确定以上查询为数据源，单击“创建”选项卡中的“报表”选项组内的“报表”选项。

② 立刻会生成“读者借书查询”快速报表。切换到“布局视图”，对格局作调整，删掉某些无用字段，在切换到报表视图，效果如图 15-24 所示。

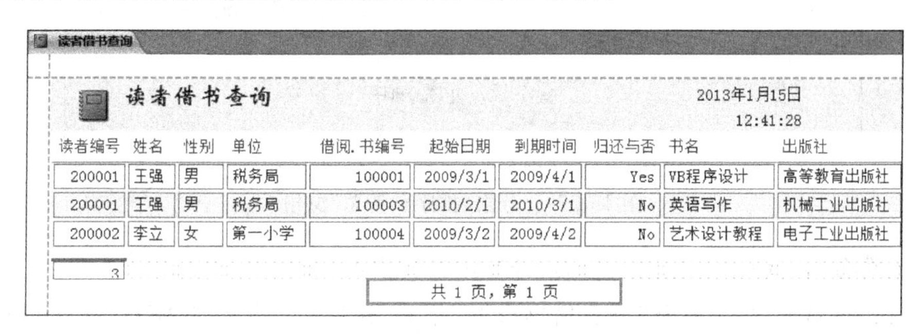
读者借书查询

2013年1月15日
12:41:28

读者编号	姓名	性别	单位	借阅.书编号	起始日期	到期时间	归还与否	书名	出版社
200001	王强	男	税务局	100001	2009/3/1	2009/4/1	Yes	VB程序设计	高等教育出版社
200001	王强	男	税务局	100003	2010/2/1	2010/3/1	No	英语写作	机械工业出版社
200002	李立	女	第一小学	100004	2009/3/2	2009/4/2	No	艺术设计教程	电子工业出版社

3

共 1 页，第 1 页

图 15-24　快速生成的“读者借阅信息查询”报表

③ 在“布局视图”中打开“读者借阅查询”报表，右键单击“读者编号”字段，然后从快捷菜单中选择“分组形式：读者编号”命令，如图 15-25 所示。

选择整列(C)
分组形式 读者编号(G)
汇总 读者编号(T)
升序(S)
降序(O)
从“读者编号”清除筛选器(L)
数字筛选器(F)
等于 200001(E)
不等于 200001(N)
小于或等于 200001(L)

图 15-25　从快捷菜单中选择“分组形式：读者编号”命令

④ 单击该命令后即可完成指定的分组操作。切换到“报表视图”，效果如图 15-26 所示。

读者借书查询

2013年1月15日
12:49:35

读者编号	姓名	性别	单位	借阅.书编号	起始日期	到期时间	归还与否	书名	出版社
200001									
	王强	男	税务局	100003	2010/2/1	2010/3/1	No	英语写作	机械工业出版社
	王强	男	税务局	100001	2009/3/1	2009/4/1	Yes	VB程序设计	高等教育出版社
200002									
	李立	女	第一小学	100004	2009/3/2	2009/4/2	No	艺术设计教程	电子工业出版社

3

共 1 页，第 1 页

图 15-26　调整到“报表视图”后的效果

⑤ 选中“起始日期”字段按降序完成排序。方法是可以在布局视图中，选择“设计”选项卡中的“分组和汇总”选项组内的“分组和排序”选项，Access 显示“分组、排序和汇总”窗格。如图 15-27 所示，在“分组、排序和汇总”窗格中单击“添加排序”按钮后，选择“起始日期”字段，再选择排序方式为降序即可；或右击“起始日期”字段，然后从弹出的快捷菜单中选择“降序”命令，均可按照起始日期降序排列记录。

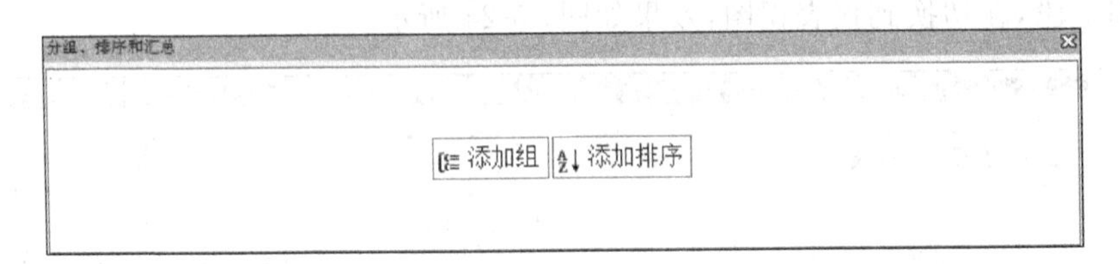

图 15-27 “分组、排序和汇总”窗格

(2) 在布局视图中修改以上报表，计算出每人借书本数。

① 在“布局视图”中打开“读者借书查询”报表，选定“起始日期”字段，单击“设计”选项卡中“分组和汇总”选项组内的“合计”选项，在打开的下拉菜单中选择“记录计数”选项，如图 15-28 所示。

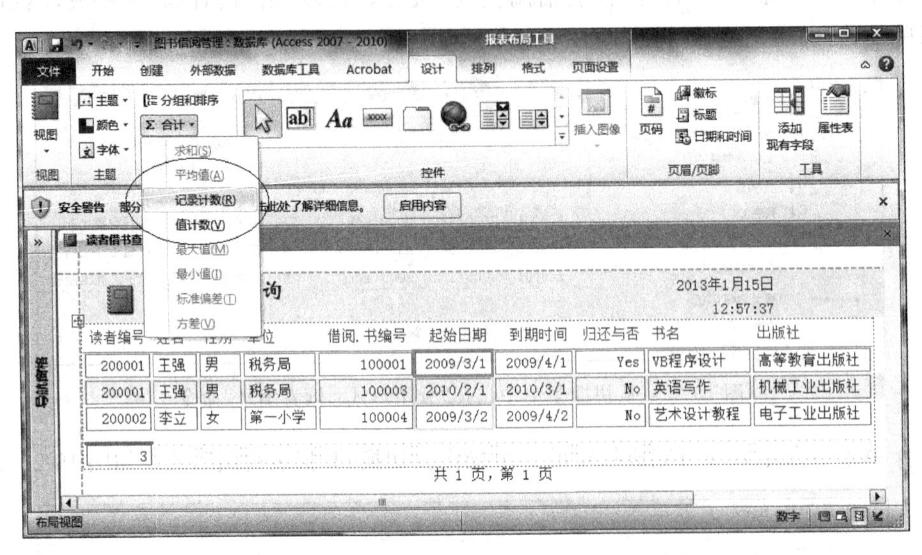

图 15-28 “合计”下拉菜单内的“记录计数”命令

② 按“起始日期”字段统计的记录数就是每位读者所借图书总和，如图 15-29 所示。

③ 可在每位读者所借图书总和数前添加标签控件，予以说明，并添加直线控件为每条记录作分割。完成的报表如图 15-30 所示。

4. 实验作业

建立基于“读者借阅信息查询”的查询报表，以性别作为分组依据，并统计各性别人数。

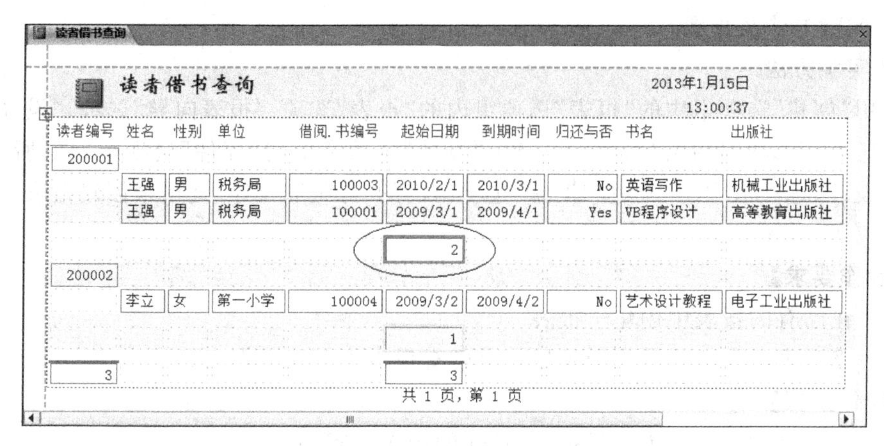

图 15-29　按“起始日期”字段统计的纪录数

图 15-30　完成的报表

实验三　主子报表的建立

实验重点

掌握建立主子报表的方法。

实验难点

建立主子报表的方法。

1. 实验目的

熟练掌握主子报表的建立方法。

2. 实验内容及要求

（1）在已有的报表中创建子报表。

（2）将一个已有的报表添加到另一个已有报表中创建子报表。

3. 实验方法及步骤

1）实验方法

使用“创建”选项卡中的“报表”选项组内的“报表”选项、“报表向导”选项、“设计”选项卡中的“工具”选项组内的“属性表”选项、“设计”选项卡中的“控件”选项组内的所需控件选项、“设计”选项卡中的“分组和汇总”选项组内的“分组和排序”选项来创建报表。

2）实验步骤

【操作要求】

（1）在已有的报表中创建子报表。

（2）将一个已有的报表添加到另一个已有报表中创建子报表。

【操作步骤】

（1）在已有的报表中创建子报表，具体的操作步骤如下：

① 打开已有的“读者”报表，将其作为主报表，如图 15-31 所示。

读者

读者 2013年1月15日 13:08:33

读者编号	姓名	性别	单位	地址	电话
200001	王强	男	税务局	朝内大街3号	81234567
200002	李立	女	第一小学	通州区新华大街4号	13123456789
200003	刘大庆	男	电力公司	海淀区新城小区5号	62345678
200004	李三风	男	遥感与测绘学院	安定门外外馆斜街	13561237866

4　　共 1 页，第 1 页

图 15-31 “读者”报表

② 确保控件选项组中的“控件向导”按钮处于锁定状态，然后单击控件选项组中的“子窗体/子报表”选项按钮。

③ 在主报表的主体节中合适位置上单击，屏幕显示“子报表向导”之确定子报表数据来源对话框，如图 15-32 所示，在该话框中可以指定子报表的“数据来源”，这里选择“使用现有的表和查询”选项。单击“下一步”按钮，屏幕显示“子报表向导”之确定子报表中的字段对话框，选择“表/查询”下拉列表中的“表：借阅”选项，并选定所有字段，如图 15-33 所示。

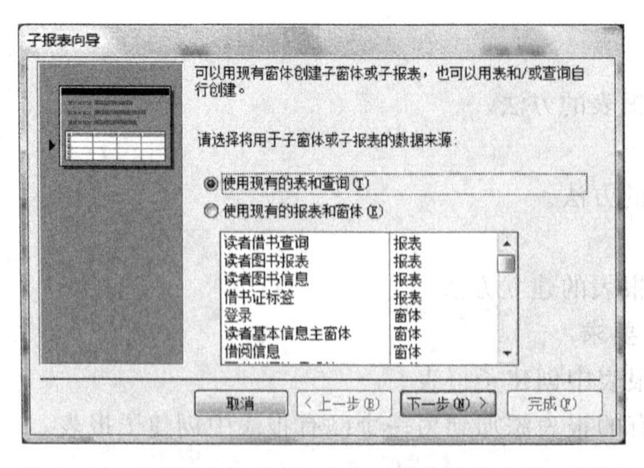

图 15-32 “子报表向导”之确定子报表数据来源对话框

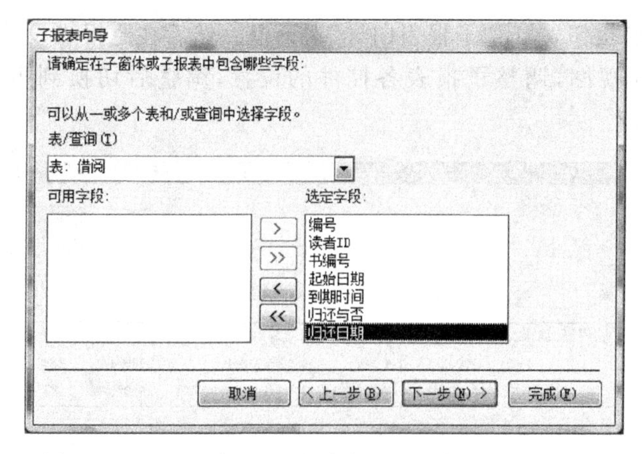

图 15-33 “子报表向导”之确定子报表中的字段对话框

④ 单击“下一步”按钮,屏幕显示“子报表向导”之确定主报表与子报表链接字段对话框,在该对话框中指定主报表与子报表的链接字段,如图 15-34 所示。

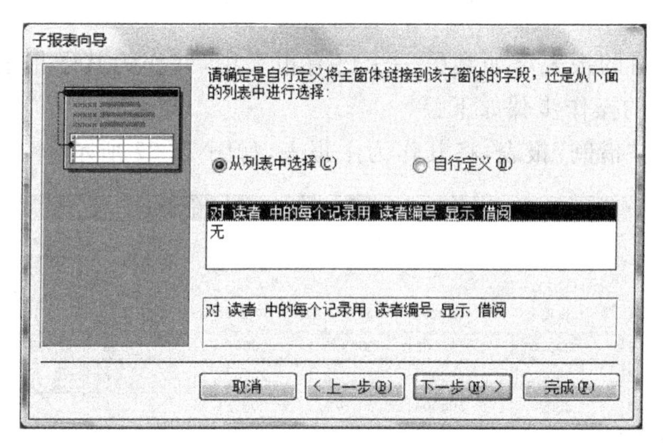

图 15-34 “子报表向导”之确定主报表与子报表链接字段对话框

⑤ 单击“下一次”按钮,屏幕显示“子报表向导”之指定子报表名称对话框,在该对话框为子报表指定名称。这里设置子报表名称为“借阅子报表”,如图 15-35 所示。

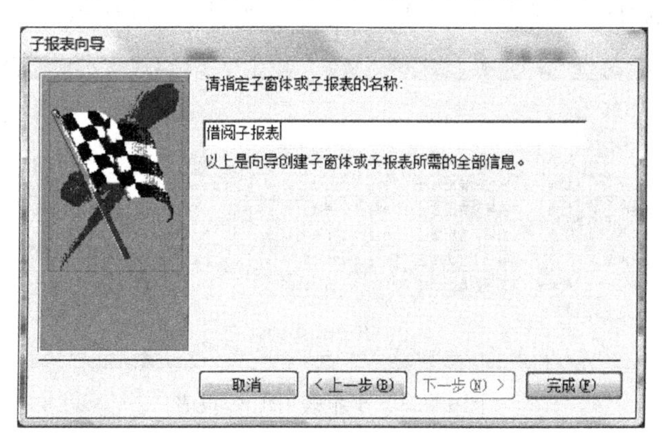

图 15-35 “子报表向导”之指定子报表名称对话框

⑥ 单击“完成”按钮，关闭“子报表向导”对话框。然后在主报表设计视图的主体节中出现子报表的设计视图，调整子报表各控件的位置，调整后切换到报表视图后效果如图 15-36 所示。

读者

读者

2013年1月15日
13:17:30

读者编号	姓名	性别	单位	地址	电话
200001	王强	男	税务局	朝内大街3号	81234567

借阅子报表

编号	读者ID	书编号	起始日期	到期时间	还与否	归还日期
1	200001	100001	2009/3/1	2009/4/1	Yes	2009/4/10
2	200001	100003	2010/2/1	2010/3/1	No	

读者编号	姓名	性别	单位	地址	电话
200002	李立	女	第一小学	通州区新华大街4号	13123456789

借阅子报表

编号	读者ID	书编号	起始日期	到期时间	还与否	归还日期
3	200002	100004	2009/3/2	2009/4/2	No	

图 15-36　调整后效果报表

(2) 将一个已有的报表添加到另一个已有报表中，并作为其子报表。利用这种方法创建子报表的具体的操作步骤如下：

① 打开已有的“借阅”报表，将其作为主报表，如图 15-37 所示。

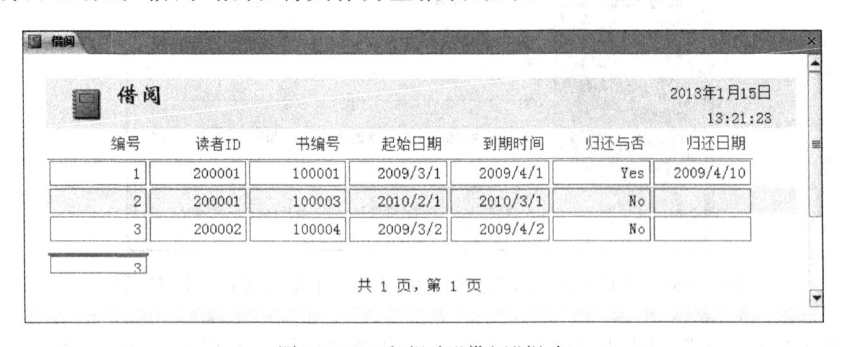
借阅

借阅

2013年1月15日
13:21:23

编号	读者ID	书编号	起始日期	到期时间	归还与否	归还日期
1	200001	100001	2009/3/1	2009/4/1	Yes	2009/4/10
2	200001	100003	2010/2/1	2010/3/1	No	
3	200002	100004	2009/3/2	2009/4/2	No	

3

共 1 页，第 1 页

图 15-37　主报表“借阅”报表

② 打开已有的“图书”报表，将其作为子报表，如图 15-38 所示。

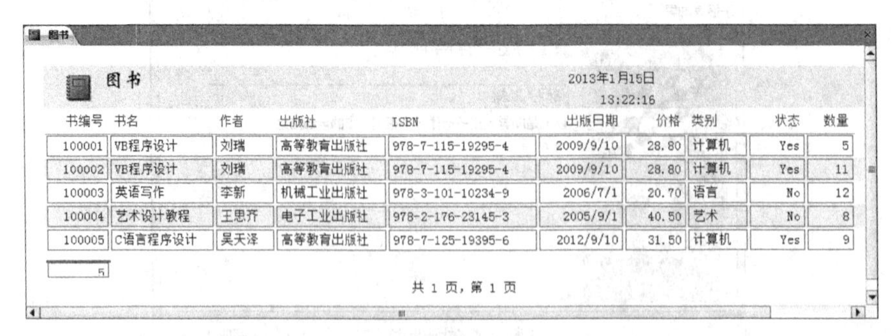
图书

图书

2013年1月15日
13:22:16

书编号	书名	作者	出版社	ISBN	出版日期	价格	类别	状态	数量
100001	VB程序设计	刘瑞	高等教育出版社	978-7-115-19295-4	2009/9/10	28.80	计算机	Yes	5
100002	VB程序设计	刘瑞	高等教育出版社	978-7-115-19295-4	2009/9/10	28.80	计算机	Yes	11
100003	英语写作	李新	机械工业出版社	978-3-101-10234-9	2006/7/1	20.70	语言	No	12
100004	艺术设计教程	王思齐	电子工业出版社	978-2-176-23145-3	2005/9/1	40.50	艺术	No	8
100005	C语言程序设计	吴天泽	高等教育出版社	978-7-125-19395-6	2012/9/10	31.50	计算机	Yes	9

5

共 1 页，第 1 页

图 15-38　子报表“图书”报表

③ 在“设计视图”中打开作为主报表的“借阅”报表。

④ 让控件选项组中的“控件向导”按钮处于锁定状态，然后单击控件选项组中的“子窗体/子报表”选项按钮，在主报表的主体节中合适位置上单击，屏幕显示“子报表向导”之确定子报表数据来源对话框，在该话框中可以指定子报表的“数据来源”，这里选择“使用现有的报表和窗体”选项，并选择“图书”报表，如图 15-39 所示。

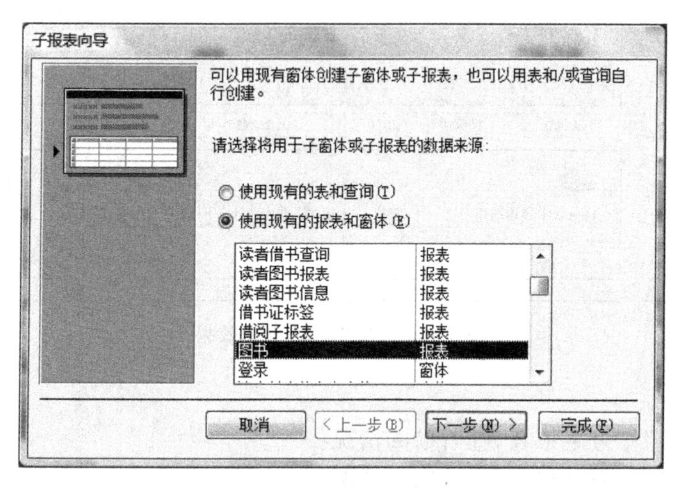

图 15-39 “子报表向导”之确定子报表数据来源对话框

⑤ 单击“下一步”按钮，屏幕显示“子报表向导”之确定主报表与子报表链接字段对话框，在该对话框中指定主报表与子报表的链接字段，如图 15-40 所示。

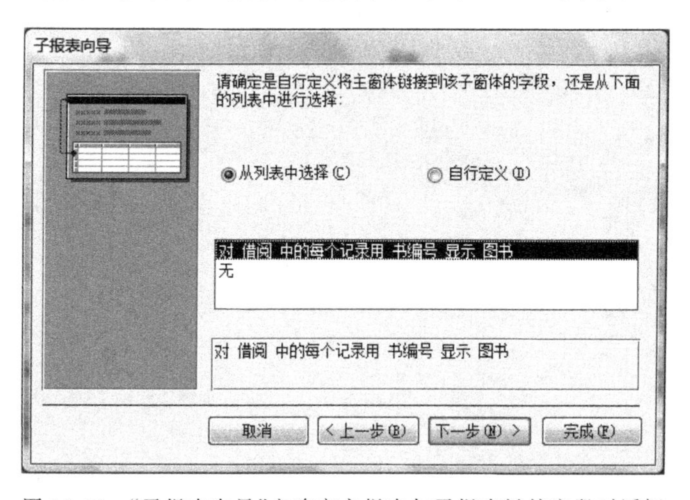

图 15-40 “子报表向导”之确定主报表与子报表链接字段对话框

⑥ 单击“下一步”按钮，为子报表指定名称后，单击“完成”按钮，关闭“子报表向导”对话框。然后在主报表设计视图的主体节中出现子报表的设计视图，在“布局视图”调整子报表各控件的位置，调整后切换到报表视图后效果如图 15-41 所示。

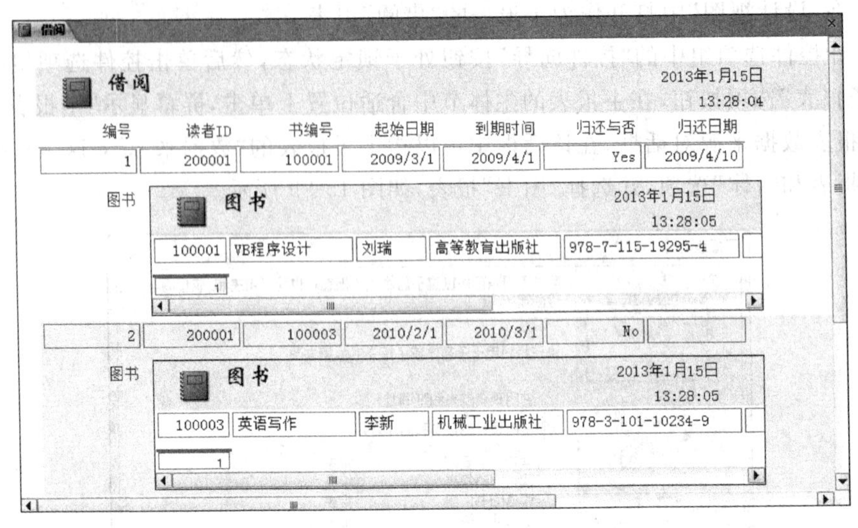

图 15-41　调整后的报表效果

4. 实验作业

(1) 以“读者”作为主报表,查看借阅情况。

(2) 以“读者”作为主报表,查看罚款情况。

第16章　宏及其应用

实验一　创　建　宏

实验重点

针对“图书借阅管理”数据库中创建宏、保存和运行宏。

实验难点

利用所创建的宏来打开查询、窗体等数据库对象。

1. 实验目的

(1) 掌握使用宏设计视图创建基本宏的方法。

(2) 掌握保存和运行宏的方法。

2. 实验要求及内容

(1) 打开“宏”设计视图创建基本宏。

(2) 保存和运行宏。

3. 实验方法及步骤

1) 实验方法

利用“创建”选项卡中的“宏与代码”选项组内的“宏”选项和“设计”选项卡中的“结果”选项组内的“视图”与“运行”选项来完成实验内容。

2) 实验步骤

【操作要求】

(1) 创建读者信息查询宏。

(2) 保存和运行宏。

【操作步骤】

(1) 创建读者信息查询宏。具体的操作步骤如下：

① 在“图书借阅管理”数据库窗口中，选择“创建”选项卡中的“宏与代码”选项组内的“宏”选项，系统弹出如图16-1所示的宏设计视图。

② 单击“添加新操作”列表右边的下拉箭头，在下拉列表框中，选择要使用的操作OpenQuery(打开查询)。

③ 在查询名称下拉列表框中，选择要打开的查询“读者借书查询”。在“视图”下拉列表框中选择“数据表”视图。在“数据模式”下拉列表中选择“只读”模式，如图16-2所示。

④ 单击“添加新操作”列表右边的下拉箭头，在下拉列表框中，选择要使用的操作OpenForm(打开窗体)。

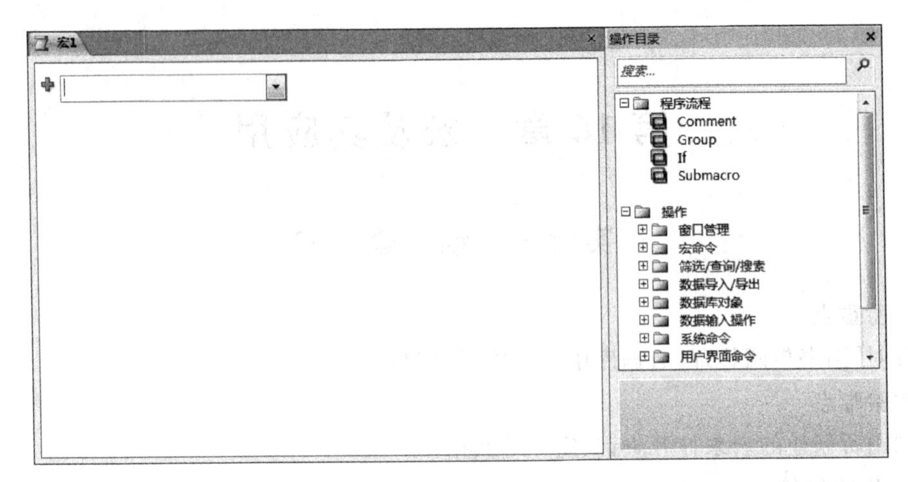

图 16-1　宏设计视图

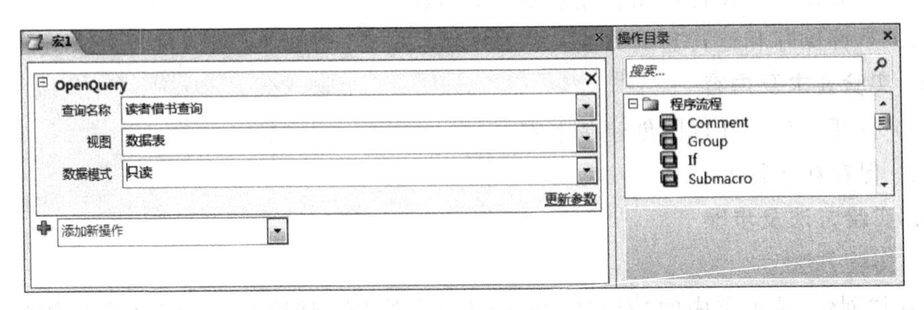

图 16-2　选择打开查询操作并设置参数

⑤ 在窗体名称下拉列表框中，选择要打开的窗体“读者信息查询”。在“视图”下拉列表框中选择“窗体”视图。在“窗口模式”下拉列表框中选择“普通”模式，如图 16-3 所示。

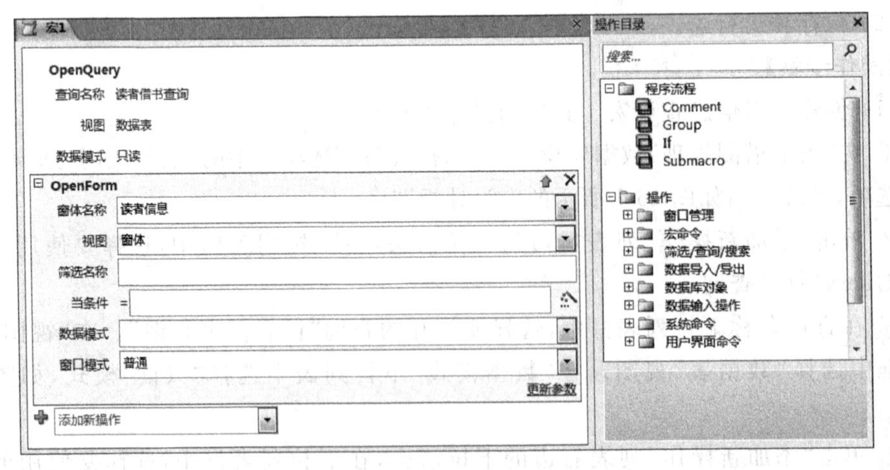

图 16-3　选择打开窗体操作并设置参数

(2) 保存和运行宏。

① 单击自定义快速访问工具栏中的“保存”按钮，弹出如图 16-4 所示的“另存为”对话框，命名为“读者信息查询”宏，单击“确定”，保存该宏。

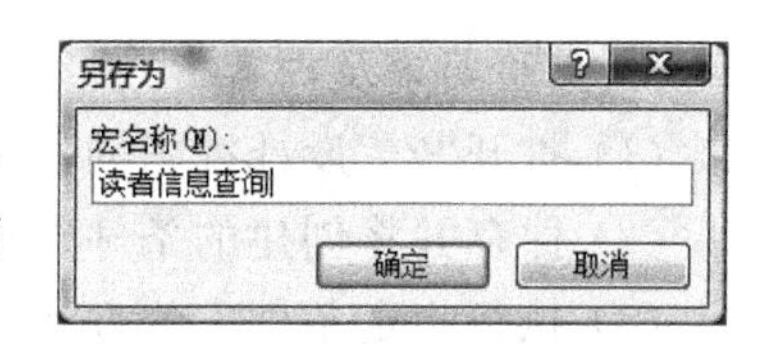

图 16-4 “另存为”对话框

② 单击“设计”选项卡中的“结果”选项组内的“运行”选项，“读者信息查询”宏的运行结果为打开“读者借书查询”和打开“读者信息窗体”两个操作，操作结果分别如图 16-5 和图 16-6 所示。

读者编号	姓名	性别	单位	借阅.书编号	起始日期	到期时间	归还与否	图书.书编号	书名	作者	出版社
200001	王强	男	税务局	100001	2009/3/1	2009/4/1	Yes	100001	VB程序设计	刘瑞	高等教育出版社
200001	王强	男	税务局	100003	2010/2/1	2010/3/1	No	100003	英语写作	李新	机械工业出版社
200002	李立	女	第一小学	100004	2009/3/2	2009/4/2	No	100004	艺术设计教程	王思齐	电子工业出版社

图 16-5 运行宏所打开的“读者借书查询”

读者借书查询 读者信息

读者

读者编号 200001

姓名 王强

性别 男

单位 税务局

地址 朝内大街3号

电话 81234567

记录: 第 1 项(共 4 项) 无筛选器 搜索

图 16-6 运行宏所打开的“读者信息窗体”

4. 实验作业

创建一个图书借阅信息维护宏，该宏包含“打开查询”和“打开窗体”两个操作。“打开查询”操作，打开“在库图书查询”；“打开窗体”操作，打开“图书档案信息”窗体。

实验二　创建条件宏

实验重点

针对“图书借阅管理”数据库中创建条件宏、保存宏并将宏加载到窗体对象。

实验难点

使用宏设计视图来创建条件宏，并将其加载到窗体对象中。

1. 实验目的

(1) 掌握使用宏设计视图创建条件宏的方法。

(2) 掌握保存条件宏并将其加载到窗体对象中的方法。

(3) 掌握执行条件宏的方法。

2. 实验要求及内容

(1) 打开"宏"设计视图创建条件宏。

(2) 保存并将创建的条件宏加载到窗体对象中。

(3) 执行指定条件宏的方法。

3. 实验方法及步骤

1) 实验方法

利用"创建"选项卡中的"宏与代码"选项组内的"宏"选项和"设计"选项卡中的"结果"选项组内的"视图"与"运行"选项、"操作目录"列表框中的"操作流程"选项组内的 If…End If 选项、自定义快速访问工具栏、"开始"选项卡中的"视图"选项组内的"视图"选项、"设计"选项卡中的"工具"选项组内的"属性表"选项来完成实验内容。

2) 实验步骤

【操作要求】

(1) 创建图书信息维护宏。

(2) 保存宏并将宏加载到窗体对象。

(3) 执行"图书信息维护"宏。

【操作步骤】

(1) 创建图书信息维护宏。具体操作步骤如下：

① 在"图书借阅管理"数据库窗口中，选择"创建"选项卡中的"宏与代码"选项组内的"宏"选项，系统弹出如图 16-1 所示的宏设计视图。

② 单击"添加新操作"列表右边的下拉箭头，在下拉列表框中，选择要使用的操作 OpenForm(打开窗体)。

③ 在窗体名称下拉列表框中，选择要打开的窗体"图书信息"。在"视图"下拉列表框中选择"窗体"视图。在"窗口模式"下拉列表框中选择"普通"模式，如图 16-7 所示。

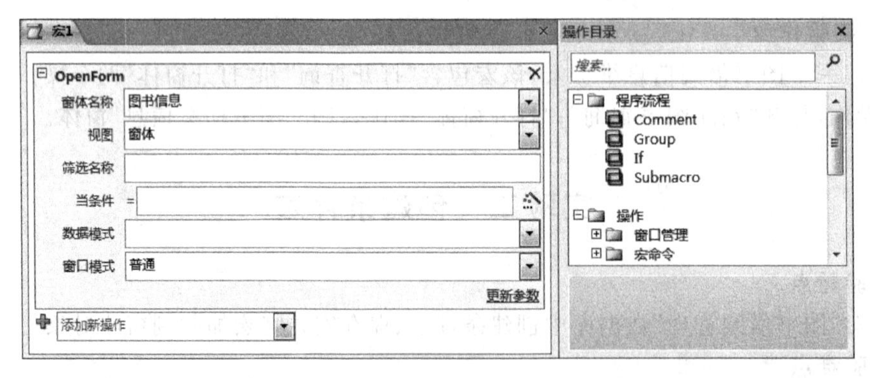

图 16-7 选择要打开的窗体并设置参数

④ 双击"操作目录"中的"操作流程"内的 If 选项，在 OpenForm 操作下方出现 If…End If 逻辑块，如图 16-8 所示。

⑤ 在 If 文本框内输入条件时可以直接输入，也可以单击 If 文本框右侧表达式生成器按钮，打开"表达式生成器"对话框。在"表达式生成器"对话框上面的文本框中输入条

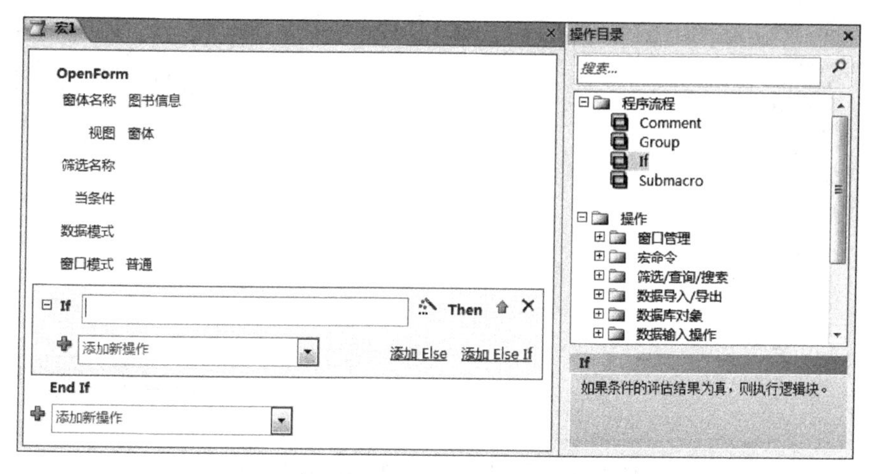

图 16-8 插入 If 逻辑块

件。打开的“表达式生成器”对话框，如图 16-9 所示，在该对话框内双击“函数”中的“内置函数”IsNull 函数，将“作者”作为表达式填入括号中，单击“确定”按钮，将函数 IsNull([Forms![图书信息]!作者])设置为条件。

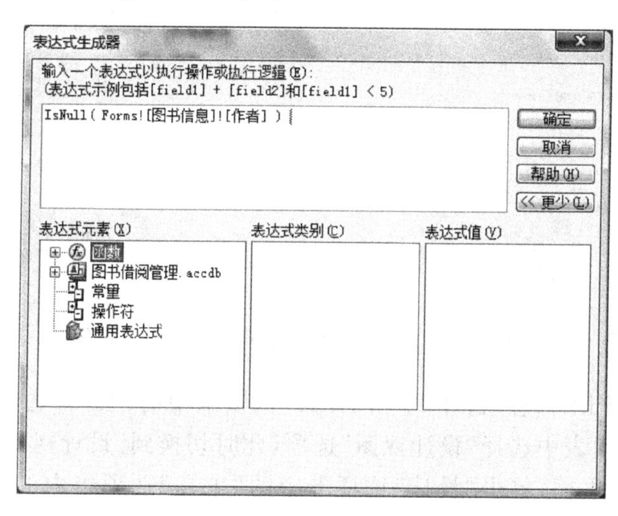

图 16-9 “表达式生成器”对话框

⑥ 在 If…End If 逻辑块下方单击“添加新操作”列表，选择 MessageBox 操作，在“消息”参数框中输入“请输入图书作者姓名!”，在“发出嘟嘟声”下拉列表框中选择“是”选项；在“类型”参数框中选择“信息”；在“标题”文本框中输入“输入错误信息!”，如图 16-10 所示。

⑦ 继续在下方单击“添加新操作”列表，选择 CancelEvent 选项，如图 16-11 所示。

(2) 保存宏并将宏加入窗体对象。

① 单击自定义快速访问工具栏中的“保存”按钮，弹出“另存为”对话框，命名为“图书信息编辑”宏，单击“确定”，保存该宏。

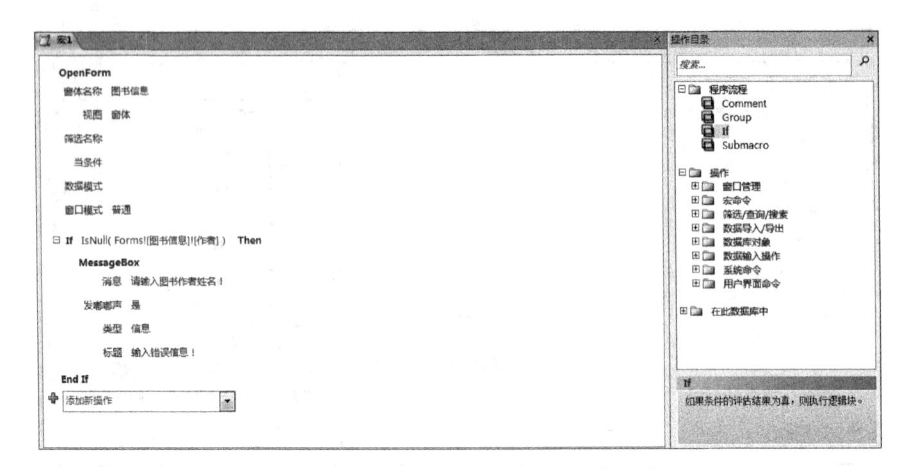

图 16-10 设置满足条件时执行的宏操作

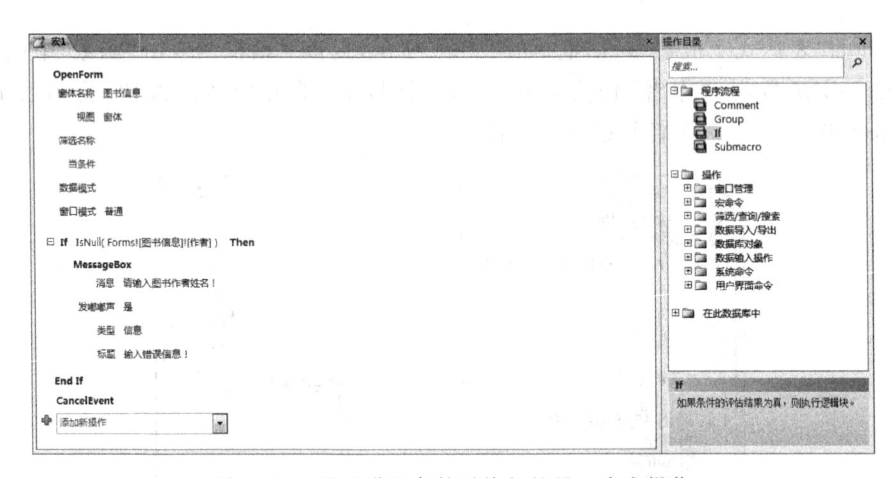

图 16-11 设置满足条件时执行的另一个宏操作

② 打开"编辑图书信息"窗体，单击"开始"选项卡中的"视图"选项组内的"视图"选项，在打开的下拉列表中选择"设计视图"选项，此时切换到"设计视图"界面，进行设置。首先选择"作者"文本框，单击"设计"选项卡中的"工具"选项组内的"属性表"选项，如图 16-12 所示，在"事件"选项卡中选择"更新前"的下拉列表框中的"图书信息编辑"宏选项，关闭当前的属性框，保存对当前窗体的变更，关闭窗体。

属性表

所选内容的类型：文本框(T)

作者

格式 数据 事件 其他 全部

单击	
更新前	图书信息编辑
更新后	
有脏数据时	
更改	
获得焦点	
失去焦点	
双击	
鼠标按下	
鼠标释放	

图 16-12 "属性表"选项

(3) 执行"图书信息编辑"宏

① 在"图书借阅管理"数据库窗口中，单击所有 Access 对象导航窗格中的"宏"选项组，选择"图书信息编辑"宏，单击"设计"选项卡中的"结果"选项组内的"运行"选项，系统打开"编辑图书信息"窗体。

② 在“编辑图书信息”窗体中，将“作者”字段的值删除，将焦点移到别处时，就会出现警告窗口，如图 16-13 所示。

图 16-13　警告窗口

4. 实验作业

创建一个宏，对图书借阅管理数据库中的图书信息进行编辑。为确保在图书档案窗体中的“作者”字段必须被填写，在条件宏中设置：如果用户没有输入该字段，则出现一个警告信息“请输入作者姓名！”。

实验三　创建宏组

实验重点

针对“图书借阅管理”数据库中创建宏组、保存宏组并将宏组中的各个宏加载到窗体对象。

实验难点

使用宏设计视图来创建宏组，并将其包含的宏加载到窗体对象中。

1. 实验目的

(1) 掌握使用宏设计视图创建宏组的方法。

(2) 掌握保存宏组并将其包含的宏加载到窗体对象中的方法。

(3) 掌握执行及调用宏组和宏组中宏的方法。

2. 实验要求及内容

(1) 打开“宏”设计视图创建宏组。

(2) 保存并将创建的宏组中的宏加载到窗体对象中。

(3) 执行或调用指定宏组和宏组中宏的方法。

3. 实验方法及步骤

1) 实验方法

利用“创建”选项卡中的“宏与代码”选项组内的“宏”选项和“设计”选项卡中的“结果”选项组内的“视图”与“运行”选项、“操作目录”中的“操作流程”内的 Submacro 选项中的“子宏……End Submacro”操作块、“开始”选项卡中的“视图”选项组内的“视图”选项、“设计”选项卡中的“工具”选项组内的“属性表”选项来完成实验内容。

2) 实验步骤

【操作要求】

(1) 创建更新记录宏组。

(2) 保存宏组并将宏组中的宏加载到“更新记录”窗体中。

(3) 执行更新记录宏组。

【操作步骤】

(1) 创建更新记录宏组。具体的操作步骤如下：

① 首先创建一个名叫“更新记录”的、以数据表“图书”为数据源的、显示全部字段和

记录的纵栏式窗体，并在窗体中放置4个命令按钮，如图16-14所示。这4个按钮的功能是：“前一个”定位到前一个记录；“后一个”定位到后一个记录；“添加”定位到新记录；“删除”将删除当前记录。显然这需要创建含有4个宏的宏组。下面就开始分步创建本实验中的宏组。

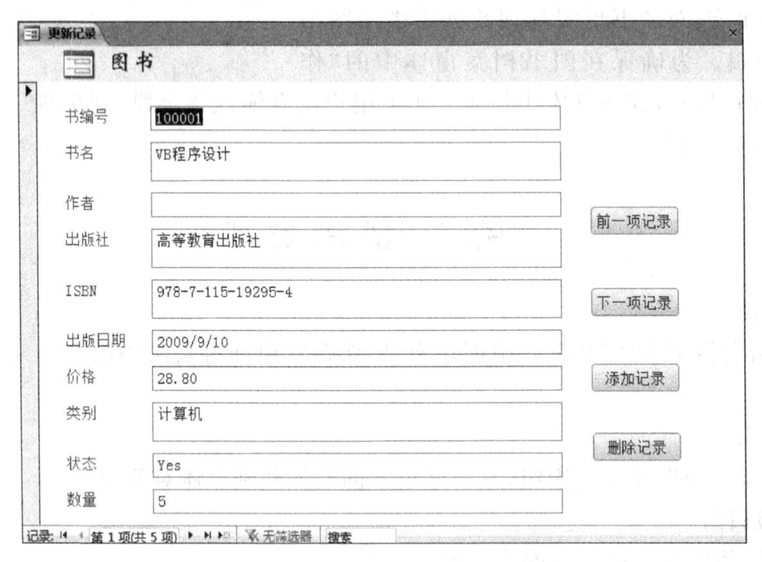

图16-14 有4个按钮的窗体

② 在“图书借阅管理”数据库窗口中，选择“创建”选项卡中的“宏与代码”选项组内的“宏”选项，系统弹出如图16-1所示的宏设计视图。

③ 双击“操作目录”中的“操作流程”内的“Submacro”选项，出现“子宏……End Submacro”操作块，在“子宏”文本框中输入“前一个”，以作为宏名使用，如图16-15所示。

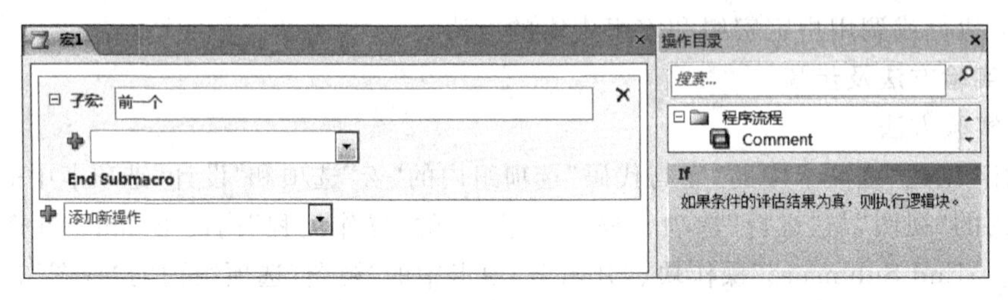

图16-15 “子宏”文本框的设置

④ 双击“操作目录”中的“操作流程”内的If选项，出现If…End If逻辑块，在If文本框内输入条件“[书编号]<>100001 Or IsNull([书编号])”。将表达式设置为以下各个宏操作的条件，如图16-16所示。

⑤ 单击If…End If操作块内“添加新操作”列表，再单击右边的下拉箭头，在下拉列表框中，选择要使用的操作GoToRecord。其中，GoToRecord操作可以向前、向后、向新记录移动记录指针，当向前、向后移动记录指针超出记录范围时会引发错误，所以应该像图示那样填写条件表达式，使得操作不会移出记录范围，其中“[书编号]<>100001”是第

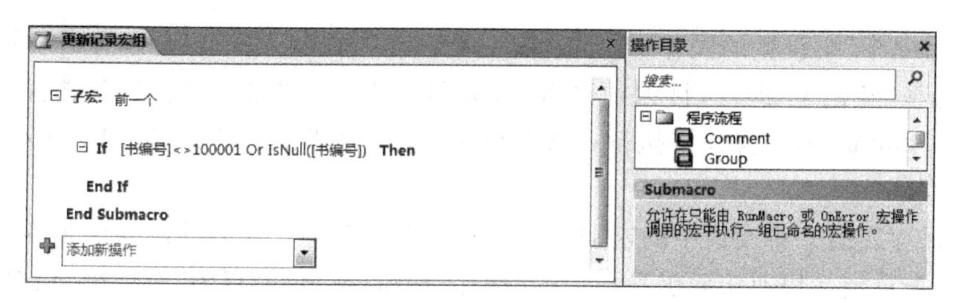

图 16-16 “If”文本框内条件的设置

一条记录的标志，该标志作为第一条记录的标志使用，是不能被删除的。

⑥ 在该操作的下方，设置操作参数。其中“对象类型”设置为窗体；“对象名称”就是前面所创建的“更新记录”窗体；“记录”项设置为向前移动；而“偏移量”设置为“＝1(表达式)”，如图 16-17 所示。

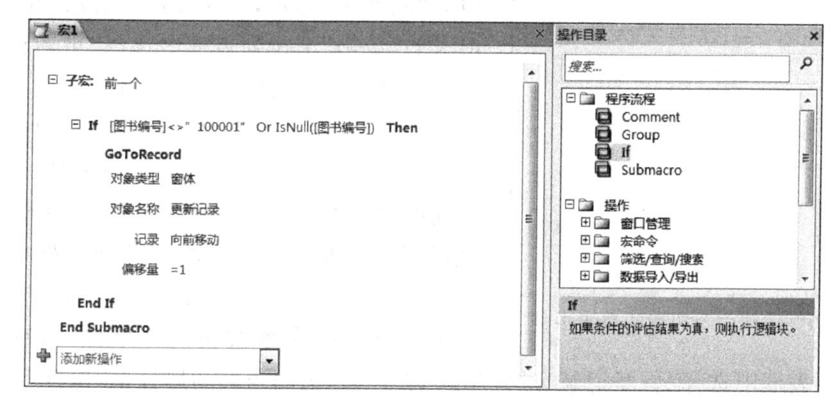

图 16-17 设置 GoToRecord 的操作参数

⑦ 之后依次建立另外 3 个宏，即“后一个”宏、“添加”宏和“删除”宏，并为对应宏选择相关操作，且对需要设置条件的宏设置在其执行时需要满足的条件。最后设计的宏组窗口结果如图 16-18 所示。

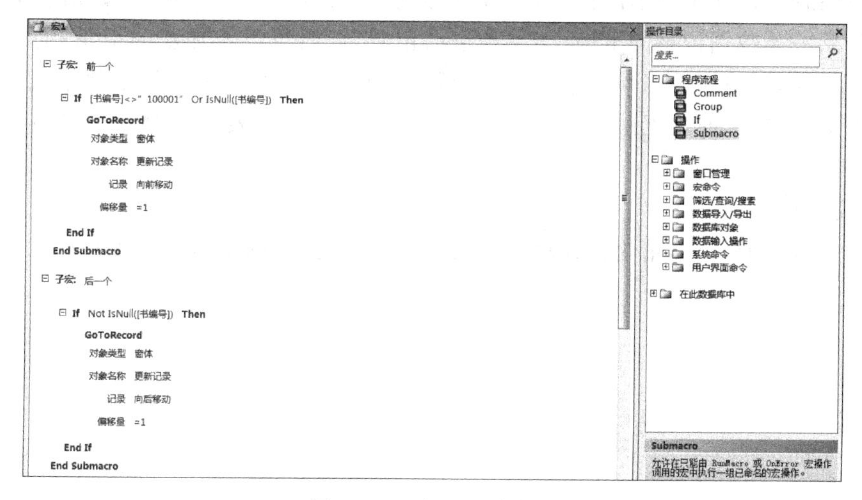

图 16-18 宏组设计窗口

⑧ “后一个”宏设置的操作参数与“前一个”宏一样；而“添加”宏设置时，只需在“记录”项中选择“新记录”即可，且无须设置“偏移量”；在设置“删除”宏时，其选择的操作是RunMenuCommand，该操作将执行一条菜单命令，即“删除记录”(DeleteRecord)，用来删除当前记录。

(2) 保存宏组并将宏组中的宏加载到“更新记录”窗体中。具体的操作步骤如下：

① 单击自定义快速访问工具栏中的“保存”按钮，弹出“另存为”对话框，命名为“更新记录宏组”，单击“确定”，保存该宏组。

② 打开“更新记录”窗体，单击“开始”选项卡中的“视图”选项组内的“视图”选项，在下拉列表中选择“设计视图”选项，此时切换到“设计视图”界面，进行设置。首先单击“前一个”命令按钮，然后单击“设计”选项卡中的“工具”选项组内的“属性表”选项，如图16-19所示，在“事件”选项卡的“单击”下拉列表框中选择“更新记录宏组.前一个”宏选项，关闭当前的属性框；接着单击“后一个”命令按钮，在“事件”选项卡的“单击”下拉列表框中选择“更新记录宏组.后一个”宏选项，关闭当前的属性框；再接着单击“添加”命令按钮；在“事件”选项卡的“单击”的下拉列表框中选择“更新记录宏组.添加”宏选项，关闭当前的属性框；最后单击“删除”命令按钮，在“事件”选项卡的“单击”下拉列表框中选择“更新记录宏组.删除”宏选项，关闭当前的属性框，保存对当前窗体的变更，关闭窗体。此时，便将宏组中的宏加载到了“更新记录”窗体中。

图16-19　选择命令按钮的单击事件

(3) 执行“更新记录宏组”。具体的操作步骤如下：

在“图书借阅管理”数据库窗口中，选择所有Access对象导航窗格中的“窗体”对象组，双击“更新记录”窗体，系统打开“更新记录”窗体。在该窗体中单击“前一个”或“后一个”命令按钮时，窗体中显示的记录将向前或向后翻滚；若是单击“添加”按钮时，则窗体自动转向最后一条数据记录的下面，即一条空白记录，此时可以添加新的记录；而若是单击了“删除”按钮，则将删除当前显示的这条记录，但如果该窗体中所使用的数据表与其他数据表存在关系，则此时将无法删除，若要进行删除，需先将该表与其他表之间的关系删除掉，再来删除相关记录。

4. 实验作业

依据上述实验示例，请为窗体增加“首记录”、“末记录”两个命令按钮并扩充宏组的相应功能。

第 17 章　模　　块

实验一　创建模块

实验重点

在 Access 2010 中，使用 Visual Basic 编辑器完成创建模块、添加过程和 VBA 程序设计等工作。

实验难点

标准模块和类模块的区别，VBA 程序设计。

1. 实验目的

（1）熟悉 VBE 的开发环境。

（2）掌握 VBA 程序设计的基础知识。

（3）了解标准模块和类模块的不同点。

（4）掌握创建模块的方法。

（5）掌握向模块中添加子过程和函数过程的方法。

（6）掌握在窗体中调用模块的方法。

2. 实验要求及内容

（1）创建一个名为“欢迎”的标准模块，并在该模块中添加子过程，实现的功能是为“图书借阅管理”数据库显示一条欢迎消息。

（2）在“图书借阅管理”数据库的“登录”窗体中，调用标准模块“欢迎”，打开“登录”窗体时就显示欢迎消息。

3. 实验方法及步骤

1）实验方法

利用“数据库工具”选项卡中的“宏”选项组内的 Visual Basic 选项、“插入”菜单中的“过程”命令来完成指定操作，即利用 Visual Basic 编辑器完成创建模块、添加过程、编写 VBA 程序和调用模块等各种操作。

2）实验步骤

【操作要求】

（1）启动 Visual Basic 编辑器。

（2）在“图书借阅管理”数据库中创建一个名为“欢迎”的标准模块。

（3）在“欢迎”模块中添加子过程，实现的功能是为“图书借阅管理”数据库显示一条欢迎消息。

（4）在“图书借阅管理”数据库的“登录”窗体中，调用标准模块“欢迎”，要求打开该窗体就显示欢迎消息。

【操作步骤】

(1) 启动 Visual Basic 编辑器。

在 Access 2010 中,打开"图书借阅管理"数据库,选择"数据库工具"选项卡中的"宏"选项组内的 Visual Basic 选项,即可打开 Visual Basic 编辑器窗口。

(2) 在"图书借阅管理"数据库中创建一个名为"欢迎"的标准模块。具体的操作步骤如下:

① 单击 Visual Basic 编辑器工具栏中的"插入模块"按钮。

② 单击工具栏中的"保存"按钮,出现如图 17-1 所示的"另存为"对话框。

图 17-1 "另存为"对话框

③ 输入"欢迎"作为模块的名称,点击"确定"按钮后,Visual Basic 编辑器如图 17-2 所示。

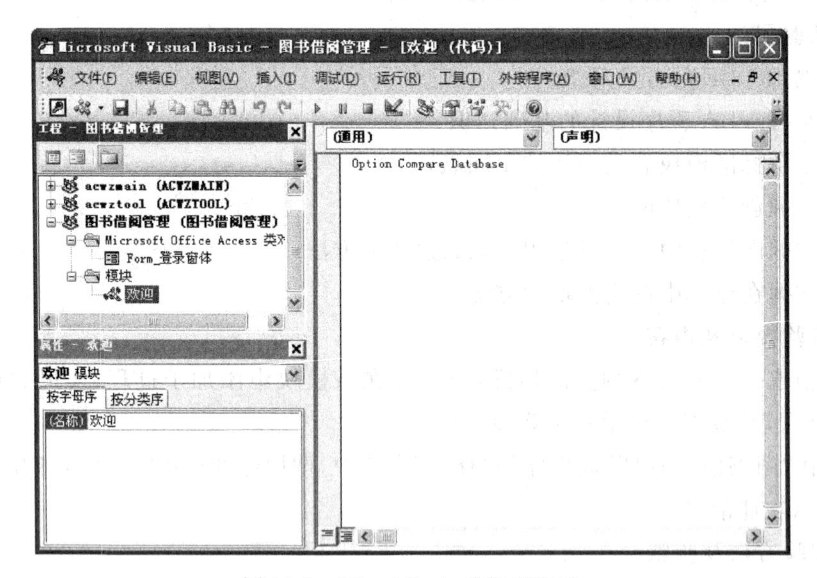

图 17-2 Visual Basic 编辑器窗口

(3) 在"欢迎"模块中添加子过程,实现的功能是为"图书借阅管理"数据库显示一条欢迎消息。具体的操作步骤如下:

① 单击"欢迎"模块的代码编辑窗口,然后选择 VBE"插入"菜单中的"过程"命令,打开如图 17-3 所示"添加过程"对话框。

② 在对话框中输入过程名"welcome",类型选择"子程序",单击"确定"按钮。

③ 在"代码"窗口中输入如图 17-4 所示的代码,再单击"保存"按钮保存程序代码。

(4) 在"图书借阅管理"数据库的"登录"窗体中,调用标准模块"欢迎",要求打开该窗体就显示欢迎消息。具体的操作步骤如下:

① 单击 VBE 工具栏上的"视图 Microsoft Office Access"按钮,返回到数据库窗口。

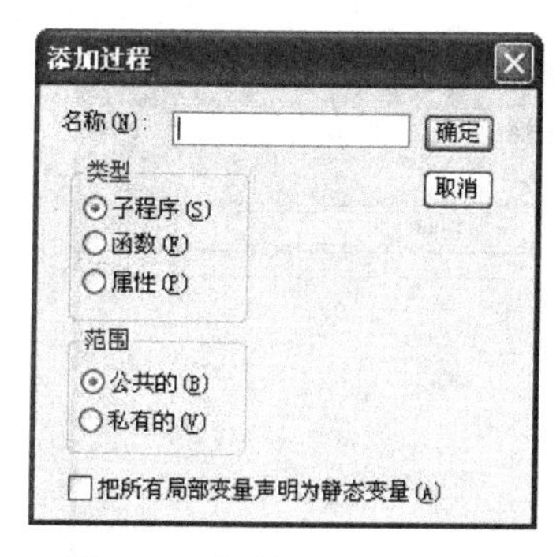

图 17-3 “添加过程”对话框

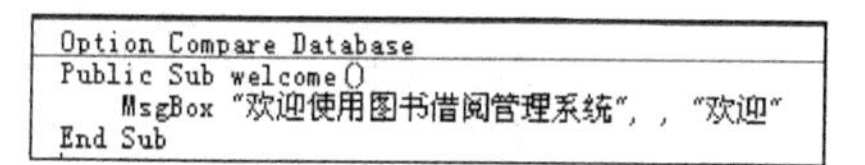

```
Option Compare Database
Public Sub welcome()
    MsgBox "欢迎使用图书借阅管理系统", , "欢迎"
End Sub
```

图 17-4 welcome 子程序代码

② 在数据库窗口中以设计视图方式打开已创建好的模式对话框“登录”窗体，如图 17-5 所示。

③ 在“属性表”中选择对象类型为“窗体”，进入“事件”选项卡，单击“加载”事件右侧的“选择生成器”按钮[...]，打开如图 17-6 所示的“选择生成器”对话框。

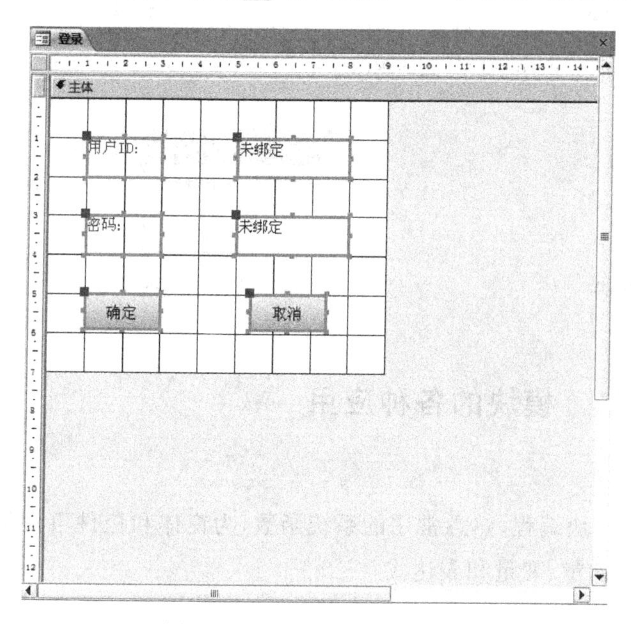

图 17-5 “登录”窗体设计视图

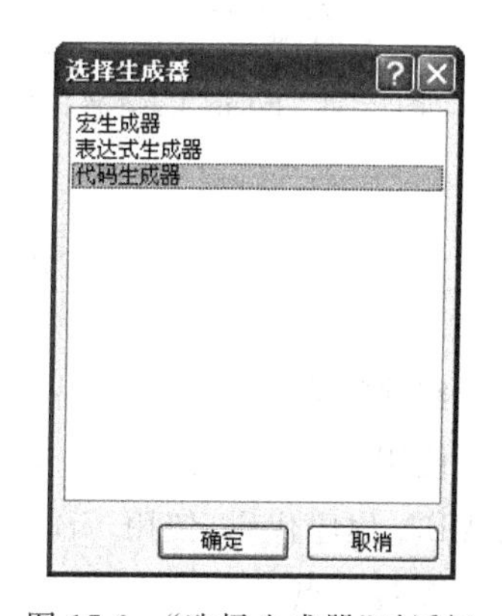

图 17-6 “选择生成器”对话框

④ 在“选择生成器”对话框中选择“代码生成器”选项，然后单击“确定”按钮，Access 将创建“Form_登录”窗体模块，如图 17-7 所示。

⑤ 在 Form_Load 事件过程中输入代码，如图 17-8 所示。

⑥ 保存输入的代码，然后切换到窗体视图下，此时会弹出一个欢迎消息框，如图 17-9 所示。

4. 实验作业

在“图书借阅管理”数据库的“用户”窗体中，添加一个命令按钮，当单击此按钮时，屏幕显示欢迎信息。要求使用 VBA 来完成此功能。

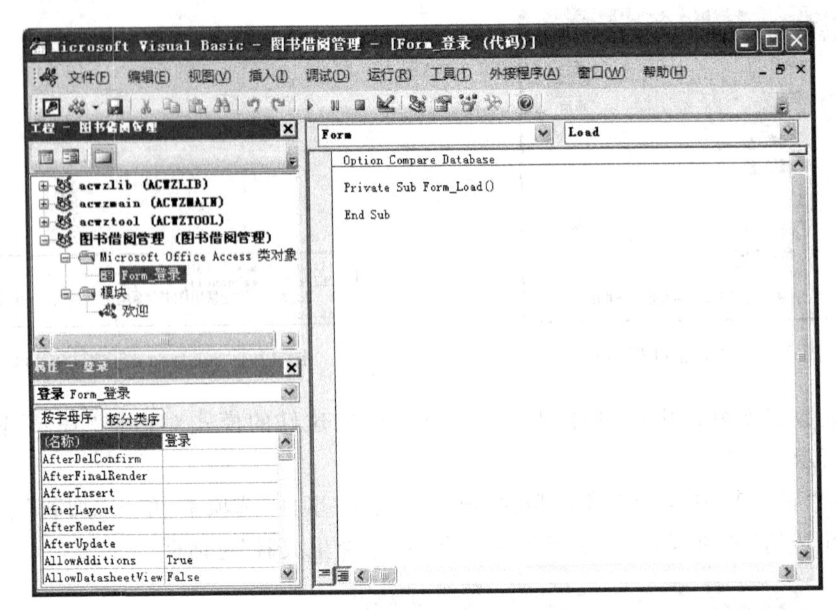

图 17-7 “Form_登录”窗体模块

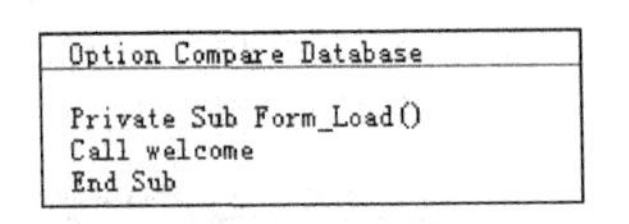

```
Option Compare Database

Private Sub Form_Load()
Call welcome
End Sub
```

图 17-8 Form_Load 事件过程代码

图 17-9 欢迎消息框

实验二 模块的各种应用

实验重点

使用 VBA 中的程序结构进行模块编程，熟悉常用的系统函数，为窗体和控件事件编写 VBA 程序代码，使用 VBA 中的常量、变量和表达式。

实验难点

使用 VBA 中的程序结构进行模块编程，为窗体和控件事件编写 VBA 程序代码。

1. 实验目的

(1) 掌握 VBA 的常量、变量、运算符和表达式。

(2) 掌握 VBA 中常用的系统函数。

(3) 掌握 VBA 的程序结构：顺序结构、选择结构和循环结构。

(4) 掌握为窗体和控件事件编写 VBA 程序代码的方法。

2. 实验要求及内容

(1) 创建空白窗体，将窗体命名为“读者信息”。

(2) 在设计视图下，向窗体中添加标签控件、文本框控件、矩形控件和命令按钮控件，如图 17-10 所示。

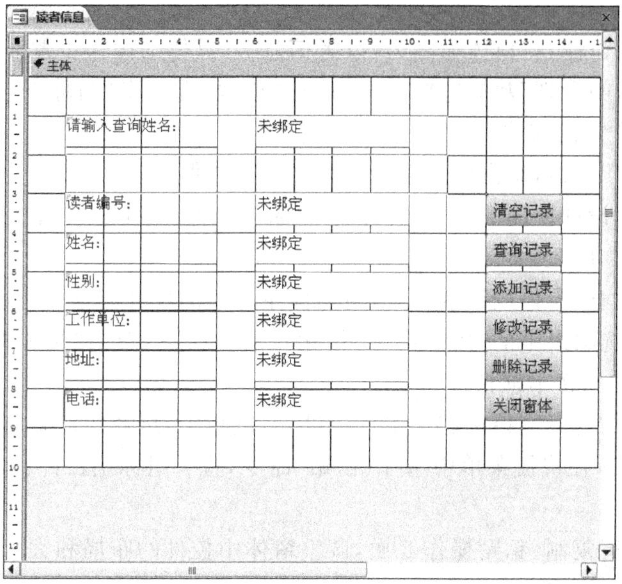

图 17-10 “读者信息”窗体设计视图

(3) 为命令按钮编写 VBA 程序代码。

- 当用户单击“查询记录”按钮时，对输入的读者姓名进行查询(判断“请输入查询姓名”标签对应的文本框是否为空，以及输入的读者姓名是否存在)，并将查询结果显示在窗体中对应字段的文本框内。
- 当用户需要添加记录时，可以先在窗体对应字段的文本框中输入要添加的记录字段内容，单击“添加记录”按钮，将记录信息添加到“读者”表中。
- 如果查找到的记录信息需要修改，可以单击“修改记录”按钮，将修改的记录信息保存到“读者”表。
- 如果要删除记录，可以输入要删除记录的“读者姓名”，然后单击“删除记录”按钮即可。如果记录存在，则删除该记录；否则，提示记录不存在。
- 单击“关闭窗体”按钮，关闭“读者信息”窗体。

3. 实验方法及步骤

1) 实验方法

使用 Access 提供的“创建”选项卡中的“窗体”选项组中的“空白窗体”选项、“工具”选项卡中的“引用”选项、窗体设计视图创建窗体和控件，并使用 VBA 编写程序完成按钮控件的相关操作。

2) 实验步骤

【操作要求】

(1) 创建空白窗体，将窗体命名为“读者信息”。

(2) 在窗体的设计视图下，向窗体中添加标签控件、文本框控件、矩形控件和命令按钮控件。

(3) 为窗体中的命令按钮编写程序代码。

【操作步骤】

(1) 创建空白窗体,将窗体命名为"读者信息"。具体的操作步骤如下:

① 在"图书借阅管理"数据库窗口中,选择"创建"选项卡"窗体"选项组中的"空白窗体"选项,创建一个空白窗体。

② 单击"保存"按钮,将窗体命名为"读者信息"并保存。

(2) 在窗体的设计视图下,向窗体中添加标签控件、文本框控件、矩形控件和命令按钮控件。具体的操作步骤如下:

① 在"读者信息"窗体设计视图中,将窗体主体节的尺寸调整至合适大小。

② 确保控件选项组中的"控件向导"按钮没有被按下,单击"文本框"控件,向窗体中添加一组标签控件和文本框控件。

③ 选择新添加的标签控件和文本框控件,右键单击,选择快捷菜单中的"复制"命令,再在主体节中右击,在快捷菜单中选择"粘贴"命令,将一组标签控件和文本框控件复制到窗体中。

④ 再重复执行复制、粘贴操作 5 次,调整窗体中控件的布局和大小,并分别设置标签控件的标题属性,效果如图 17-11 所示。

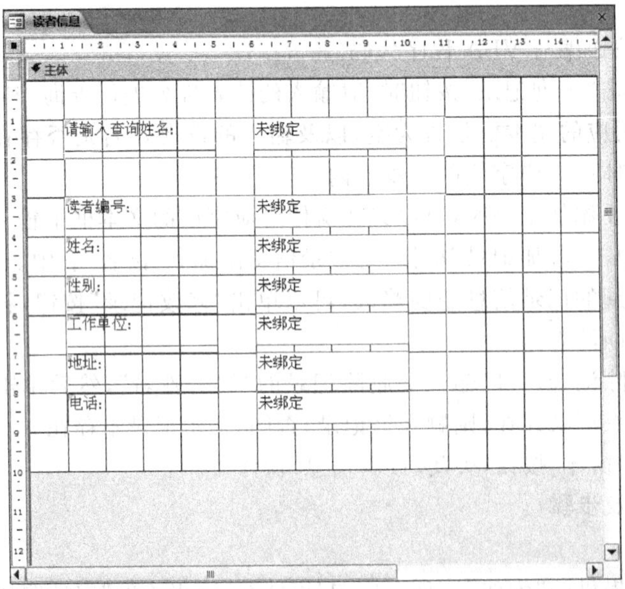

图 17-11 "读者信息"窗体中添加标签和文本框的设计视图

⑤ 在窗体设计视图中适当位置添加两个"矩形"控件,效果如图 17-12 所示。

⑥ 单击控件选项组中的"命令按钮"控件,在窗体设计视图中的适当位置添加"命令按钮"控件。单击"命令按钮"控件,修改其标题属性为"查询记录"。

⑦ 重复步骤⑥,依次向窗体设计视图中添加"清空记录"、"添加记录"、"修改记录"、"删除记录"和"关闭窗体"命令按钮控件,效果如图 17-10 所示。

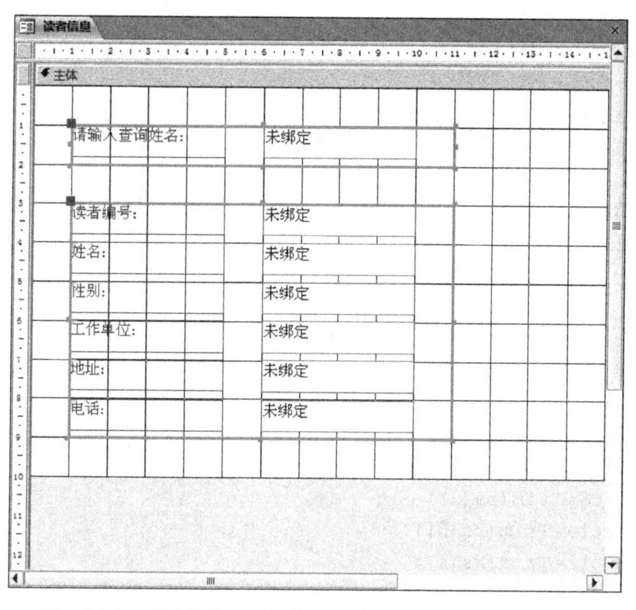

图 17-12 “读者信息”窗体中添加矩形控件的设计视图

(3) 为窗体中的命令按钮编写程序代码。具体的操作步骤如下：

① 在窗体设计视图中，右击“查询记录”按钮，在弹出的快捷菜单中选择“事件生成器”命令，弹出“选择生成器”对话框，从列表中选择“代码生成器”选项，如图 17-13 所示。

② 单击“确定”按钮，打开 VBE 环境，选择“工具”菜单中的“引用”命令，打开如图 17-14 所示“引用”对话框。

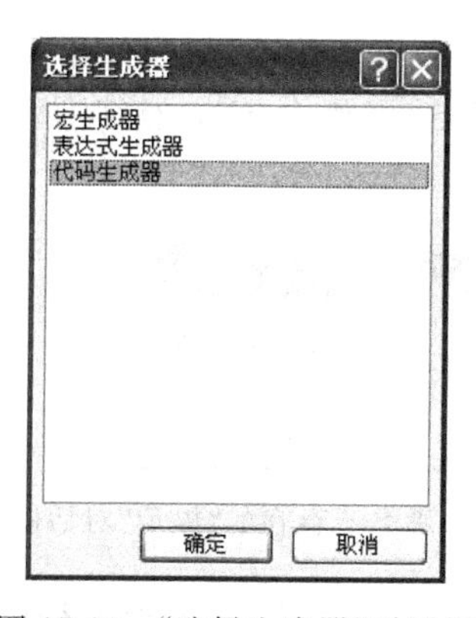

图 17-13 “选择生成器”对话框

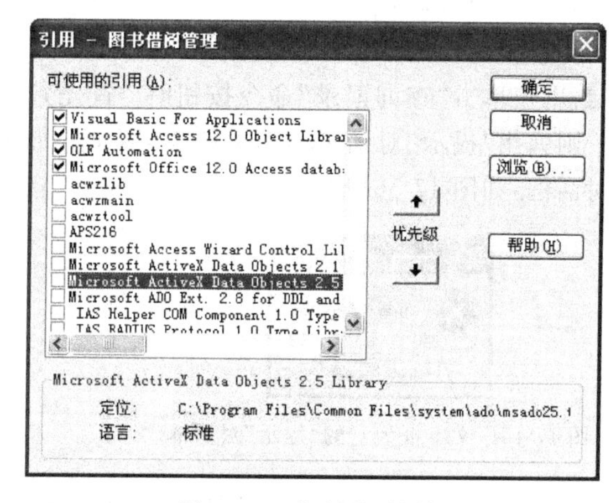

图 17-14 “引用”对话框

③ 在“可使用的引用”列表框中选择 Microsoft ActiveX Data Objects 2.5 选项，单击“确定”按钮。

④ 开始为“查询记录”命令按钮的 Click 事件输入程序代码。代码如下：

```
Private Sub Command16_Click()
```

```
Dim con As New ADODB.Connection
Dim rs As New ADODB.Recordset
Dim sqlstr As String
Set con=CurrentProject.Connection
'Text1 为本窗体中"请输入读者姓名："文本框的名称属性值
If IsNull(Me.Text1) Then
    MsgBox "请输入读者姓名!", vbOKOnly+vbCritical, "提示"
    Me.SetFocus
    Exit Sub
Else
    sqlstr="select * from 读者 where 姓名='" & Me.Text1 & "'"
    rs.Open sqlstr, con, adOpenDynamic, adLockOptimistic, adCmdText
    If Not rs.EOF Then
        Me.Text4=Trim(rs(0))
        Me.Text6=Trim(rs(1))
        Me.Text8=Trim(rs(2))
        Me.Text10=Trim(rs(3))
        Me.Text12=Trim(rs(4))
        Me.Text14=Trim(rs(5))
    Else
        MsgBox "该读者姓名不存在,请重新输入!", vbOKOnly+vbInformation, "提示"
        Me.Text1=""
    End If
End If
rs.Close
con.Close
Set rs=Nothing
Set con=Nothing
End Sub
```

当用户单击“查询记录”命令按钮时. 首先判断 Text1 文本框是否为空,如果文本框为空,则弹出“提示”对话框,如图 17-15 所示。如果输入的读者姓名不存在,则弹出“提示”对话框,如图 17-16 所示。

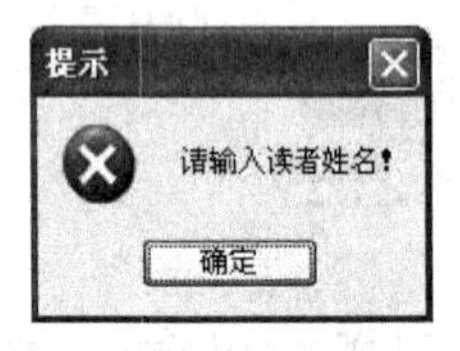

图 17-15　文本框为空的“提示”对话框

图 17-16　姓名不存在的“提示”对话框

如果用户输入的读者姓名存在,将把该读者姓名对应的记录内容显示在窗体中的文本框中,如图 17-17 所示。

⑤ 重复步骤④,为窗体中的“清空记录”、“添加记录”、“修改记录”、“删除记录”和“关闭窗体”命令按钮编写程序代码。

“清空记录”命令按钮的代码如下：

```
Private Sub Command25_Click()
```

图 17-17　查询后的“读者信息”窗体

```
Me.Text1=""
Me.Text4=""
Me.Text6=""
Me.Text8=""
Me.Text10=""
Me.Text12=""
Me.Text14=""
End Sub
```

“添加记录”命令按钮的代码使用 DoCmd 对象编写，在编写代码前，需要将“读者信息”窗体的“数据源”属性设置为“读者”表，代码如下：

```
Private Sub Command17_Click()
Dim s As String
s=Str(Me.Text4.Value)
Me.Filter="读者编号=" & s
Me.FilterOn=True                            '//执行过滤//
If Me.读者编号.Value <>"" Then              '//检查所输入的读者编号是否已经存在//
    MsgBox "读者编号" & Me.Text4.Value & "已经存在"
Else
    DoCmd.GoToRecord , , acNewRec           '//如果输入的读者编号合法就添加新记录//
    Me.读者编号=Me.Text4.Value
    Me.姓名=Me.Text6.Value
    Me.性别=Me.Text8.Value
    Me.单位=Me.Text10.Value
    Me.地址=Me.Text12.Value
    Me.电话=Me.Text14.Value                 '//把文本框内容赋给字段名//
    MsgBox "添加完毕!"
End If
```

```
Me.FilterOn=False                              '//为便于其他操作,取消过滤//
End Sub
```

“查询记录”按钮和“添加记录”按钮 Click 事件过程的代码体现了两种完全不同的数据库操作,前者使用 ADO 访问数据库,而后者则是利用 Access 本身提供的 DoCmd 对象模型进行数据库的操作。

“修改记录”命令按钮的代码如下:

```
Private Sub Command18_Click()
Me.读者编号=Me.Text4.Value
Me.姓名=Me.Text6.Value
Me.性别=Me.Text8.Value
Me.单位=Me.Text10.Value
Me.地址=Me.Text12.Value
Me.电话=Me.Text14.Value
Me.Requery
End Sub
```

“删除记录”命令按钮的代码如下:

```
Private Sub Command19_Click()
Dim s As String
Text1.SetFocus
s=Me.Text1.Text
If s <>"" Then
Me.Filter="姓名='" & s & "'"
Me.FilterOn=True                               '//执行过滤//
If Me.姓名.Value <>"" Then                      '//检查所输入的姓名是否已经存在//
    DoCmd.RunSQL "delete from 读者 where 姓名='" & s & "'"
    Me.Requery
    MsgBox "删除完毕!"
Else
    MsgBox "记录不存在!"
End If
Me.FilterOn=False
Else
MsgBox "姓名为空!"
End If
End Sub
```

⑥ 单击快速访问工具栏上的“保存”按钮,保存对“读者信息”窗体所做的修改。

4. 实验作业

根据“借阅”表创建“借阅信息”窗体,向窗体中添加标签控件、文本框控件、矩形控件和命令按钮等控件,并为命令按钮编写 VBA 程序代码,分别实现添加记录、删除记录、修改记录、查询记录等功能。要求:当读者还书时,不仅对“借阅”表数据进行更新,并级联更新“罚款”表中的内容。

第 18 章　数 据 安 全

实验　数据安全的基本操作

实验重点

Access 2010 设置数据库访问密码(数据库加密);为数据库撤销密码;压缩和修复数据库;打包、签名和分发 Access 2010 数据库;在 Access 2010 中数字签名的使用。

实验难点

打包、签名和分发 Access 2010 数据库;在 Access 2010 中数字签名的使用。

1. 实验目的

(1) 掌握设置数据库访问密码(数据库加密)操作。

(2) 掌握为数据库解密操作。

(3) 掌握压缩和修复数据库操作。

(4) 掌握打包、签名和分发 Access 2010 数据库操作。

(5) 了解在 Access 2010 中数字签名的使用。

2. 实验要求及内容

(1) 为数据库设置密码、解密。

(2) 掌握压缩和修复数据库操作。

(3) 打包、签名和分发 Access 2010 数据库。

(4) 在 Access 2010 中使用数字签名。

3. 实验方法及步骤

1) 实验方法

利用 Access 2010 中的"文件"选项卡中的"打开"选项、"文件"选项卡中的"信息"选项组内的"用密码进行加密"选项,实现为 Access 2010 设置数据库访问密码;为数据库加密;为数据库撤销密码;添加新用户;压缩和修复数据库;打包、签名和分发 Access 2010 数据库;在 Access 2010 中使用数字签名。

2) 实验步骤

【操作要求】

(1) 设置指定数据库的密码。

(2) 对指定加密数据库进行解密,并正常打开该数据库。

(3) 撤销指定加密数据库的密码。

(4) 压缩和修复数据库。

(5) 创建签名的包。

(6) 提取和使用签名的包。

(7) 创建自签名证书。

(8) 对数据库进行代码签名。

【操作步骤】

(1) 设置指定数据库的密码。具体的操作步骤如下:

① 在 Access 2010 中 ,以独占方式打开要加密的数据库“图书借阅管理. accdb”数据库,如图 18-1 所示。

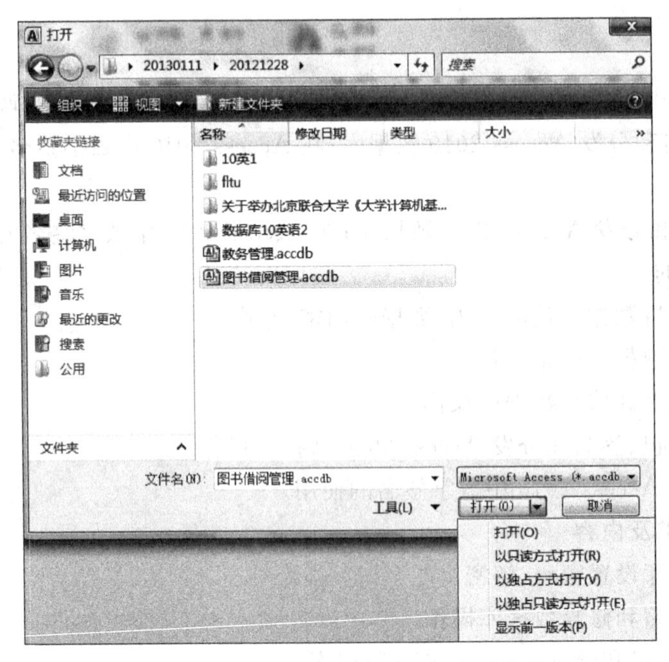

图 18-1　以独占方式打开要加密的数据库

- 选择“文件”选项卡中的“打开”选项。
- 在“打开”对话框中,通过浏览找到要打开的文件,然后选择文件。
- 单击“打开”按钮旁边的下拉箭头,并在弹出的下拉列表框中选择“以独占方式打开”选项。

② 在“文件”选项卡的“信息”选项组中,单击“用密码进行加密”选项。随即出现“设置数据库密码”对话框,如图 18-2 所示。

③ 在“密码”框中输入密码,然后在“验证”框中再次输入该密码,如图 18-3 所示。

建议使用由大写字母、小写字母、数字和符号组合而成的强密码。弱密码不混合使用这些元素。例如,M9!5tYs 是强密码;admin27 是弱密码。密码长度应大于或等于 8 个字符。最好使用包括 14 个或以上字符的密码。这里为该实验设置的密码为 a1b2c3。

记住密码很重要,如果忘记了密码,Microsoft 将无法找回;如果用户输入错了密码,那么所有的人,包括当前用户都将无法打开这个数据库。最好将密码记录下来,保存在一个安全的地方,并且这个地方应该尽量远离密码所要保护的信息。

④ 最后单击“确定”按钮。

(2) 对指定加密数据库进行解密,并正常打开该数据库。具体的操作步骤如下:

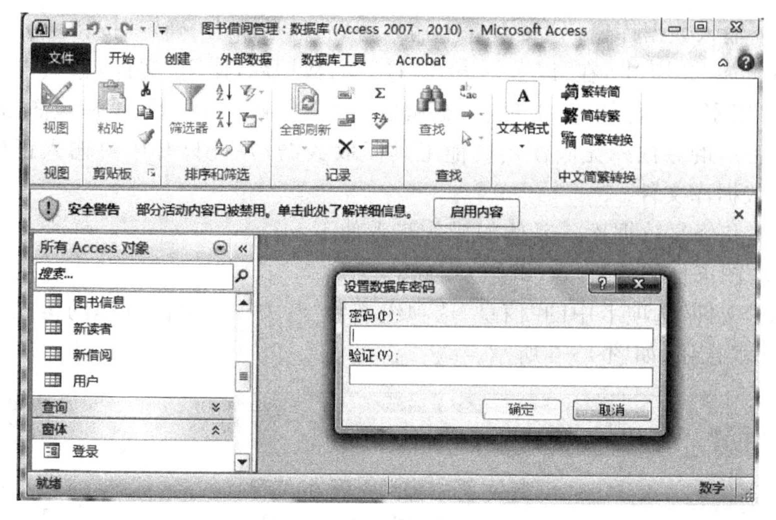

图 18-2　设置数据库密码界面

① 以通常打开其他任何数据库的方式打开加密的数据库，出现“要求输入密码”对话框，如图 18-4 所示。

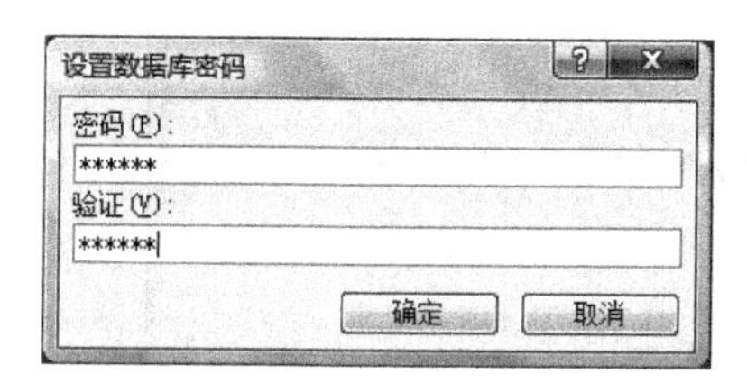

图 18-3　设置数据库密码输入验证码

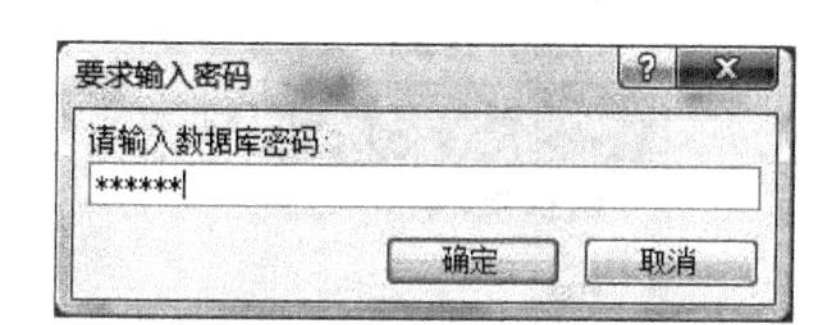

图 18-4　“要求输入密码”对话框

② 在“请输入数据库密码”框中输入密码，然后单击“确定”按钮。

(3) 撤销指定加密数据库的密码。具体的操作步骤如下：

① 在“文件”选项卡的“信息”选项组中，单击“解密数据库”选项，出现撤销数据库密码对话框，如图 18-5 所示。

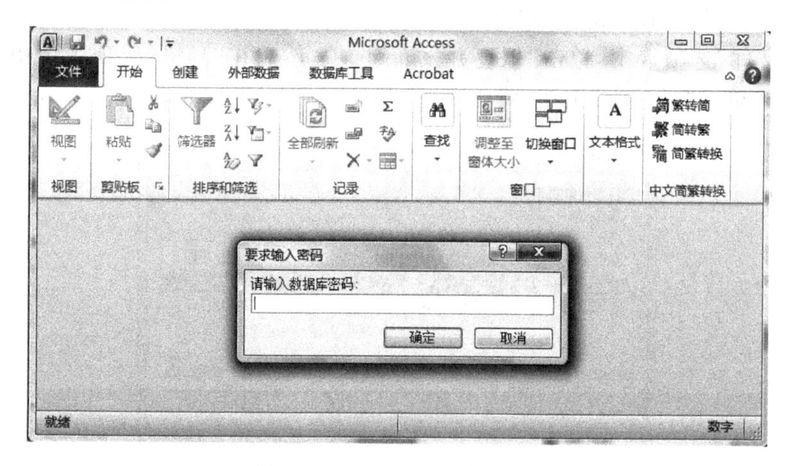

图 18-5　撤销数据库密码界面

② 在“请输入数据库密码”文本框中输入密码，然后单击“确定”按钮。

对于 Access 2010 中，在“以独占方式”打开的数据库，使用“文件”选项卡中的“信息”选项组内的“用密码进行加密”选项和“解密数据库”选项，可以为数据库设置或取消密码。使用密码加密后的数据库无法使用其他工具读取数据，并且只有用户输入正确的密码后才能打开该数据库文件。

(4) 压缩和修复数据库。具体的操作步骤如下：

① 打开“图书借阅管理.accdb”数据库。

② 单击“文件”选项卡中的“信息”选项组右侧“有关图书借阅管理的信息”内的“压缩和修复数据库”按钮，如图 18-6 所示。

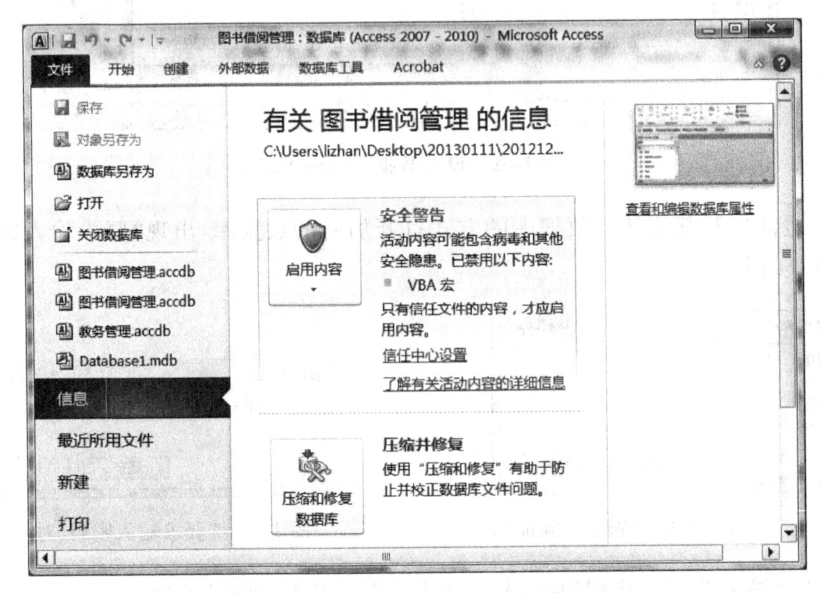

图 18-6 “压缩和修复数据库”按钮

③ 单击“压缩和修复数据库”按钮，系统会自动对数据库进行压缩与修复操作。

(5) 创建签名的包。具体的操作步骤如下：

① 打开要打包和签名的数据库。

② 在“文件”选项卡中，单击“保存并发布”选项，然后在“高级”选项组中单击“打包并签署”选项，再单击“另存为”按钮，将出现“选择证书”对话框，如图 18-7 所示。

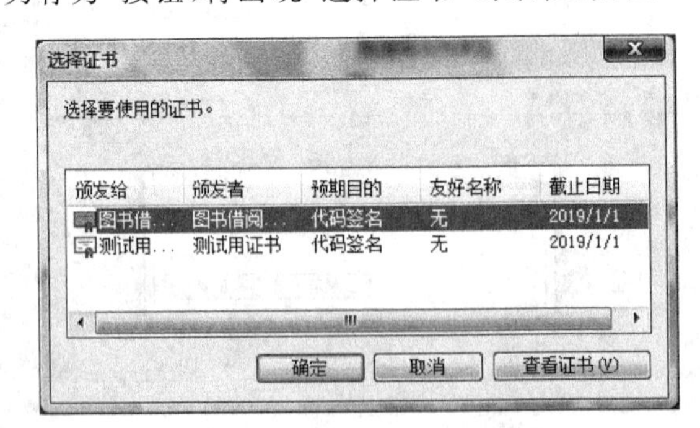

图 18-7 “选择证书”对话框

③ 选择数字证书，然后单击“确定”按钮，将出现“创建 Microsoft Office Access 签名包”对话框，如图 18-8 所示。

图 18-8 “创建 Microsoft Office Access 签名包”对话框

④ 在“保存位置”下拉列表框中，为签名的数据库包选择一个位置。

⑤ 在“文件名”文本框中为签名包输入名称，然后单击“创建”按钮。Access 将创建 .accdc 文件并将其放置在所选择的位置。

(6) 提取和使用签名的包，具体的操作步骤如下：

① 在“文件”选项卡中，单击“打开”选项。将出现“打开”对话框。

② 在文件类型列表中选择“Microsoft Office Access 签名包(＊.accdc)”作为文件类型。在使用“查找范围”列表中找到文件后缀为 .accdc 文件，选择该文件，如图 18-9 所示，然后单击“打开”按钮。请执行下列操作之一：

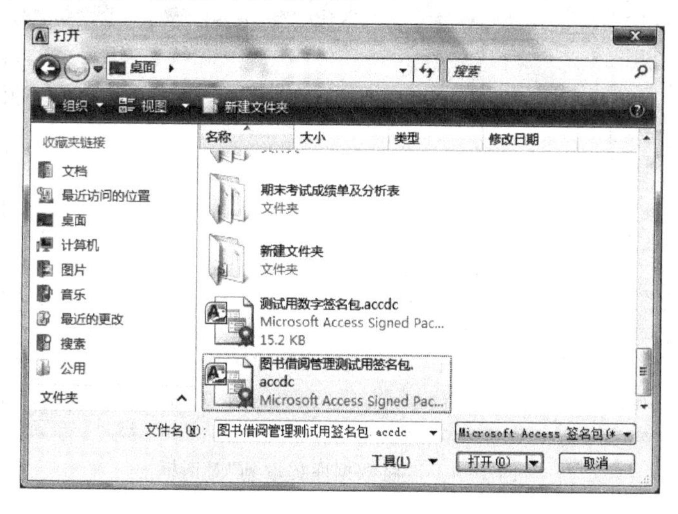

图 18-9 打开“Microsoft Office Access 签名包(＊.accdc)”的文件的对话框

- 如果选择了信任用于对部署包进行签名的安全证书，则会出现“将数据库提取到”对话框。此时，请转到下一步。
- 如果尚未选择信任安全证书，则会出现如图 18-10 所示的一条消息。
- 单击“显示签名详细信息”选项，将会打开“数字签名详细信息”对话框，如图 18-11 所示，在此可以了解数字签名包中的相关信息。

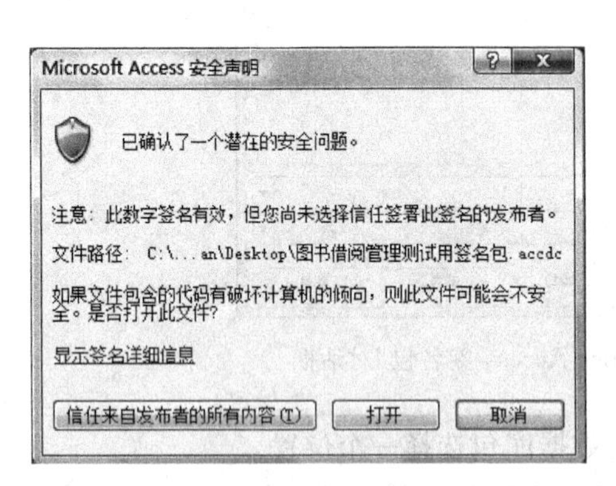

图 18-10　安全声明

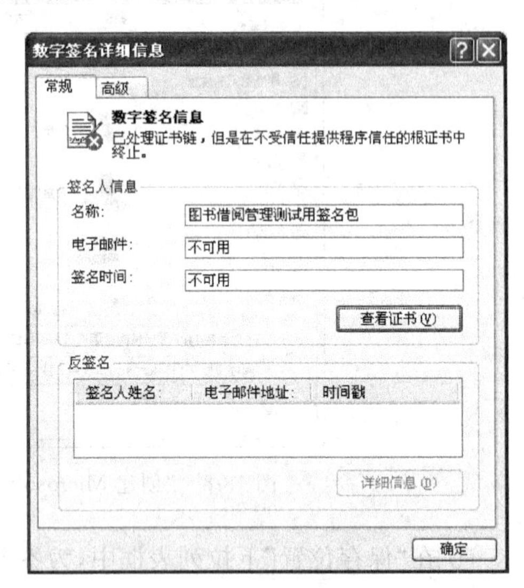

图 18-11　“数字签名详细信息”对话框

如果用户信任该数据库，请单击“打开”按钮。如果用户信任来自提供者的任何证书，将出现“将数据库提取到”对话框，如图 18-12 所示。数据库提取成功后结果如图 18-13 所示。

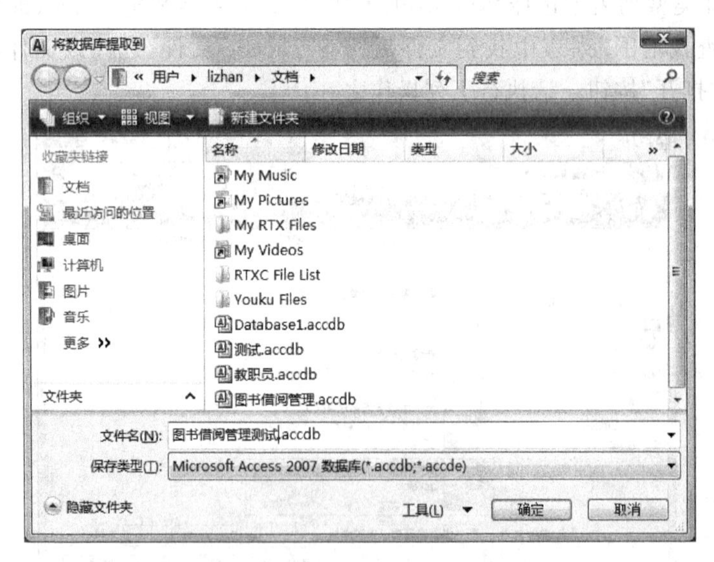

图 18-12　“将数据库提取到”对话框

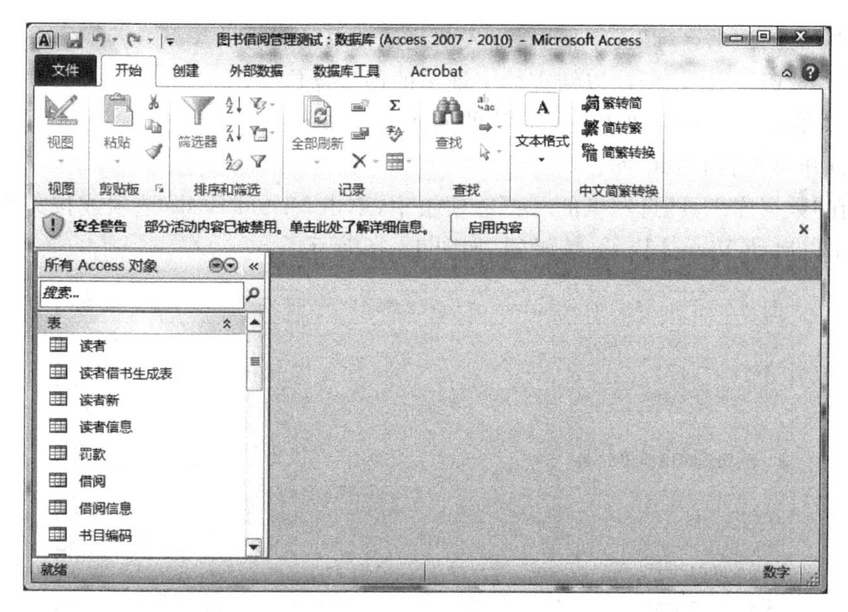

图 18-13　将数据库提取后的结果

值得注意的是，如果使用自签名证书对数据库包进行签名，然后在打开该包时单击了“信任来自发布者的所有内容”，则将始终信任使用自签名证书进行签名的包。

③ 用户在提取数据库时，可以在“保存位置”下拉列表框中为提取的数据库选择一个位置，然后在“文件名”文本框中为提取的数据库输入其他名称。

值得注意的是，如果将数据库提取到一个受信任位置，则每当打开该数据库时其内容都会自动启用。但如果选择了一个不受信任的位置，则默认情况下该数据库的某些内容将被禁用。

(7) 创建自签名证书。具体的操作步骤如下：

① 单击 Windows 的“开始”按钮，从“所有程序”中找到 Microsoft Office 选项，再从中找到“Microsoft Office 工具”，选择其中的“VBA 工程的数字证书”选项。将出现“创建数字证书”对话框，如图 18-14 所示。

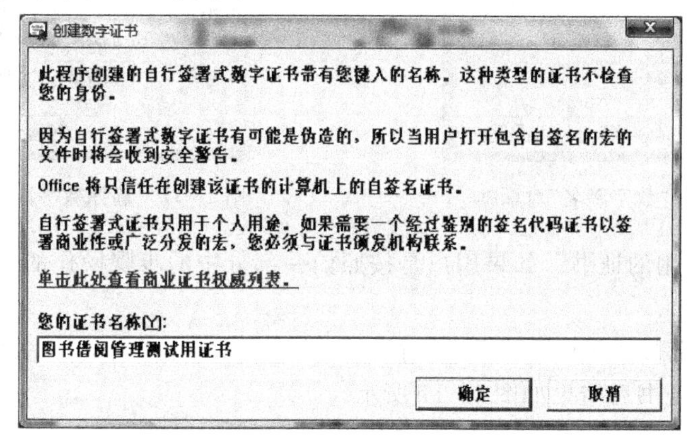

图 18-14　“创建数字证书”对话框

② 在“您的证书名称”文本框中，输入新测试证书的名称。

③ 单击“确定”按钮两次以结束数字证书的创建操作。

(8) 对数据库进行代码签名。具体的操作步骤如下：

① 打开要签名的数据库。

② 在“数据库工具”选项卡的“宏”选项组中，单击 Visual Basic 选项或按键盘快捷键 Alt+F11 以启动 Visual Basic 编辑器，如图 18-15 所示。

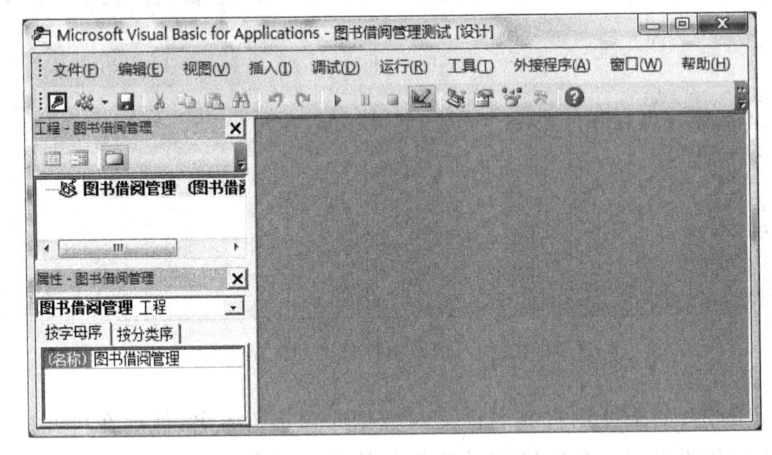

图 18-15 Visual Basic 编辑器

③ 在“项目资源管理器”窗口中，选择要签名的数据库或 Visual Basic for Applications (VBA) 项目。

④ 在“工具”菜单上，单击“数字签名”命令，出现“数字签名”对话框，如图 18-16 所示。

⑤ 单击“选择”按钮选择测试证书。将出现“选择证书”对话框，如图 18-7 所示。

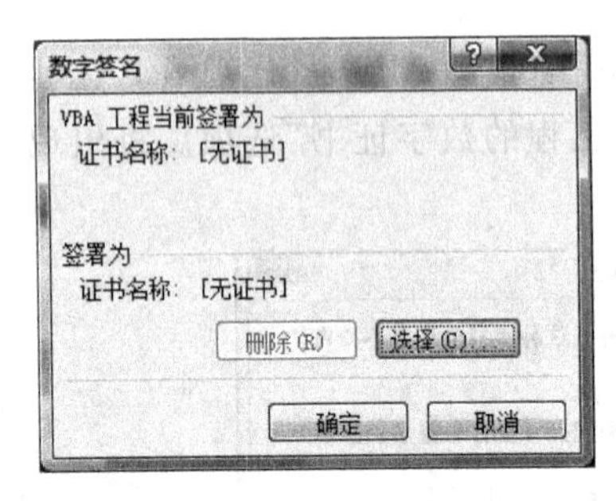

图 18-16 “数字签名”对话框

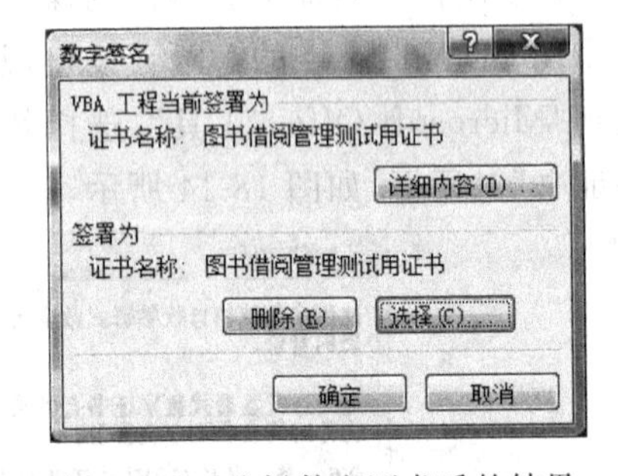

图 18-17 选择数字证书后的结果

⑥ 选择要应用的证书。如果用户是按照前一部分中的步骤操作的，请选择已经创建好了的证书。

⑦ 单击“确定”以关闭“选择证书”对话框，然后再次单击“确定”以关闭“数字签名”对话框。确定数字证书后结果如图 18-17 所示。

4. 实验作业

(1) 为“图书借阅管理.accdb”设置数据库访问密码。

(2) 为“图书借阅管理.accdb”解密并打开数据库。

(3) 为“图书借阅管理.accdb”撤销密码。

(4) 在“图书借阅管理.accdb”中，完成压缩和修复数据库操作。

(5) 为“图书借阅管理.accdb”创建签名的包。

(6) 在“图书借阅管理.accdb”中提取和使用签名的包。

(7) 为“图书借阅管理.accdb”创建自签名证书。

(8) 在“图书借阅管理.accdb”中，对数据库进行代码签名。

参 考 文 献

[1] 付兵.数据库基础与应用实验指导:Access 2010[M].北京:科学出版社,2012.2

[2] 汤琛李,湘江.Access 数据库应用实验指导与习题选解[M].北京:中国铁道出版社,2011.12

[3] 郑小玲.Access 数据库实用教程习题与实验指导[M].北京:人民邮电出版社,2010.2

[4] 科教工作室.Access 2010 数据库应用(第 2 版)[M].北京:清华大学出版社,2011.7

[5] 姜增如.Access 2010 数据库技术及应用[M].北京:北京理工大学出版社,2012.4

[6] 张强.Access 2010 中文版入门与实例教程[M].北京:电子工业出版社,2011.3

[7] 叶恺.Access 2010 数据库案例教程[M].北京:化学工业出版社,2012.8

[8] 张玉洁,孟祥武.数据库与数据处理:Access 2010 实现[M].北京:机械工业出版社,2012.12

[9] 创锐文化.Access 2007-2010 从入门到精通[M].北京:中国铁道出版社,2012.5

[10] 张满意.Access 2010 数据库管理技术实训教程[M].北京:科学出版社,2012.8